UI设计技术与应用案例解析

邹平吉　编著

清華大学出版社
北　京

内容简介

本书以案例为指引，以理论做铺垫，全面系统地对UI设计的方法与技巧进行了讲解。书中用通俗易懂的语言、图文并茂的形式对Photoshop、Illustrator、MasterGo软件在UI设计中的应用进行了细致的剖析。

全书共8章，遵循由浅入深、从基础知识到案例进阶的学习原则，对UI设计的基础知识、图像处理相关知识、图形元素的设计技能、产品设计交互工具、组件与图标设计、App界面设计、网页界面设计以及软件界面设计等内容进行了逐一讲解。

本书结构合理、内容丰富、易学易懂，既有鲜明的基础性，也有很强的实用性。本书既可作为高等院校相关专业的教学用书，又可作为培训机构以及图形设计爱好者的参考书。

图书在版编目（CIP）数据

UI设计技术与应用案例解析 / 邹平吉编著. —北京：清华大学出版社，2023.11
ISBN 978-7-302-64764-5

Ⅰ.①U… Ⅱ.①邹… Ⅲ.①人机界面—程序设计 Ⅳ.①TP311.1

中国国家版本馆CIP数据核字（2023）第194090号

责任编辑： 李玉茹
封面设计： 杨玉兰
责任校对： 翟维维
责任印制： 刘海龙

出版发行： 清华大学出版社
网　　址： https://www.tup.com.cn，https://www.wqxuetang.com
地　　址： 北京清华大学学研大厦A座　　**邮　　编：** 100084
社 总 机： 010-83470000　　**邮　　购：** 010-62786544
投稿与读者服务： 010-62776969，c-service@tup.tsinghua.edu.cn
质 量 反 馈： 010-62772015，zhiliang@tup.tsinghua.edu.cn
课 件 下 载： https://www.tup.com.cn，010-62791865
印 装 者： 天津鑫丰华印务有限公司
经　　销： 全国新华书店
开　　本： 185mm×260mm　　**印　　张：** 15　　**字　　数：** 375千字
版　　次： 2023年12月第1版　　**印　　次：** 2023年12月第1次印刷
定　　价： 79.00元

产品编号：102726-01

前言

UI设计是指对软件的人机交互、操作逻辑、界面布局的整体设计。其中，界面设计是本书的重点介绍方向。界面设计不只是单纯的美术绘画，而是需要根据使用者、使用环境、使用方式，为最终用户进行的设计，是纯粹的、科学性的艺术设计。

根据设计者需求，可以在Illustrator软件中设计矢量图形，然后调入Photoshop、MasterGo等软件中做进一步处理。同时，也可将AI、JPG等文件导入Photoshop软件中进行编辑处理。除此之外，MasterGo软件还可以多人协同地进行产品设计，从而节省时间，提高工作效率。

随着软件版本的不断升级，目前Photoshop、Illustrator等软件的技术已逐步向智能化、人性化、实用化方向发展，旨在让设计师将更多的精力和时间都用在创新上，以便给大家呈现出更完美的设计作品。

本教材从读者的实际出发，以浅显易懂的语言和与时俱进的图示来进行说明，理论与实践并重，注重职业能力的培养。党的二十大精神贯穿“素养、知识、技能”三位一体的教学目标，从“爱国情怀、社会责任、法治思维、职业素养”等维度落实课程思政，提高学生的创新意识、合作意识和效率意识，培养学生精益求精的工匠精神，弘扬社会主义核心价值观。

内容概述

本书共8章，各章内容如下。

章	内容导读	难点指数
第1章	主要介绍UI设计的概念、设计流程、设计方向、设计原则以及设计规范	★★☆
第2章	主要介绍Photoshop软件的基础知识、图形的绘制与填充、文本的创建与编辑、蒙版和通道、图像的色彩调整以及图像的特效应用	★★☆
第3章	主要介绍Illustrator软件的基础知识、基础图形的绘制与填充、路径的绘制与编辑、对象的选择与变换、文本的创建与编辑以及特效与样式的添加	★★☆
第4章	主要介绍MasterGo软件的工作界面、基础工具、组件和样式、原型交互、协同评论以及切图和导出	★★☆
第5章	主要介绍UI控件、组件的构成，按钮的组成、设计类型与设计风格，图标的类型、设计风格以及设计规范	★★★
第6章	主要介绍App的界面类型、界面视觉设计、iOS系统和Android系统手机设计规范	★★★
第7章	主要介绍网页常用界面类型、界面设计原则、界面布局以及界面设计规范	★★★
第8章	主要介绍PC客户端软件界面的常用类型、界面设计原则、界面框架类型以及界面设计规范	★★★

本书特色

本书采用“案例解析＋理论讲解＋课堂实战＋课后练习＋拓展赏析”的结构进行编写，内容由浅入深，循序渐进，让读者带着疑问去学习知识，并从实战应用中激发学习兴趣。

1）专业性强，知识覆盖面广

本书主要围绕UI设计的相关知识点展开讲解，并对不同类型的案例制作进行解析，让读者了解并掌握该行业的一些设计原则与设计要点。

2）带着疑问学习，提升学习效率

本书首先对案例进行解析，然后再针对案例中的重点工具进行深入讲解，可让读者带着问题去学习相关的理论知识，从而有效提升学习效率。此外，本书所有的案例都经过了精心的设计，读者可将这些案例应用到实际工作中。

3）行业拓展，以更高的视角看行业发展

本书在每章结尾部分都安排了“拓展赏析”板块，旨在让读者掌握了本章相关技能后，还可了解到行业中一些有意思的设计方案及设计技巧，从而开拓思维。

4）多软件协同，呈现完美作品

一份优秀的设计作品，通常是由多个软件共同协作完成的。UI设计也不例外，在创作本书时，添加了Photoshop、Illustrator、MasterGo软件协作章节，即图像处理、图形设计和产品设计，让读者可以根据需要选择最合适的软件进行操作。

读者对象

- 从事UI设计的工作人员。
- 高等院校相关专业的师生。
- 培训班中学习版面设计的学员。
- 对平面设计有着浓厚兴趣的爱好者。
- 想通过知识改变命运的有志青年。
- 想掌握更多技能的办公室人员。

本书由邹平吉编写，在编写过程中力求严谨细致，但由于编者水平有限，疏漏之处在所难免，望广大读者批评指正。

编　者

素材文件

课件、教案、视频

目录

UI设计

第1章 UI设计基础知识

图像处理知识准备

第3章 图形元素的设计技能

UI设计

第4章 产品设计交互工具

UI设计

组件与图标设计

UI设计

App界面设计

UI设计

第7章 网页界面设计

软件界面设计

第1章

UI设计基础知识

内容导读

随着信息技术的发展，智能设备的普及，企业对UI设计从业人员综合能力的要求变得更高，因此想要从事UI设计行业的人员需要系统地学习与更新自己的知识体系。本章将对UI设计的概念、流程、设计方向、设计原则与设计规范进行系统讲解。

思维导图

1.1 UI设计概述

UI（User Interface）即用户界面，是系统和用户之间进行交互和信息交换的媒介，可实现信息的内部形式与人类可以接受形式之间的转换。

1.1.1 UI设计的概念

UI设计就是用户界面设计，是指对软件的人机交互、操作逻辑、界面布局的整体设计。UI设计根据所用到的终端设备可大致分为三类：移动端UI设计、PC端UI设计和其他终端UI设计。

- **移动端UI设计：**移动端一般指互联网终端，是通过无线技术上网接入互联网的终端设备，它的主要功能就是移动上网。移动端UI设计除了日常使用的手机之外，还包括pad、智能手表等，如图1-1所示。

图 1-1

- **PC端UI设计：**PC即Personal Computer，一般指个人电脑。PC端UI设计包括系统界面设计、软件界面设计以及网站界面设计，如图1-2所示。

图 1-2

- **其他终端UI设计：** 主要指除移动端和PC端之外所需要用到的UI设计，例如AR、VR、智能电视、车载系统、ATM等，如图1-3、图1-4所示。

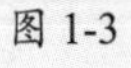

图 1-3

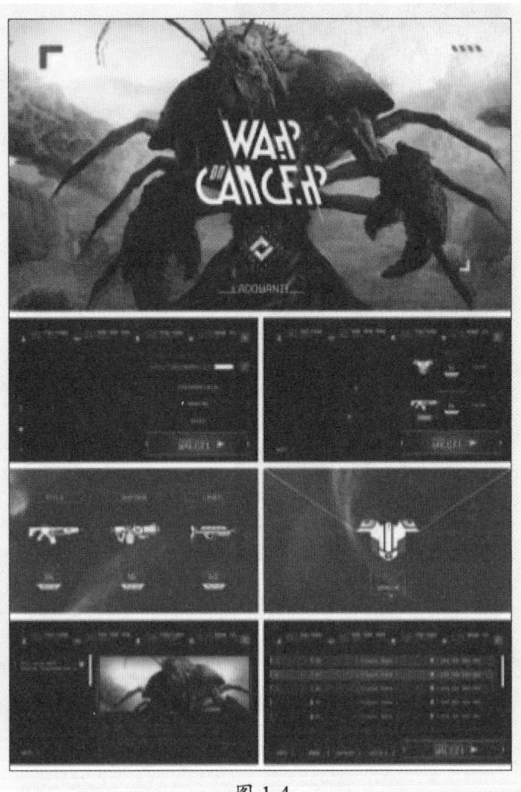

图 1-4

操作提示

从事PC端网页设计的工作者，我们称为WUI（Web User Interface）设计师或网页设计师；从事移动端设计的工作者称为GUI（Graphics User Interface）设计师。

1.1.2 UI设计的基本原则

UI设计师在设计过程中，不仅要展现独特的设计思维，更重要的是能够让作品呈现出一种完美的"用户体验感"。在进行UI设计时，需遵循简易性、用户语言、记忆负担最小化、一致性、安全性、灵活性、人性化等原则，下面将对个别原则进行介绍。

1. 简易性

界面的简洁可以让用户了解产品，方便快捷地操作，并能减少发生错误选择的可能性。UI设计需专注于用户的体验，视觉设计中要突出关键内容，添加的每一个元素都不能影响用户完成任务。在设计UI时，为方便用户浏览信息，可以将重要的内容通过颜色、大小、字体色彩的深浅等来表现，如图1-5～图1-7所示。

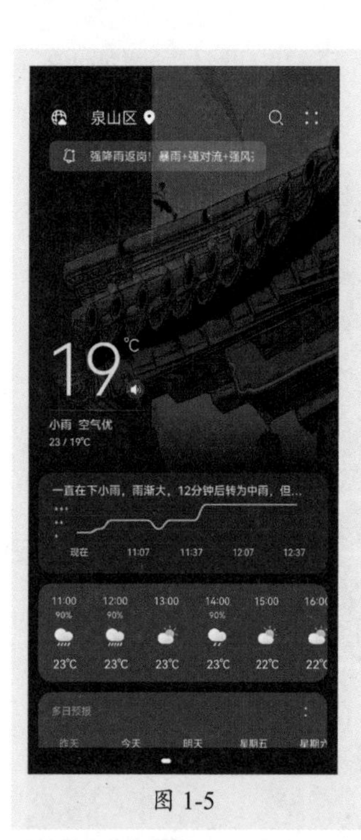

图 1-5

图 1-6

图 1-7

2. 用户语言

界面中要使用通俗易懂的语言，而不是使用行业内的专业用语。UI设计师和程序员所属的领域里，有属于自己行业的专业术语、概念等，当使用此类术语时，用户会感到不清楚、不明白，由此产生困惑。在设计UI时，要明确用户群体，从用户认知的角度去思考、去设计，用户就能很轻松地操作产品，并与产品产生交互。图1-8～图1-10所示分别为不同软件的用户界面。

图 1-8

图 1-9

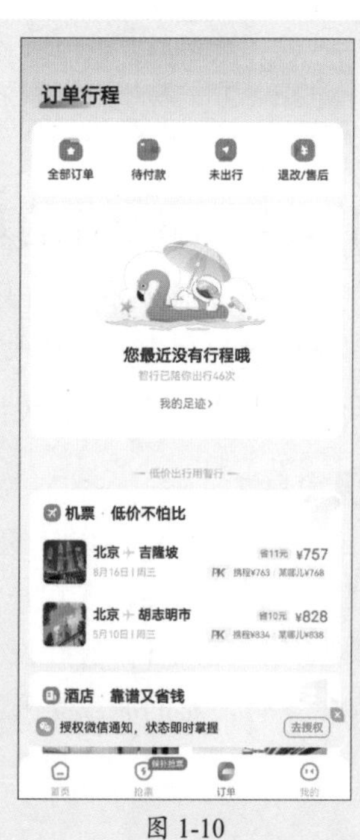

图 1-10

3. 记忆负担最小化

人类的短时记忆是有限的，在UI设计中，不要为用户提供冗长的教程，而应最大程度地减少用户的识记压力，为用户提供认知帮助，让用户确认信息而不是记忆信息。图1-11～图1-13所示分别为用户提供搜索历史、搜索发现、热门搜索界面。

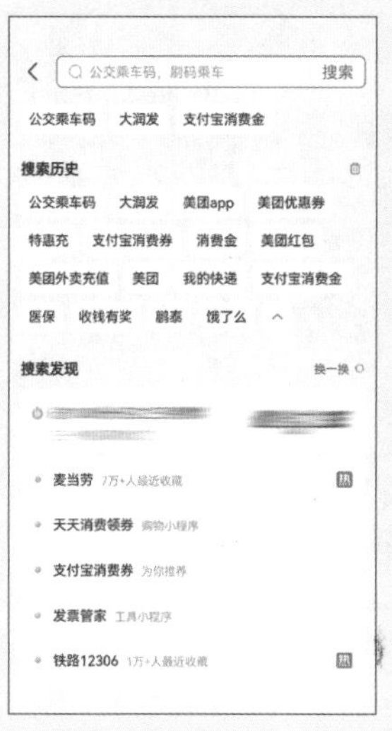

图 1-11

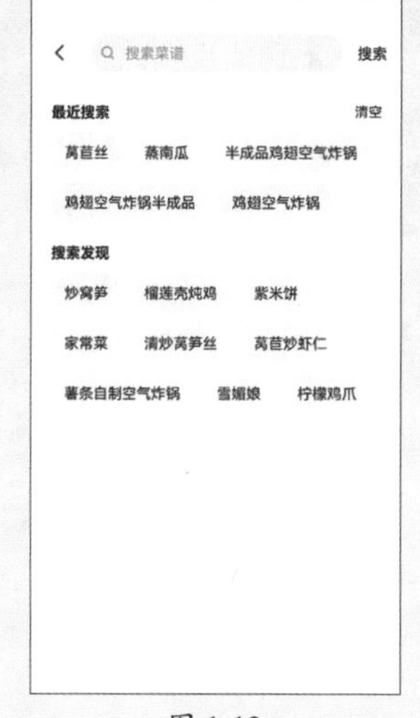

图 1-12

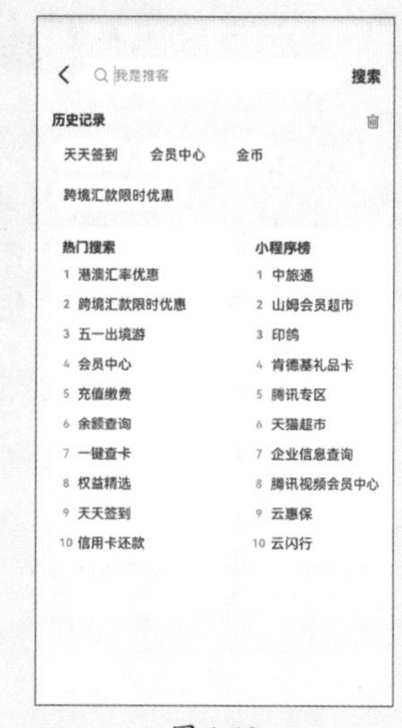

图 1-13

4. 一致性

每个界面都有其专属特点，界面的结构必须清晰且一致，风格必须与产品内容相一致，设计原则要贯穿产品的始终。从视觉层面上来说，表现为图标、风格、颜色、字体等元素的一致性，如图1-14～图1-16所示。若不能保持视觉上的一致，就会给人一种凌乱的感觉，像是拼凑出来的。从交互层面上来说，表现为界面切换的一致性，同一产品，其交互方式是一致的。

图 1-14

图 1-15

图 1-16

5. 灵活性

优秀的UI设计都有一个共同的特征：提高用户的效率。它既适用于老用户，又能够满足新用户，在界面交互设计的基础上尽可能地去简化流程，使用户高效率地完成任务。可以在界面中提供快捷入口，让新老用户都能快捷高效地使用产品，如图1-17、图1-18所示。

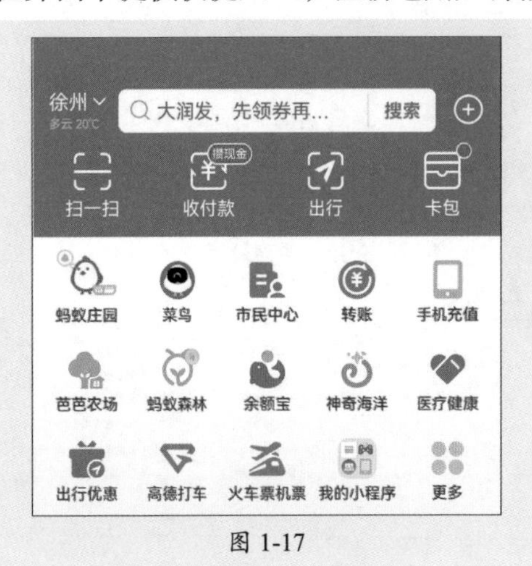

图 1-17

图 1-18

1.1.3 UI设计的流程

UI设计是一个交替迭代的过程，需要不断地修改和优化，从开发到上线的整个过程，设计师必须参与到项目中，只有从多方面了解产品，了解工作流程，才能做出符合市场需求、符合用户需求的产品。UI设计的工作流程大致如下。

1. 确定目标用户

目标用户是产品主要服务的群体，用户群体不同，设计方案也会有所不同。产品处于不同的发展阶段，确定产品目标用户的方法也不相同。用户交互要考虑到目标用户的不同引起的交互设计重点的不同。

2. 采集目标用户的习惯交互方式

不同类型的目标用户有不同的交互习惯。这种习惯的交互方式往往来源于其原有的针对现实的交互流程、已有软件工具的交互流程，设计师需要在此基础上通过调研分析找到用户希望达到的交互效果，并且以流程方式确认下来。

3. 进行 UI 设计

在进行UI设计时要遵循一致性的原则。一致性原则包括设计目标一致、元素外观一致和交互行为一致。

- **设计目标一致：** 软件中往往存在多个组成部分（组件、元素），不同组成部分之间的交互设计目标需要一致。
- **元素外观一致：** 交互元素的外观往往影响用户的交互效果。同一个（类）软件采用一致风格的外观，对于保持用户焦点、改进交互效果有很大帮助。此流程需要对目标用户进行调查取得反馈。

- **交互行为一致：** 在交互模型中，不同类型的元素用户触发其对应的行为事件后，其交互行为需要一致。

4. 提示和引导用户

软件应响应用户的动作和设定的规则。对于用户的交互，提示用户结果和反馈信息，引导用户进行下一步操作。

软件要为用户使用，用户必须可以理解软件各元素对应的功能。如果设计的界面不能为用户所理解，那么需要提供一种非破坏性的途径，使得用户可以通过对该元素的操作，理解其对应的功能。例如：用户单击“删除”按钮后，会弹出提示框提示用户是否删除，同时也可以取消该操作。

用户是交互的中心，交互元素对应用户需要的功能，因此交互元素必须能被用户控制。用户可以控制软件的交互流程，可以控制功能的执行流程。如果无法提供控制，则用能为目标用户理解的方式提示用户。

1.1.4 UI设计的常用软件

软件的运用是UI设计的刚需和基础，设计师即使有再好的想法，若不能通过软件制作出来也是徒劳。想要做UI设计，首先要了解UI的工作内容，此工作大致包括界面设计、图标设计、网页设计、动效设计、交互原型设计，也会涉及3D渲染和思维导图的制作，做这些工作需要用到许多不同的软件。对初学者来说，掌握以下几款核心软件，就完全可以胜任UI设计工作，如图1-19所示。

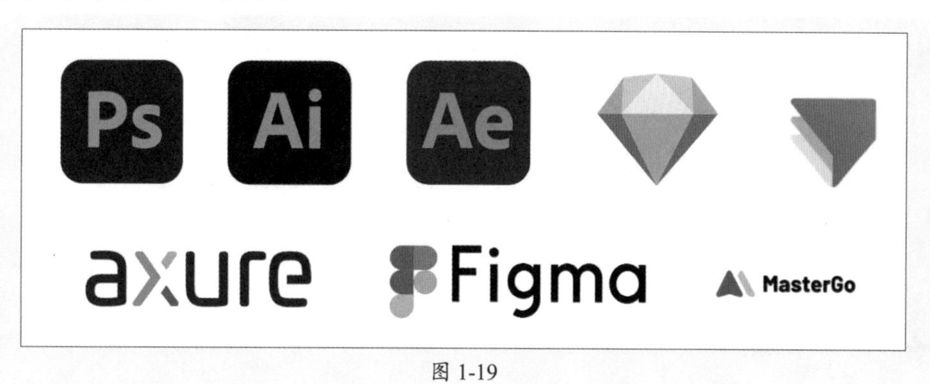

图 1-19

- **基础设计工具：** Photoshop（图像处理）、Illustrator（矢量图标）、Sketch（矢量绘制）。
- **UI原型：** Figma（界面协作）、Axure RP（交互原型）。
- **动效工具：** ProtoPie（高保真交互）、After Effects（进阶动画）。
- **协同设计：** MasterGo（多人协同设计）。

1.2 UI设计方向

UI设计包括用户与界面之间的交互关系，可以分为用户研究、交互设计和界面设计三个方向。

1.2.1 用户研究

用户研究是UI设计流程中的第一步。它是一种理解用户，将他们的目标、需求与企业的商业宗旨相匹配的理想方法，能够帮助企业定义产品的目标用户群。

用户研究的重点工作在于研究用户的特点，通过对用户的工作环境、产品的使用习惯等研究，使得在产品开发的前期能够把用户对于产品功能的期望、对设计和外观方面的要求融入产品的开发过程中，从而使产品更符合用户的习惯、经验和期待。

用户研究的步骤与方法如图1-20所示。

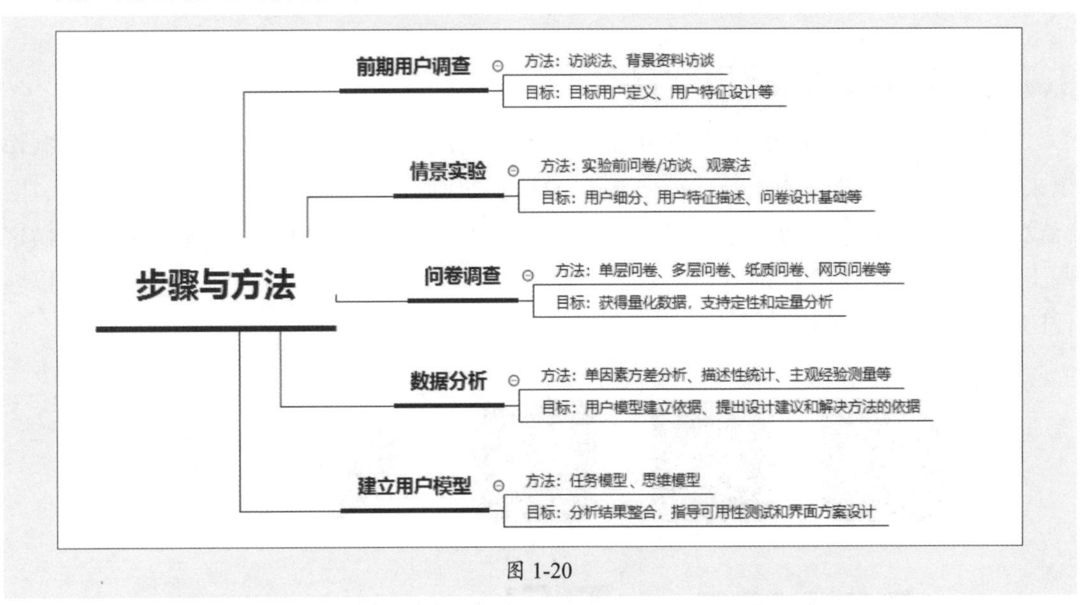

图 1-20

1.2.2 交互设计

交互是指人与机器之间的互动过程，在过去一般由程序员进行交互设计，以往的交互功能虽然齐全，但设计得很粗糙，烦琐难用，增加了操作难度。于是，交互设计从程序员的工作中分离出来并单独形成了一个学科，也就是人机交互设计，旨在加强软件的易用、易学、易理解，使计算机真正成为为人类服务的工具。

1.2.3 界面设计

界面与工业产品中的产品造型一样，是产品的重要卖点。一个好的界面可以给人带来舒适的视觉享受，拉近人与机器之间的距离，为商家创造卖点。界面设计也不是单纯的美术绘画与素材拼贴，设计师需要定位使用者，根据使用环境、使用方式为最终用户而设计，是纯粹的科学性的艺术设计。

1.3 UI界面设计原则

在刚开始进行UI设计时，最重要的是了解、掌握并遵循一定的设计规范，这样不仅能提高工作效率，还能减少工作中的失误。

1.3.1 一致性原则

坚持以用户体验为中心的设计原则，界面直观、简洁，操作方便快捷，用户接触软件后对界面上对应的功能一目了然，不需要太多培训就可以方便地使用应用系统。

- **字体：**保持字体及颜色一致，避免一套主题出现多种字体；不可修改的字段，文字统一用灰色显示。
- **对齐：**保持页面内元素对齐方式的一致，如无特殊情况应避免同一页面出现多种数据对齐方式。
- **表单录入：**在包含必填与选填的页面中，必须在必填项旁给出醒目标识（*）；各类型数据输入需限制文本类型并做格式校验，如电话号码输入只允许输入数字、邮箱地址需要包含“@”等，在用户输入有误时给出明确提示等。
- **鼠标手势：**点击的按钮、链接需要切换鼠标手势及手型。
- **保持功能及内容描述一致：**避免同一功能描述使用多个词汇，如编辑和修改、新增和增加、删除和清除混用等。建议在项目开发阶段建立一个产品词典，包括产品中常用术语及描述，设计或开发人员要严格按照产品词典中的术语及词汇来展示文字信息。

1.3.2 准确性原则

使用一致的标记、标准缩写和颜色，显示信息的含义应该非常明确，用户不必再参考其他信息源。

- 显示有意义的出错信息，而不是单纯的程序错误代码。
- 避免使用文本输入框放置不可编辑的文字内容。
- 避免将文本输入框当成标签使用。
- 使用缩进和文本来辅助理解。
- 使用通俗易懂的词汇，而不是单纯的专业计算机术语。
- 高效使用显示器的显示空间，但要避免空间过于拥挤。
- 保持语言的一致性，如“确定”对应“取消”、“是”对应“否”。

1.3.3 可读性原则

UI设计中关于文字的设计必须以可读性作为第一标准。

1. 文字长度

文字的长度，特别是在大块空白的设计中很重要，文字太长会导致眼睛疲劳，阅读困难；太短又会造成尴尬的断裂效果，断字的使用也会造成大量的复合词，这些断裂严重地影响了阅读的流畅性。

2. 空间和对比度

每个字符之间的空间至少等于字符的尺寸，大多数数字设计人员习惯选择一个最小的文字大小的150%作为空间距离，这样就可以留下足够的空间。当每一行中读取大段的文字，且线路长度过多或线之间的空间太少，都会造成理解困难。

3. 对齐方式

文本的对齐方式相当重要，可以极大地影响可读性，一般而言，阅读方式从左向右，文本习惯向左对齐。

1.3.4 布局合理化原则

在进行设计时需要充分考虑布局的合理化问题，遵循用户从上而下，自左向右浏览、操作的习惯，避免常用功能按键排列过于分散，以造成用户鼠标移动距离过长的弊端。多做“减法”运算，将不常用的功能区块隐藏，以保持界面的简洁，使用户专注于主要业务操作流程，有利于提高软件的易用性及可用性。

- **菜单：**保持菜单简洁性及分类的准确性，避免菜单深度超过3层。
- **按钮：**确认操作按钮放置在左边，取消或关闭按钮放置在右边。
- **功能：**未完成功能必须隐藏处理，不要置于页面内容中，以免引起误会。
- **排版：**所有文字内容排版避免贴边显示（页面边缘），尽量保持10～20像素的间距并在垂直方向上居中对齐；各控件元素间也要保持至少10像素以上的间距，并确保控件元素不紧贴于页面边沿。
- **表格数据列表：**字符型数据保持左对齐，数值型数据保持右对齐（方便阅读对比），并根据字段要求，统一显示小数位位数。
- **滚动条：**在页面布局设计时应避免出现横向滚动条。
- **页面导航（面包屑导航）：**在页面显眼位置应该出现面包屑导航栏，让用户知道当前所在页面的位置，并明确导航结构。
- **信息提示窗口：**信息提示窗口应位于当前页面的居中位置，并适当弱化背景层以减少信息干扰，让用户把注意力集中在当前的信息提示窗口。一般做法是在信息提示窗口的背面加一个半透明颜色填充的遮罩层。

1.3.5 系统操作合理性原则

- 尽量确保用户在不使用鼠标（只使用键盘）的情况下也可以流畅地完成一些常用的操作，各控件间可以通过Tab键进行切换，并将可编辑的文本全选处理。
- 查询检索类页面，在查询条件输入框中按Enter键可以自动触发查询操作。
- 在进行一些不可逆或者删除操作时应该显示信息提示框，并让用户确认是否继续操作，必要时把操作造成的后果也告知用户。
- 信息提示框中的“确认”及“取消”按钮需要分别对应键盘上的Enter和Esc键。
- 避免使用鼠标双击动作，这样不仅会增加用户的操作难度，还可能会引起用户误会，认为功能点击无效。

- 表单录入页面时，需要把输入焦点定位到第一个输入项。用户通过Tab键可以在输入框或操作按钮间切换，并注意Tab键的操作应该遵循从左向右、从上到下的顺序。

1.3.6 系统响应时间原则

系统响应时间应该适中，响应时间过长，用户就会感到不安和沮丧；而响应时间过快，也会影响用户的操作节奏，并可能导致错误。因此，在系统响应时间上应坚持如下原则。

- 2～5秒显示处理信息提示窗口，避免用户误认为没响应而重复操作。
- 5秒以上显示处理窗口或进度条。
- 一个长时间的处理完成时应显示完成信息。

1.4 UI设计规范

在UI设计中，设计规范是关键。文字、图片和色彩的应用确定了产品的整体风格，以大平台规范作为参考，针对产品的特点进行删减优化，可以有效地避免规范内容的遗漏缺失，强化产品本身风格。

1.4.1 文字应用规范

在UI设计中，字体的规范使用是非常重要的一项，可以直接影响设计风格，它是一个App中最核心的元素，是产品传达给用户最主要的内容。

1. 字号

字号是界面设计中的一个重要元素，它决定着整个界面的层级关系和主次关系。字号的合理选择可以让界面的层次更加分明，若没有一定的规范性，则会让界面混乱不堪，极大地影响阅读体验。字号的选择，可以遵循iOS、Android系统基础规范，也可以根据产品的风格特点自行定义。

- **iOS系统：** iOS设计时要注意字号的大小。苹果官网的建议全部是针对英文SF字体而言的，其中文字字体则需要设计师自行定义，但最终都要以最美观的效果展现。
- **Android系统：** Android中各元素以720 px × 1280 px为基准设计可以与iOS对应，其常见的字号大小为24 px、26 px、28 px、30 px、32 px、34 px、36 px等，最小字号为20 px。

2. 字重

字重就是指某种字体的粗细。以思源宋体为例，可以选择Light、Regular、Bold、Heavy等，如图1-21所示。不同的字重效果如图1-22所示。

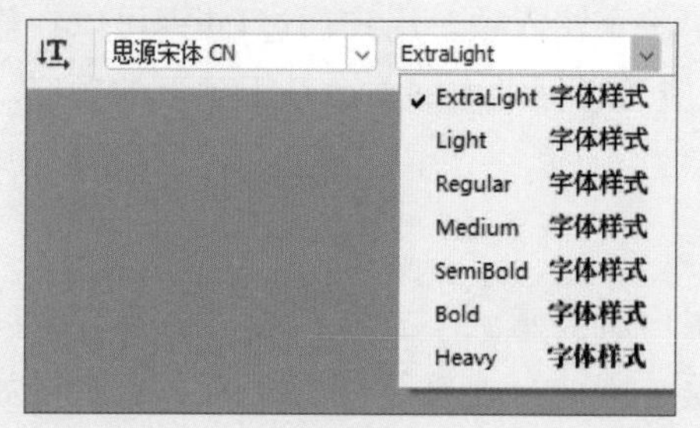

图 1-21

图 1-22

3. 行距

行距是段落中上下两行文字之间的距离，在UI设计中能够有效地引导阅读。在App界面中，由于受到界面大小的限制，一定要把控好文字之间的行距。行距太小会导致用户阅读很困难，而行距太大同样也会造成阅读困难。

4. 常用字体类型

字体的选择一般会根据产品的属性或者品牌特性来确定。iOS英文使用的是San Francisco（SF）字体，中文使用的是苹方字体，如图1-23所示。Android英文使用的是Roboto字体；中文使用的是思源黑体，又称为Source Han Sans或Noto，共有7个字重，如图1-24所示。

图 1-23

图 1-24

1.4.2 图片应用规范

图片是UI设计中必不可少的元素。选择合适的图片不但可以获得良好的显示效果，还可以调节图像大小，有效地减少服务器负担。图片常用的三种格式分别为JPEG、PNG、GIF。

- **JPEG：** JPEG格式是一种高压缩比的有损压缩真彩色图像文件格式，其最大特点是文件比较小，可以进行高倍率的压缩，因而在注重文件大小的领域应用广泛。JPEG格式是压缩率最高的图像格式之一，这是由于该格式的图片在压缩保存的过程中会以失真最小的方式丢掉一些肉眼不易察觉的数据，因此保存后的图像与原图像会有所差别。该格式在印刷、出版等要求高的场合不宜使用。

- **PNG：** PNG可以保存24位的真彩色图像，并且支持透明背景和消除锯齿边缘的功能，可以在不失真的情况下压缩保存图像。但由于并不是所有的浏览器都支持PNG格式，所以该格式的使用范围没有GIF和JPEG广泛。PNG格式在RGB和灰度颜色模式下支持Alpha通道，但在索引颜色和位图模式下不支持Alpha通道。
- **GIF：** GIF又称图像互换格式，是一种通用的图像格式。在保存图像为该格式之前，需要将图像转换为位图、灰度或索引颜色等颜色模式。GIF采用两种保存格式，一种为“正常”格式，可以支持透明背景和动画格式；另一种为“交错”格式，可以让图像在网络上由模糊逐渐转为清晰的方式显示。

操作提示

简单来说，JPEG适合存储照片，PNG（PNG8）适合存储小图标、按钮、背景等，GIF适合存储动画。

1.4.3 色彩应用规范

色彩对于信息传达有着重要的作用，色彩的运用与搭配也决定了设计的质感。

1. 色彩中的三原色

- **色光三原色：** 红、绿、蓝。
- **颜料三原色：** 红、黄、蓝。
- **印刷三原色：** 青、品红、黄。

2. 色彩的三大属性

- **色相：** 色相是色彩所呈现出来的质地面貌，主要用于区分颜色。在0～360°的标准色轮上，可按位置度量色相。通常情况下，色相是以颜色的名称来识别的，如红色、黄色、绿色等，如图1-25所示。

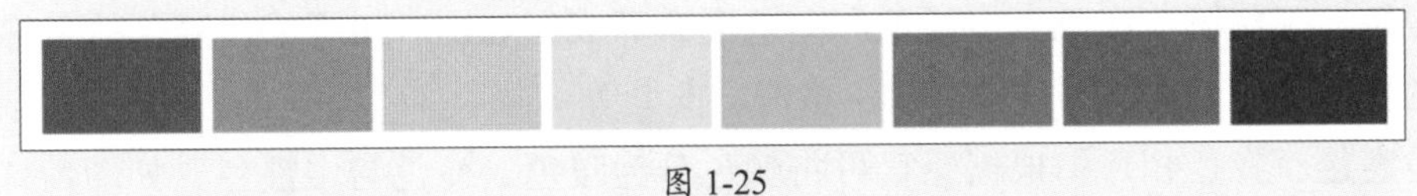

图 1-25

- **明度：** 明度是指色彩的明暗程度。通常情况下，明度的变化有两种情况：一是不同色相之间的明度变化；二是同色相的不同明度变化，如图1-26所示。在有彩色系中，明度最高的是黄色，明度最低的是紫色，红、橙、蓝、绿属于中明度。在无彩色系中，明度最高的是白色，明度最低的是黑色。要提高色彩的明度，可以加入白色，反之加入黑色。

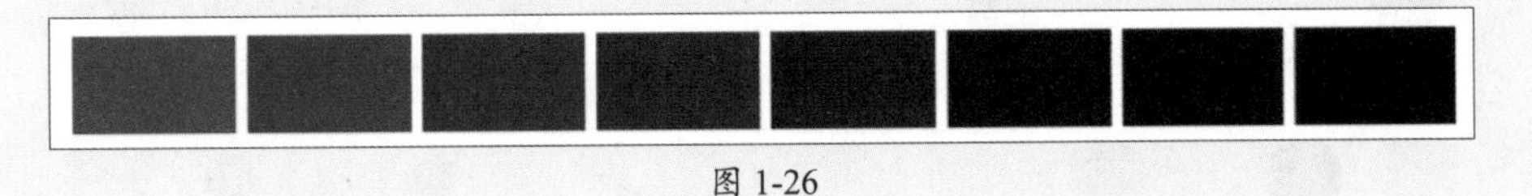

图 1-26

- **纯度**：纯度是指色彩的鲜艳程度，也称彩度或饱和度。纯度是色彩感觉强弱的标志。其中红、橙、黄、绿、蓝、紫等的纯度最高，无彩色系中的黑、白、灰的纯度几乎为零。图1-27所示为红色的不同纯度。

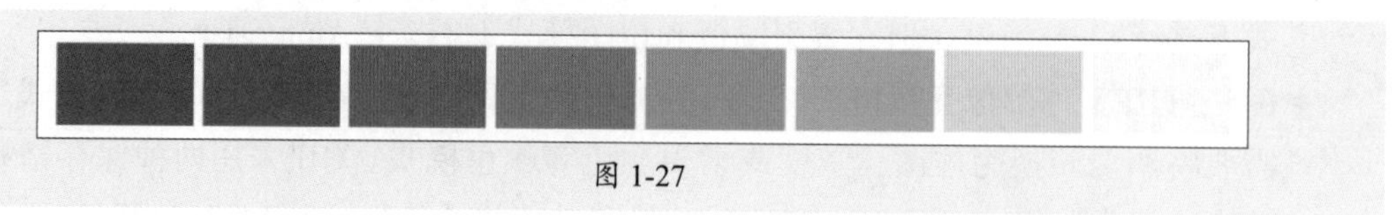

图 1-27

3. 色相环

色相环是以红、黄、蓝三色为基础，经过三原色的混合产生间色、复色，呈一个环形的状态。色相环有6～72种颜色，以12色相环为例，主要由原色、间色、复色、冷暖色、类似色、邻近色、对比色、互补色组成。下面进行具体的介绍。

- **原色**：色彩中最基础的三种颜色，即红、黄、蓝。原色是其他颜色混合不出来的，如图1-28所示。
- **间色**：又称第二次色，由三原色中的任意两种原色相互混合而成，如图1-29所示。例如红+黄=橙；黄+蓝=绿；红+蓝=紫。三种原色混合出的是黑色。

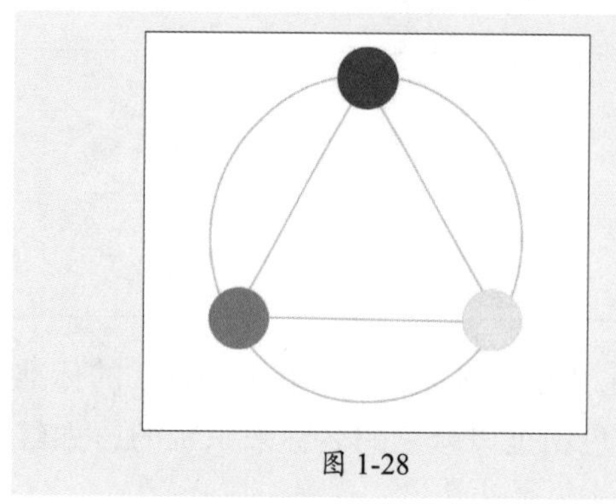

图 1-28

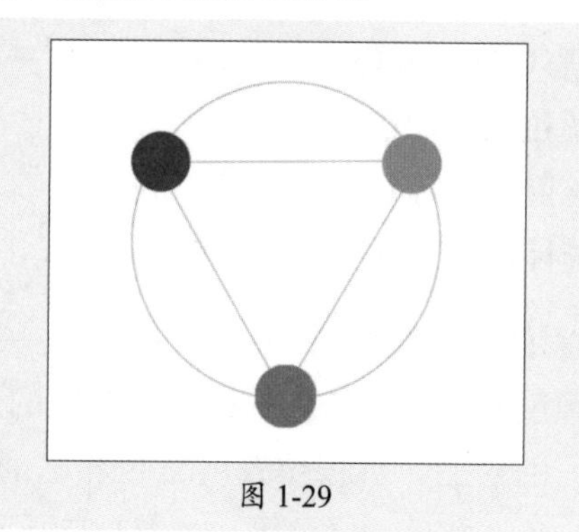

图 1-29

- **复色**：又称第三次色，由原色和间色混合而成，如图1-30所示。复色的名称一般由两种颜色的名称组成，如黄绿、黄橙、蓝紫等。
- **冷暖色**：在色相环中根据感官可将颜色分为暖色、冷色与中性色，如图1-31所示。暖色：红、橙、黄，给人以热烈、温暖之感；冷色：蓝、蓝绿、蓝紫，给人距离、寒冷之感；中性色：介于冷暖色之间的颜色，如紫色和黄绿色。

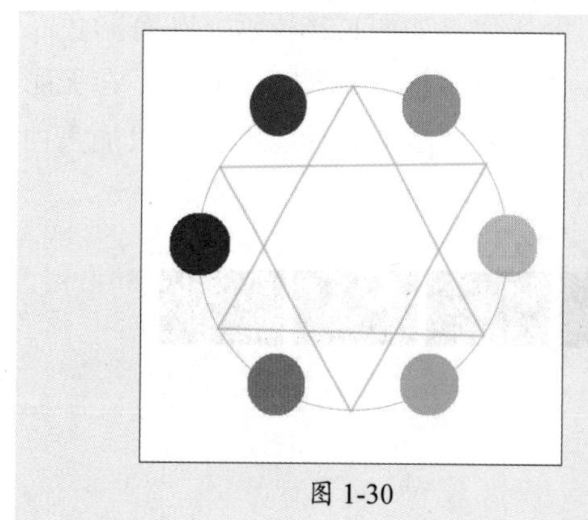

图 1-30

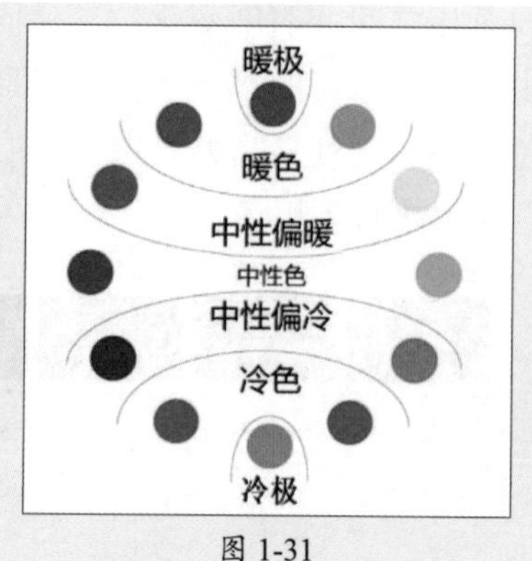

图 1-31

- **类似色：**色相环中夹角为60°以内的色彩为类似色，例如，红橙和黄橙、蓝色和紫色，如图1-32所示。其色相对比差异不大，给人统一、稳定的感觉。
- **邻近色：**色相环中夹角为60°～90°的色彩为邻近色，例如，红色和橙色、绿色和蓝色等，如图1-33所示。其色相彼此近似，和谐统一，给人舒适、自然的视觉感受。

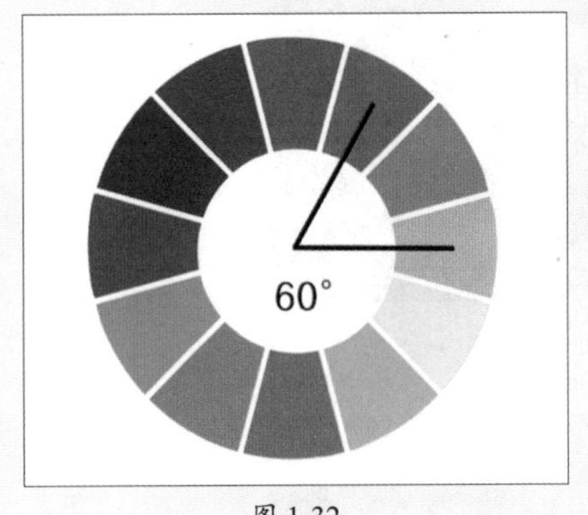

图 1-32

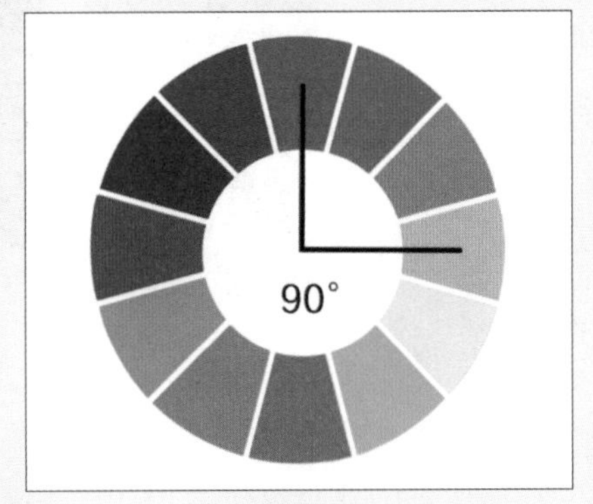

图 1-33

- **对比色：**色相环中夹角为120°左右的色彩为对比色，例如，紫色和黄橙、红色和黄色等，如图1-34所示。对比色可使画面具有矛盾感，矛盾越鲜明，对比越强烈。
- **互补色：**色相环中夹角为180°的色彩为互补色，例如，红色和绿色、蓝紫色和黄色等，如图1-35所示。互补色有强烈的对比效果。

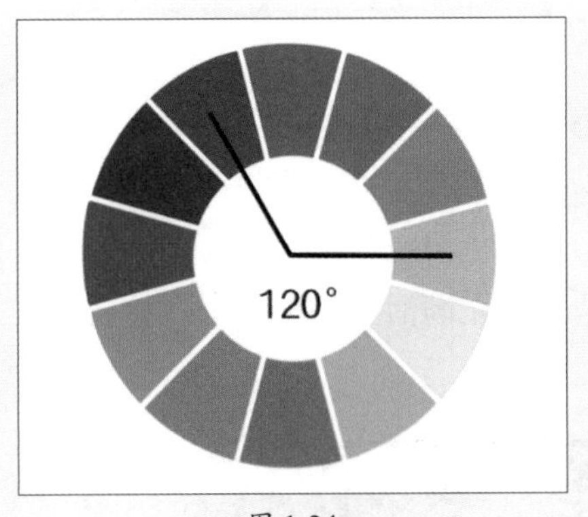

图 1-34

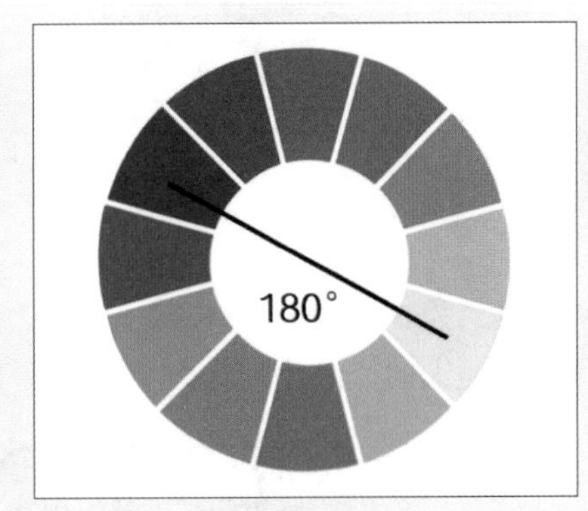

图 1-35

4. 色彩印象

色相对人的心理影响很大，色彩给人的感受和印象因人而异。色彩的运用与搭配决定着设计的质感。

- **红色：**象征着激情、能量、爱心，是充满活力和温暖的颜色，能给人带来兴奋的感觉。红色在电商类、新闻资讯类等需要营造活跃氛围的产品界面使用较多，如图1-36所示。
- **橙色：**象征着温暖、丰收、成熟、华丽，给人活泼、华丽、辉煌、炽热的感觉。橙色有增加食欲、刺激消费的作用，在电商类、社会服务类等的产品界面使用较多，如图1-37所示。

图 1-36

图 1-37

- **黄色：** 象征着聪明、乐观、希望、光明，是一种充满活力的颜色，在旅游类或目标为年轻人的产品中使用较多，如图1-38所示。

图 1-38

- **绿色：** 象征着和平、安全、自然、青春，是一种充满希望的温和色彩，强调安全感，如图1-39所示。

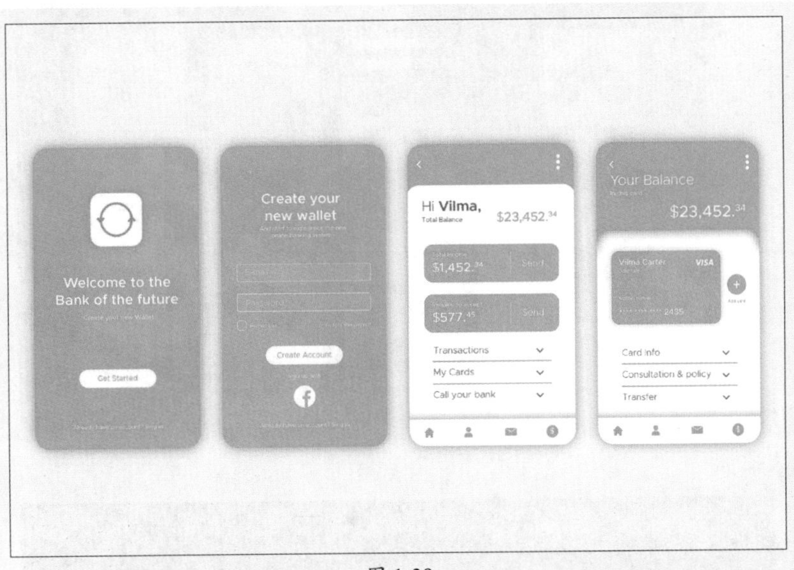

图 1-39

- **蓝色：** 象征着冷静、凉爽、理智、科技，给人自由平静的感觉，在科技咨询、职场类等类别的产品界面设计中使用较多，如图1-40所示。

图 1-40

- **紫色：** 象征着优雅、高贵、神秘、浪漫。紫色由热烈温暖的红色和冷静理智的蓝色混合而成，是最佳的刺激色，魅力十足，如图1-41所示。
- **黑色：** 象征着权利、威信、仪式、时尚，营造出沉稳、大气的高级感，在图像后期处理类、时尚类、视频播放器界面中使用较多，如图1-42所示。
- **白色：** 象征着神圣、纯洁、纯真。白色是无彩色，可以与任何颜色搭配，大多数背景以白色为底，如图1-43所示。

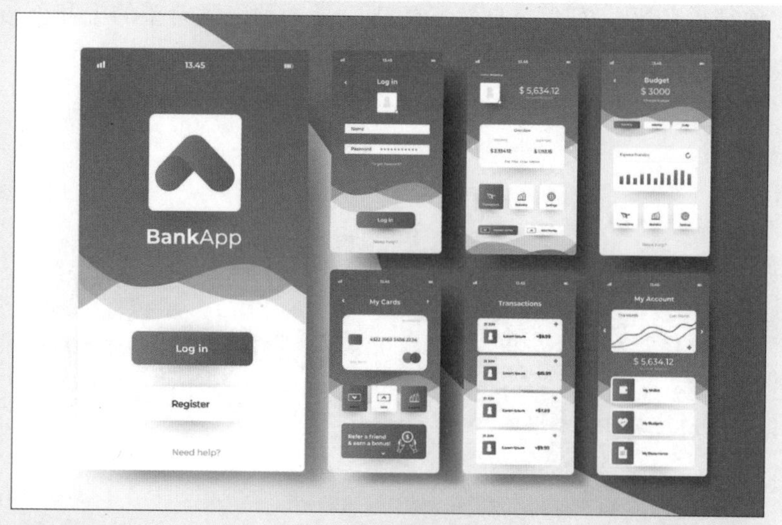

图 1-41

图 1-42

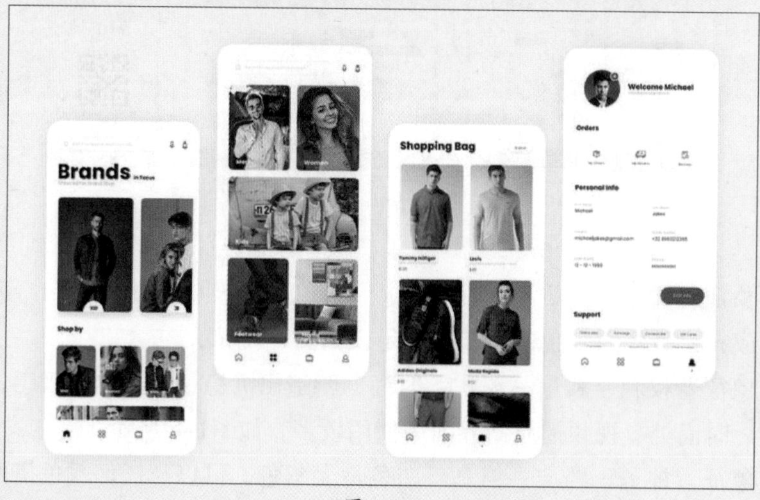

图 1-43

课后练习 收集不同类别的UI界面设计

收集不同类别网站、App的界面设计，分析用色特点，如图1-44、图1-45所示。

图 1-44　　　　图 1-45

技术要点

①收集日常使用的网站、手机App界面，例如电商购物类、便捷生活类、出行导航类、金融理财类。

②分析该网站中App的图标、引导页、首页、界面的配色特点。

③分析该网站中App的活动页面Banner的用色特点。

拓展赏析

中国的榫卯工艺

中国古建筑以木材、砖瓦为主要建筑材料，以木构架为主要的结构方式，由立柱、横梁、顺檩等主要构件建造而成，各个构件之间以榫卯连接，构成富有弹性的框架。

榫卯是指在两个木构件上所采用的一种凹凸结合的连接方式。凸出的部分叫榫（或榫头），凹进的部分叫卯（或榫眼、榫槽），榫和卯咬合，起到连接作用。这是中国古代建筑、家具及其他木制器械的主要结构方式。榫卯结构是榫和卯的结合，是木件之间多与少、高与低、长与短的巧妙组合，可有效地限制木件向各个方向的扭动。最基本的榫卯结构由两个构件组成，其中一个的榫头插入另一个的卯眼中，使两个构件连接并固定，如图1-46所示。榫头伸入卯眼的部分称为榫舌，其余部分则称作榫肩。

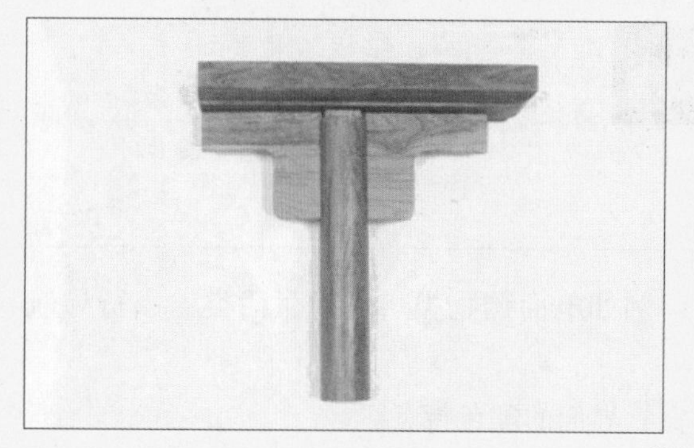

图 1-46

榫卯结构广泛用于建筑和家具，体现出家具与建筑的密切关系。榫卯结构应用于房屋建筑后，虽然每个构件都比较单薄，但是它整体上却能十分稳定。这种结构不在于个体的强大，而是互相结合、互相支撑，这种结构成了后代建筑和中式家具的基本模式，如图1-47所示。

图 1-47

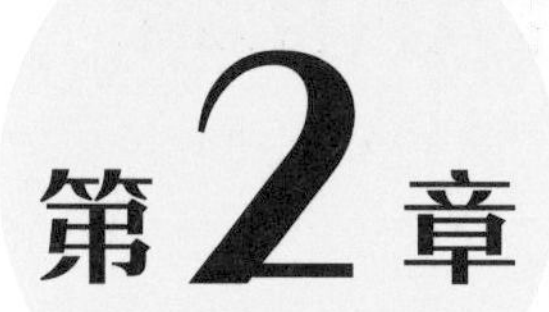

图像处理知识准备

内容导读

在UI设计中要学会使用Photoshop软件处理图像元素。本章对该软件的基础知识、图形的绘制与填充、文本的创建与编辑、蒙版和通道、图像的色彩调整以及图像的特效应用进行讲解。

思维导图

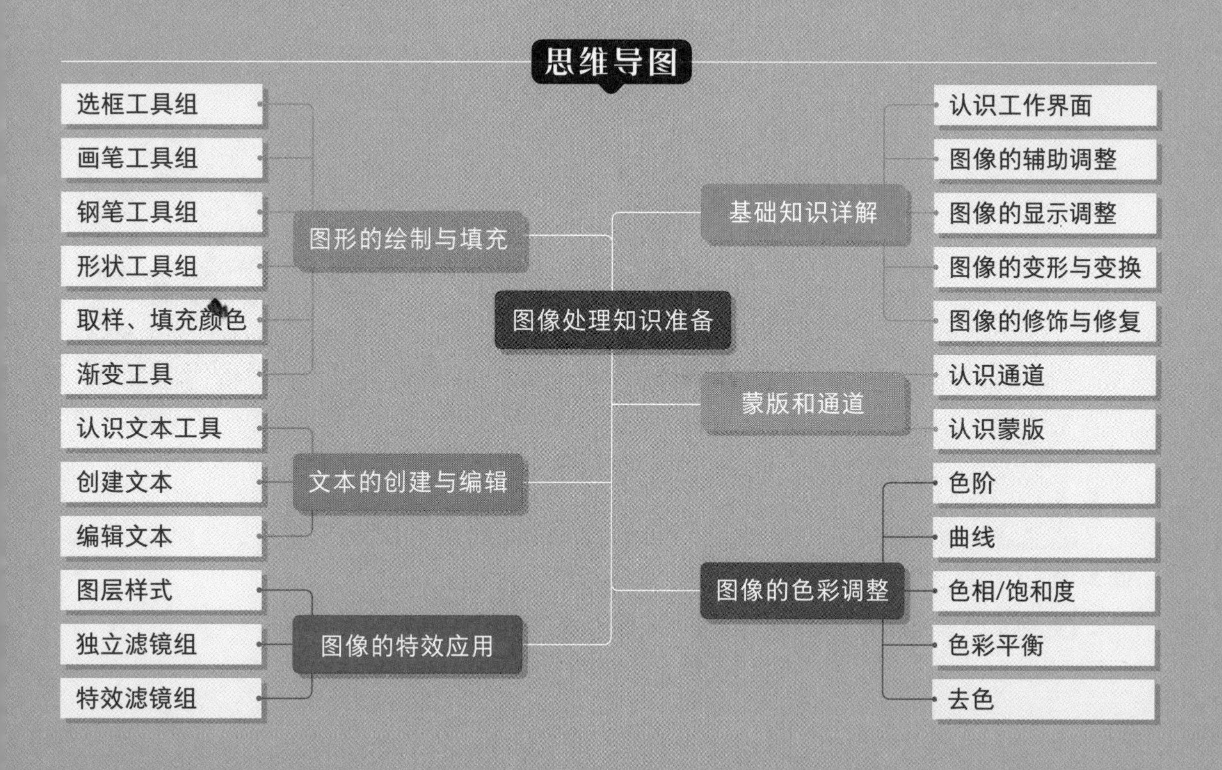

2.1 基础知识详解

本节将对Photoshop的入门基础操作进行讲解，包括Photoshop工作界面的构成、图像的辅助调整、图像的显示调整、图像的变形与变换以及图像的修饰与修复。

2.1.1 案例解析：制作九宫格效果

在学习图像基础知识之前，可以跟随创建九宫格效果的操作步骤了解并熟悉参考线、切片工具以及“导出”命令。

步骤 01 将素材文件拖曳至Photoshop中，如图2-1所示。

步骤 02 执行“视图”|“新建参考线版面”命令，在弹出的“新建参考线版面”对话框中设置参数，如图2-2所示。

图 2-1

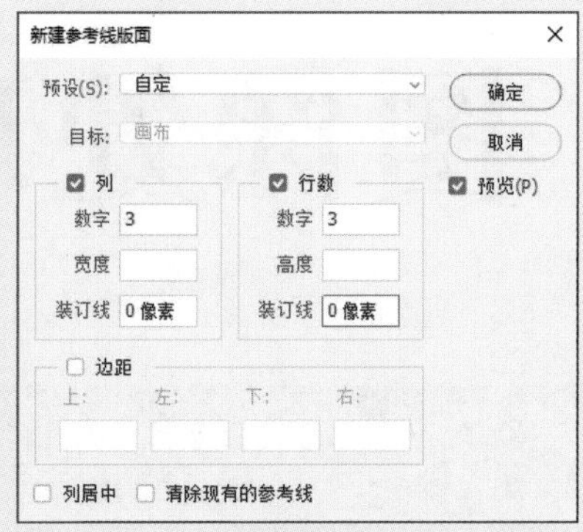

图 2-2

步骤 03 单击“确定”按钮，效果如图2-3所示。

步骤 04 在工具箱中选择“切片工具”，单击选项栏中的“基于参考线的切片”按钮，效果如图2-4所示。

图 2-3

图 2-4

步骤 05 执行“文件”|“导出”|“存储为Web所用格式（旧版）”命令，在弹出的“存储为Web所用格式”对话框中设置参数，如图2-5所示。

步骤 06 设置完成后，单击“存储”按钮，效果如图2-6所示。

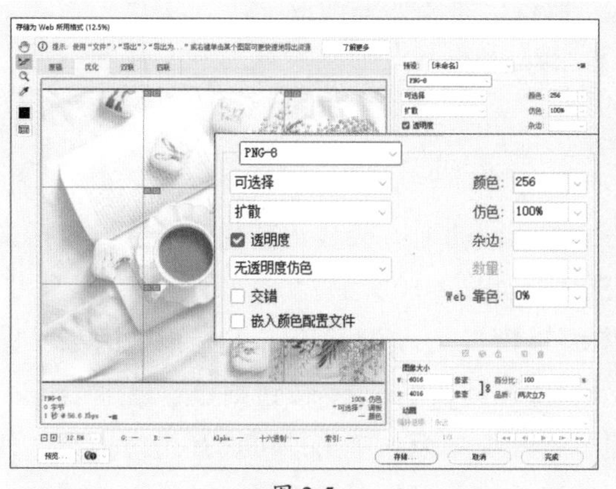

图 2-5

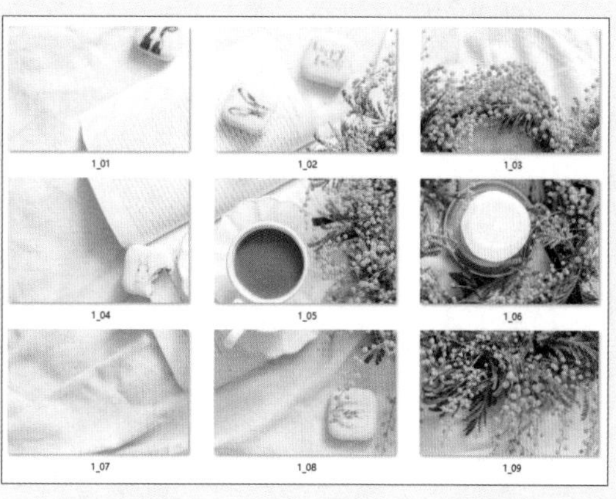

图 2-6

2.1.2 认识工作界面

安装Photoshop软件后双击该图标，打开Photoshop主界面。打开任意一个图像或文件，进入到工作界面，该界面主要由菜单栏、选项栏、标题栏、工具箱、面板组、图像编辑窗口、状态栏组成，如图2-7所示。

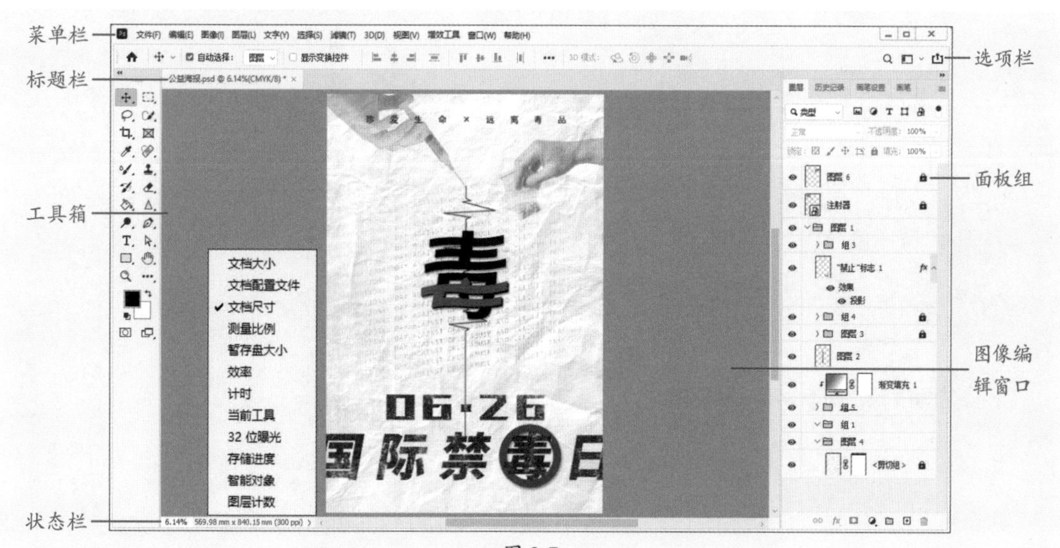

图 2-7

下面简要介绍各部分的主要功能和作用。

- **菜单栏：** 菜单栏中包括“文件”“编辑”“图像”“文字”和“帮助”等12个主菜单，如图2-8所示。每个菜单又包括多个子菜单，通过应用这些命令可以完成大多数的常规操作。

文件(F) 编辑(E) 图像(I) 图层(L) 文字(Y) 选择(S) 滤镜(T) 3D(D) 视图(V) 增效工具 窗口(W) 帮助(H)

图 2-8

- **选项栏：** 选项栏中显示的选项因所选的对象或工具类型而不同。在工具箱中选择任意一个工具后，选项栏中就会显示出相应的工具选项，如图2-9所示为“矩形工具”

的选项栏。执行“窗口”|“选项”命令，可显示或隐藏选项栏。

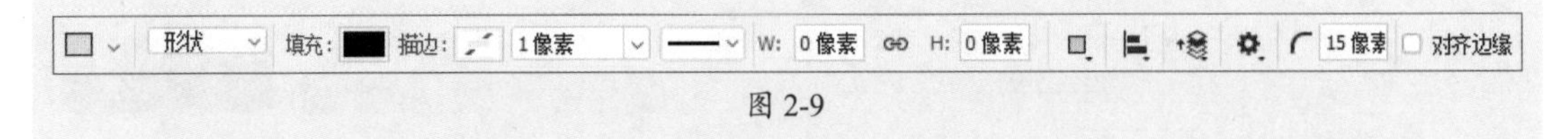

图 2-9

- **标题栏：** 打开一张图像或一个文档，在工作区域的上方会显示其相关信息，包括文档名称、文档格式、缩放等级、颜色模式等，如图2-10所示。
- **工具箱：** 默认状态下，工具箱位于图像编辑窗口的左侧，单击工具箱中的工具图标，即可使用该工具。单击▸▸按钮显示双排工具；单击◂◂按钮则显示单排工具。

用鼠标长按或右击带有三角图标的工具即可展开工具组，单击即可选择组内工具，如图2-11所示。也可以配合Shift键，比如按Shift+W组合键，可在对象选择工具、快速选择工具和魔棒工具之间进行切换。

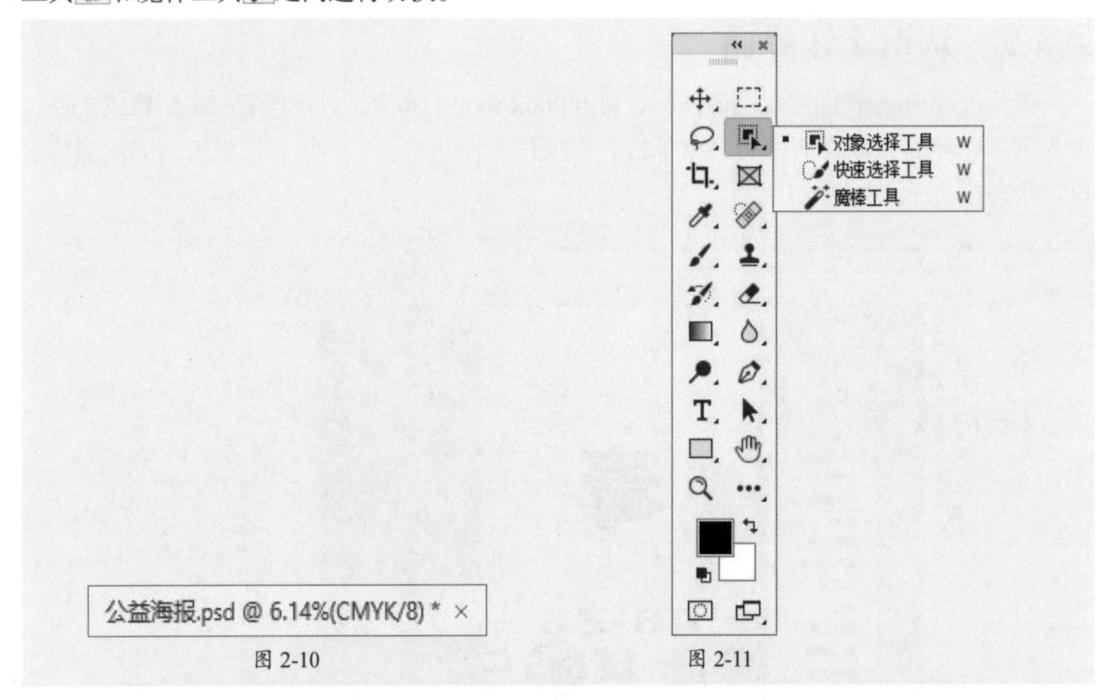

图 2-10　　图 2-11

- **面板组：** 面板以面板组的形式停靠在软件界面的最右侧，在面板中可设置数值和调整参数。每个面板都可以自行组合，执行“窗口”菜单下的命令即可显示面板。
- **图像编辑窗口：** 图像编辑窗口是Photoshop设计作品的主要场所。针对图像执行的所有编辑功能和命令都可以在图像编辑窗口中显示。在编辑图像的过程中，可以对图像窗口进行多种操作，如改变窗口大小和位置、对窗口进行缩放等，拖动标题栏还可以将其分离。
- **状态栏：** 状态栏位于工作界面的左下方，显示图像的缩放大小和其他状态信息。单击〉按钮，可显示状态信息的选项，如文档大小、文档尺寸、当前工具等。

2.1.3　图像的辅助调整

使用标尺、参考线、网格等辅助工具可对图像进行精确的定位和测量。

1. 标尺

标尺可以精确定位图像或元素。执行“视图”|“标尺”命令或按Ctrl+R组合键，即可显示标尺。标尺分布在图像编辑窗口的上边缘和左边缘（X轴和Y轴）。右击标尺，会弹出度量单位快捷菜单，可选择或更改单位，如图2-12所示。

在默认状态下，标尺的原点位于图像编辑区的左上角，其坐标值为（0,0）。单击左上角标尺相交的位置□并向右下方拖动，会拖出两条十字交叉的虚线，释放鼠标，可更改原点位置，如图2-13、图2-14所示。双击左上角标尺相交的位置□，即可恢复到原始状态。

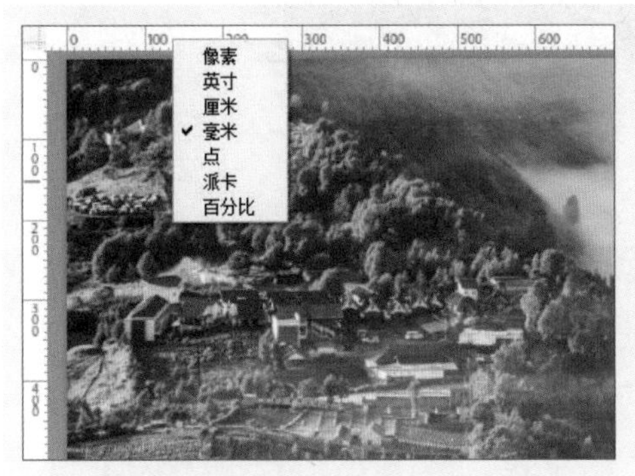

图 2-12

图 2-13

图 2-14

2. 参考线

参考线和智能参考线都可以精确定位图像或元素。参考线的创建方法可分为手动创建和自动创建两种方式。

- **手动创建参考线：**执行“视图”|“标尺”命令或按Ctrl+R组合键显示标尺后，将鼠标指针放置在左侧垂直标尺上向右拖动，即可创建垂直参考线；将鼠标指针放置在上面水平标尺上向下拖动，即可创建水平参考线，如图2-15所示。

图 2-15

- **自动创建参考线：**执行“视图”|“新建参考线”命令，在弹出的“新建参考线”对话框中设置具体的位置参数，单击“确定”按钮即可显示参考线，如图2-16～图2-18所示。若要一次性创建多个参考线，可执行“视图”|“新建参考线版面”命令，在弹出的“新建参考线版面”对话框中设置参数。

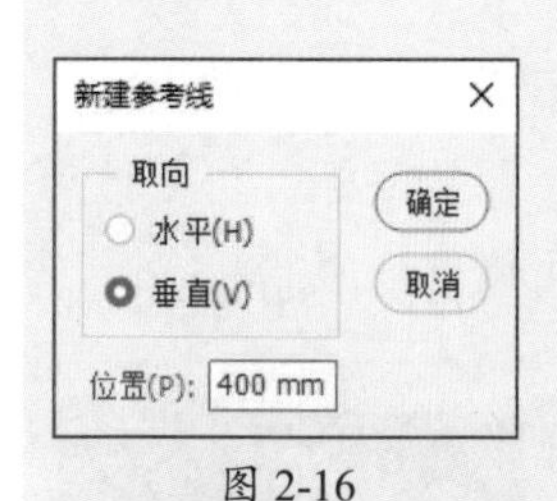

图 2-16

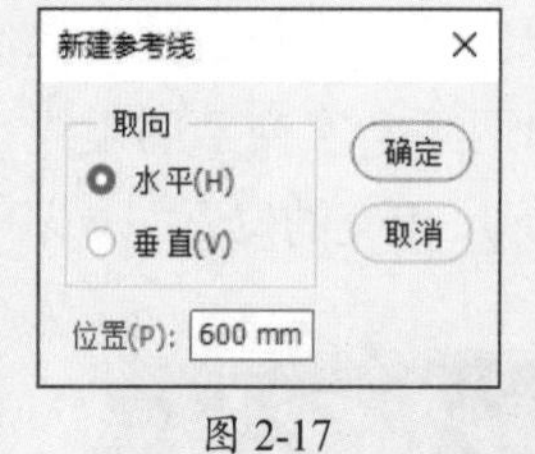

图 2-17

图 2-18

操作提示

若要调整参考线，可使用“选择工具”，将鼠标指针放置在参考线上，当鼠标指针变为形状后即可调整参考线。

3. 智能参考线

智能参考线是一种在绘制、移动、变换的情况下自动显示的参考线，可以帮助用户对齐形状、切片和选区。智能参考线可以在多个场景中显示应用，具体如下。

- 按住Alt键的同时拖动图层会显示测量参考线，表示原始图层和复制图层之间的距离。
- 按住Ctrl键的同时将鼠标指针悬停在形状以外，会显示与画布的距离，如图2-19所示。
- 选择某个图层，按住Ctrl键的同时将鼠标指针悬停在另一个图层上方，可以查看测量参考线，如图2-20所示。
- 在使用“路径选择工具”处理路径时，会显示测量参考线。
- 当复制或者移动一个对象时，Photoshop中会显示测量参考线，从而直观地显示选中的对象与它相邻对象之间的间距。

图 2-19

图 2-20

4. 网格

使用网格可帮助用户在编辑操作中对齐物体。执行“视图”|“显示”|“网格”命令可在页面中显示网格，如图2-21所示。再次执行该命令，将取消网格的显示。

图 2-21

操作提示

执行“编辑”|“首选项”|“参考线、网格和切片”命令，在打开的“首选项”对话框中可以设置网格的颜色、样式、网格线间隔、子网格数量等。

2.1.4 图像的显示调整

使用裁剪工具、透视裁剪工具可以自定义裁剪图像，使用切片工具可以将图像裁切成任意大小，使用“对齐与分布”“排列”命令可以调整图像的显示与层级。

1. 裁剪工具

使用裁剪工具可以裁掉多余的图像，并重新定义画布的大小。选择“裁剪工具”，可以拖动裁剪框自定义图像大小，也可以在该工具的选项栏中设置图像的约束方式以及比例参数进行精确裁剪，如图2-22所示。

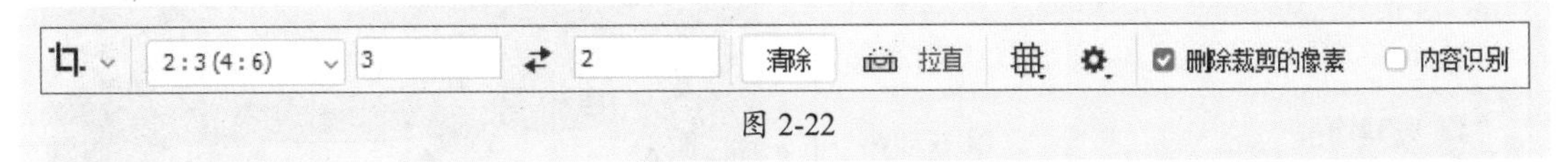

图 2-22

裁剪框的周围有8个控制点，裁剪框以内是要保留的区域，裁剪框以外的为删除的区域，拖动裁剪框至合适大小，如图2-23所示，按Enter键完成裁剪，如图2-24所示。

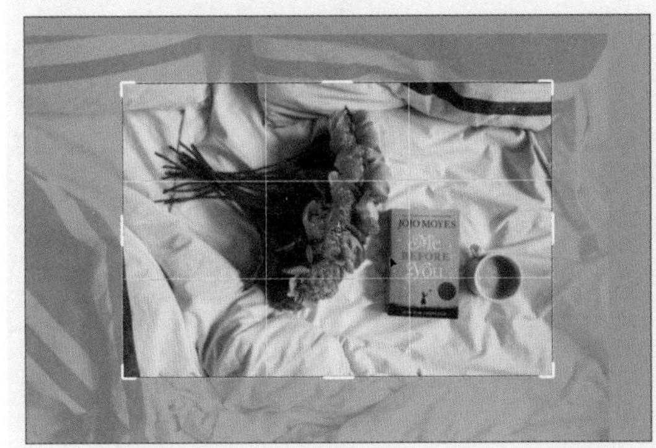

图 2-23

图 2-24

2. 透视裁剪工具

透视裁剪工具在裁剪时可为图像设置透视效果。选择"透视裁剪工具"，当鼠标指针变成形状时，在图像上拖动裁剪区域绘制透视裁剪框，如图2-25所示。按Enter键完成裁剪，效果如图2-26所示。

图 2-25

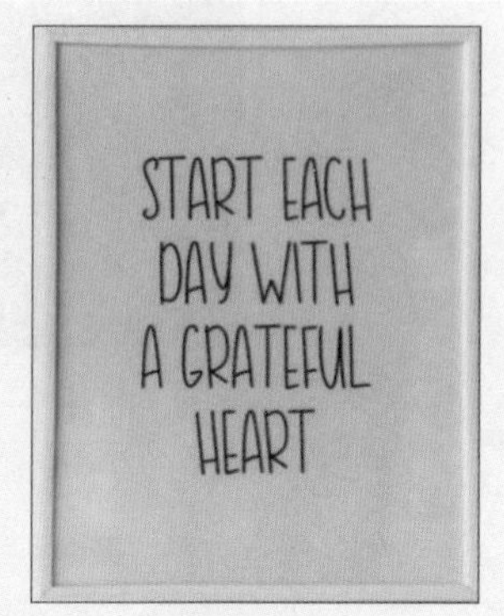

图 2-26

3. 切片工具

切片是指对图像进行重新切割划分。选择"切片工具"，在图像中绘制出一个切片区域，释放鼠标后图像被分割，每部分图像的左上角会显示序号。在任意一个切片区域内右击，在弹出的快捷菜单中选择"划分切片"命令，在弹出的"划分切片"对话框中设置参数，如图2-27所示，效果如图2-28所示。如果需要变换切片的位置和大小，可以使用切片选择工具，对切片进行选择和编辑等操作。

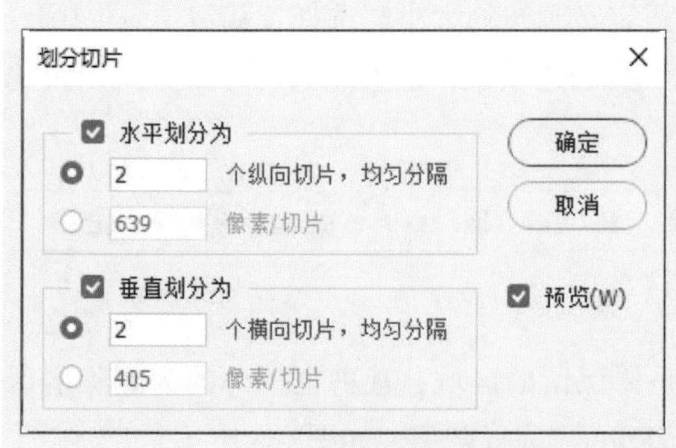

图 2-27

图 2-28

操作提示

在使用切片工具时可以先调出参考线，使用参考线划分出区域。单击选项栏中的"基于参考线的切片"按钮，可以按参考线进行切片。

4. 对齐与分布

在编辑图像过程中，可以根据需要重新调整图层内图像的位置，使其按照一定的方式沿直线自动对齐或者按一定的比例分布。

1）对齐

对齐图层是指以当前图层或选区为基础，将两个或两个以上的图层按照一定的规律对齐排列。执行“图层”|“对齐”命令，在弹出的子菜单中选择相应的对齐方式即可，如图2-29所示。

2）分布

分布图层命令用来调整三个及三个以上图层之间的距离，控制多个图像在水平或垂直方向上按照相等的间距排列。选中多个图层，执行“图层”|“分布”命令，在弹出的子菜单中选择相应的命令即可，如图2-30所示。

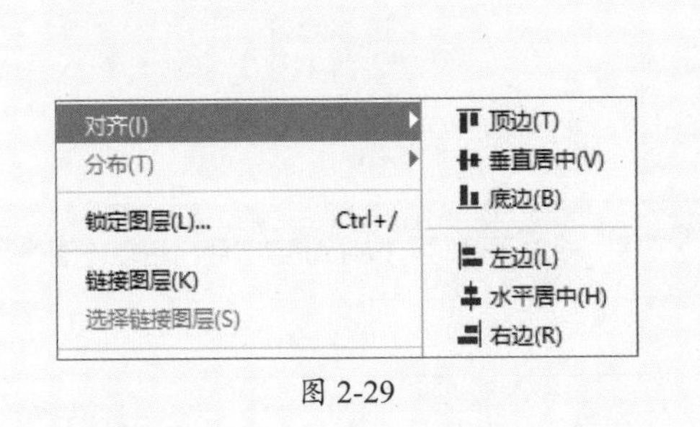

图 2-29

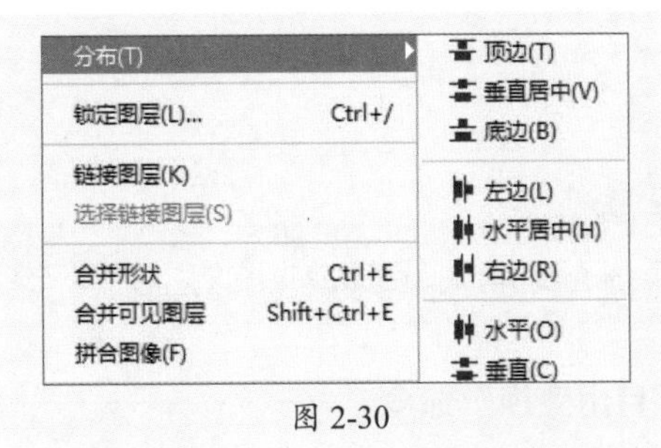

图 2-30

操作提示

使用“移动工具”选择需要调整的图层后，可以在选项栏中设置对齐和分布方式。

5. 排列命令

图层的调整排列影响图像的显示效果，比较常用的方法就是在“图层”面板中选择要调整顺序的图层，拖动鼠标到目标图层上方，释放鼠标即可调整该图层的顺序。除了手动更改图层顺序，还可以执行“排列”命令调整顺序。

- 执行“图层”|“排列”|“置为顶层”命令或按Ctrl+Shift+]组合键，可以将图层置顶。
- 执行“图层”|“排列”|“前移一层”命令或按Ctrl+]组合键，可以将图层上移一层。
- 执行“图层”|“排列”|“后移一层”命令或按Ctrl+[组合键，可以将图层下移一层。
- 执行“图层”|“排列”|“置为底层”命令或按Ctrl+Shift+[组合键，可以将图层置底。

2.1.5 图像的变形与变换

使用选择工具或执行“变换”命令，可以对图像进行移动、旋转、缩放、扭曲、斜切等操作。

1. 选择工具

使用选择工具可以选择、移动并复制图像，选择“选择工具”，在选项栏中选中“自动选择”复选框，即可选中要移动的图层/图层组。

若要复制图像，可使用“移动工具”选中图像，按Ctrl+C组合键复制图像，按Ctrl+V组合键粘贴图像，同时产生一个新的图层，如图2-31、图2-32所示。按Shift+Ctrl+V组合键可原位粘贴图像。

图 2-31

图 2-32

操作提示

除了使用快捷键复制粘贴图像外，还可以在使用“移动工具”移动图像时，按住Alt键拖动自由复制图像。

2.“自由变换”命令

执行“编辑”|“自由变换”命令，或按Ctrl+T组合键，图像周围显示定界框，拖动任意控制点可以放大、缩小图像，如图2-33所示。将鼠标指针置于控制点，当鼠标指针变为↷形状时，可旋转图像，如图2-34所示。按住Ctrl键的同时拖动四周的控制点可以透视调整图像，拖动中心控制点可以斜切图像。

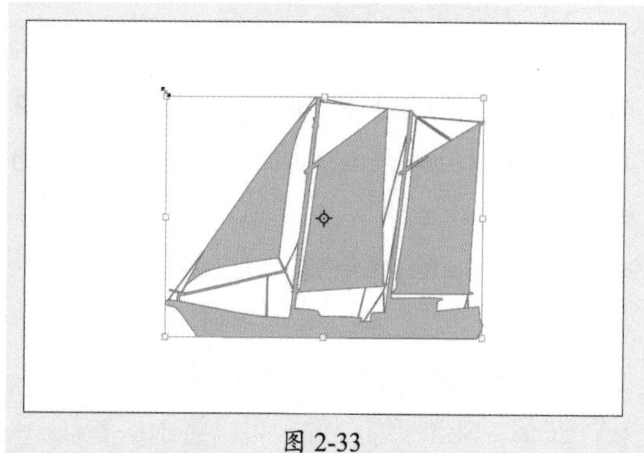

图 2-33

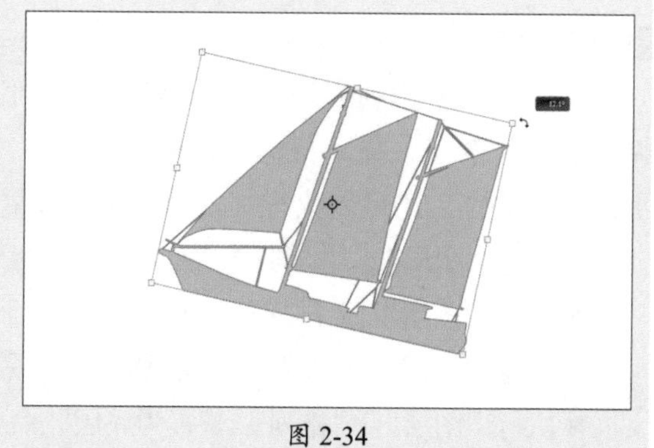

图 2-34

3.“变换”命令

使用“变换”命令可以将选区中的图像、整个图层、多个图层/图层蒙版、路径、矢量形状、矢量蒙版、选区边界或Alpha通道应用变换。选中目标对象，执行“编辑”|“变换”命令，在弹出的子菜单中可以选择以下命令进行变换。

- **缩放：** 相对于对象的参考点（围绕其执行变换的固定点）增大或缩小对象。可以水平、垂直或同时沿这两个方向缩放。
- **旋转：** 围绕参考点转动对象。
- **斜切：** 垂直或水平倾斜对象。
- **扭曲：** 将对象向各个方向伸展。
- **透视：** 对对象应用单点透视。

- **变形：** 拖动锚点或调整锚点的方向线可以改变对象的形状。
- **旋转180度/顺时针旋转90度/逆时针旋转90度：** 通过指定度数，沿顺时针或逆时针方向旋转对象。
- **翻转：** 水平或垂直翻转对象。

4. “变形”命令

“变形”命令可以通过拖动控制点变换图像的形状或路径等。执行“编辑”|“变换”|“变形”命令，或按Ctrl+T组合键自由变换后，在选项栏中单击“在自由变换和变形模式之间切换”按钮应用变形变换，此时画面显示网格，如图2-35所示，拖动网格点可以使图像产生类似于哈哈镜的效果，如图2-36所示。

图 2-35

图 2-36

2.1.6 图像的修饰与修复

不管是针对图像明暗色调的调整，还是去除图像中的杂点，以及复制局部图像等操作，都可以通过工具箱中的不同工具来实现。

1. 修饰工具组

使用修饰工具可以对图像的颜色进行一些细致的调整，如模糊图像、锐化图像、加深或减淡图像颜色等。

1）模糊工具

选择“模糊工具”，在其选项栏中设置参数后，将鼠标指针移动到需要模糊的地方涂抹即可。强度数值越大，模糊效果越明显。图2-37、图2-38所示为强度数值不同时的效果。

图 2-37

图 2-38

2）锐化工具

选择“锐化工具” ，在其选项栏中设置参数后，将鼠标指针移动到需要锐化的地方涂抹即可。强度数值越大，锐化效果越明显。图2-39、图2-40所示为强度数值不同时的效果。

图 2-39

图 2-40

3）涂抹工具

选择“涂抹工具” ，在其选项栏中设置参数，若选中“手指绘画”复选框，单击鼠标拖动时，则使用前景色与图像中的颜色相融合；若取消选中该复选框，则使用开始拖动时的图像颜色显示。图2-41、图2-42所示为选中“手指绘画”复选框前后的效果。

图 2-41

图 2-42

4）减淡工具

选择“减淡工具” ，在其选项栏中设置参数后，将鼠标指针移动到需要处理的位置，单击并拖动鼠标进行涂抹可使画面变亮。图2-43、图2-44所示为涂抹前后的效果。

图 2-43

图 2-44

5）加深工具

选择“加深工具”，在其选项栏中设置参数，将鼠标指针移动到需要处理的位置，单击并拖动鼠标进行涂抹可使画面变暗。图2-45、图2-46所示为涂抹前后的效果。

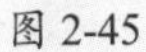

图 2-45

图 2-46

6）海绵工具

选择“海绵工具”，在其选项栏中设置参数，将鼠标指针移动到需要处理的位置，单击并拖动鼠标进行涂抹即可增加或减少图像的饱和度。图2-47、图2-48所示为涂抹前后的效果。

图 2-47

图 2-48

2. 修复工具组

使用修复工具组可以修复图像中的缺陷，使修复的结果自然融入周围的图像，并保持其纹理、亮度和层次与所修复的图像相匹配。

1）仿制图章工具

选择“仿制图章工具”，在其选项栏中设置参数后，按住Alt键先对源区域进行取样，如图2-49所示，在文件的目标区域单击并拖动鼠标，松开Alt键后在需要修复的图像区域单击即可仿制出取样处的图像，如图2-50所示。

2）污点修复画笔工具

选择“污点修复画笔工具”，在其选项栏中设置参数后，将鼠标指针移动到需要修复区域进行涂抹，如图2-51所示，释放鼠标后系统自动修复，如图2-52所示。

图 2-49　　图 2-50

图 2-51　　图 2-52

3）修复画笔工具

选择“修复画笔工具”，在其选项栏中设置参数后，按住Alt键在无瑕疵的位置进行取样，如图2-53所示，松开Alt键后在需要清除的图像区域单击即可修复，如图2-54所示。

图 2-53　　图 2-54

4）修补工具

选择“修补工具”，在其选项栏中设置参数后，沿需要修补的部分随意绘制一个选区，如图2-55所示，拖动选区到其他空白区域处，释放鼠标即可用其他区域的图像修补有缺陷的图像区域，如图2-56所示。

图 2-55

图 2-56

2.2 图形的绘制与填充

本节将对图形的绘制与填充进行讲解，包括使用画笔工具组、钢笔工具组、形状工具组绘制图形，使用吸管工具、油漆桶工具、渐变工具填充颜色。

2.2.1 案例解析：重构图像显示

在学习图像的绘制与填充之前，可以跟随以下操作步骤了解并熟悉，使用矩形选框工具调整图像显示比例。

步骤 01 将素材图像拖曳到Photoshop中，如图2-57所示。

步骤 02 按Ctrl+J组合键复制图层，如图2-58所示。

图 2-57

图 2-58

步骤 03 选择“矩形选框工具”，拖动鼠标绘制一个矩形选区，如图2-59所示。

步骤 04 按Ctrl+T组合键自由变换选区，按住Shift键的同时水平向右拖动鼠标调整显示，然后按Ctrl+D组合键取消选区，如图2-60所示。

图 2-59

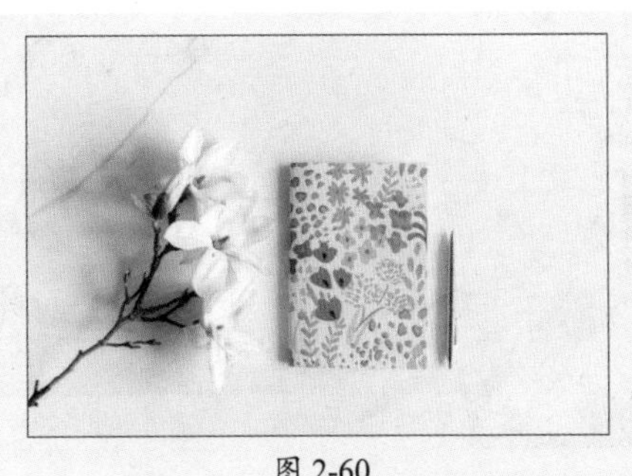

图 2-60

2.2.2 选框工具组

使用选框工具组中的工具可以创建规则形状的选区。下面以矩形选框工具为例进行说明。

选择“矩形选框工具”，按住鼠标左键拖动，释放鼠标即可创建一个矩形选区，如图2-61所示。右击鼠标，在弹出的快捷菜单中选择“变换选区”命令，出现调整框，拖动即可调整选区，如图2-62所示。按住Ctrl键可等比例调整选区。

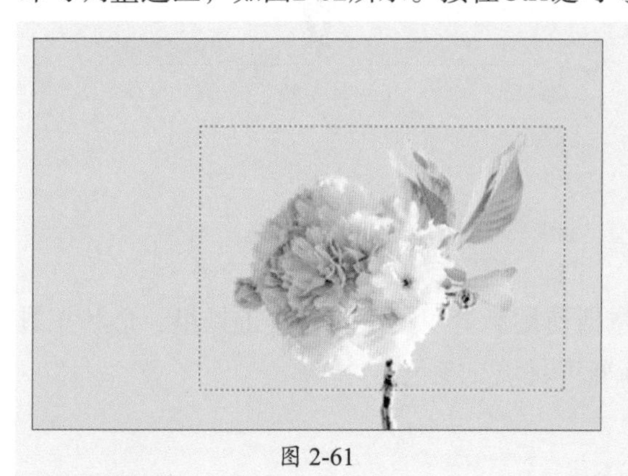

图 2-61

图 2-62

操作提示

使用“矩形选框工具”创建选区时，按住Shift键进行拖动可创建正方形选区；按Shift+Alt组合键拖动可创建以起点为中心的正方形选区。

2.2.3 画笔工具组

在画笔工具组中使用画笔工具可以创建画笔描边，使用混合器画笔工具可以模拟真实的绘画技术。

1. 画笔工具

画笔工具是使用频率最高的工具之一。选择“画笔工具”，然后选择预设画笔，按[键可以细化画笔，按]键可以加粗画笔。对于实边圆、柔边圆和书法画笔，按Shift+[组合键可以减小画笔硬度，按Shift+]组合键可以增加画笔硬度。图2-63、图2-64所示为不同画笔硬度绘制的效果。

图 2-63

图 2-64

2. 混合器画笔工具

混合器画笔工具可以混合画布上的颜色、组合画笔上的颜色以及在描边过程中使用不同的绘画湿度。选择“混合器画笔工具”，在其选项栏中设置参数后，将鼠标指针移动到需要调整的区域进行涂抹，若从干净的区域向有物体的区域涂抹，可以混合颜色以达到“擦除”效果，如图2-65、图2-66所示。

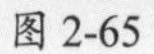

图 2-65

图 2-66

2.2.4 钢笔工具组

使用钢笔工具、弯度钢笔工具可以自由地绘制出各种矢量路径。

1. 钢笔工具

钢笔工具是最基本的路径绘制工具，可以创建或编辑直线、曲线及自由的线条、形状。选择“钢笔工具”，在其选项栏中设置“模式”为“路径”，单击创建路径起点，此时在图像中会出现一个锚点，继续单击创建锚点，两个锚点之间由直线连接，如图2-67所示。在创建锚点时拖动鼠标调出控制柄，可调节锚点两侧或一侧的曲线弧度，如图2-68所示。

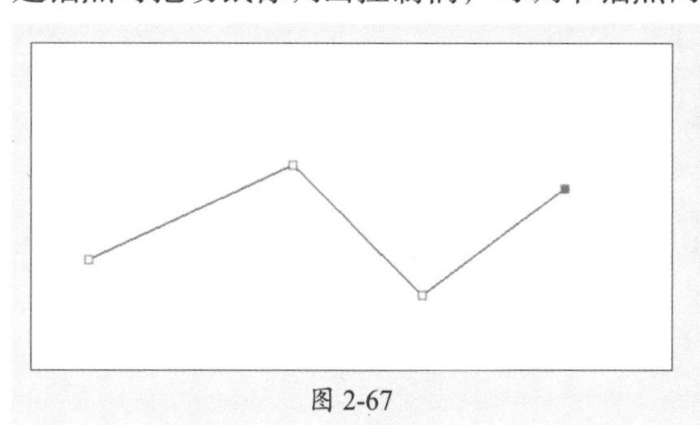

图 2-67

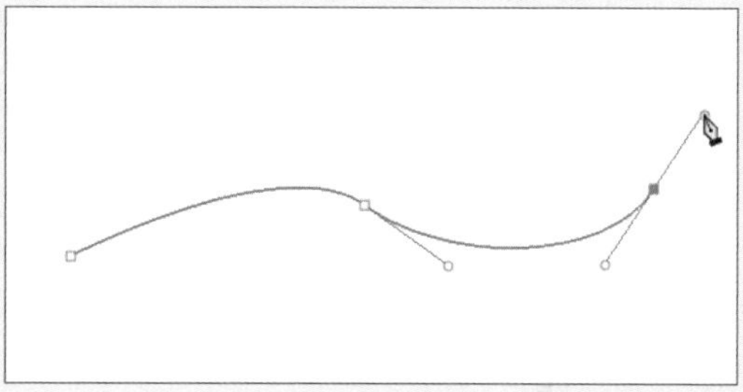

图 2-68

2. 弯度钢笔工具

使用弯度钢笔工具可以轻松绘制平滑曲线和直线段。在使用过程中，无须切换工具就能创建、切换、编辑、添加或删除平滑点或角点。

选择“弯度钢笔工具”，单击确定起始点，绘制第二个点时为直线段，如图2-69所示，绘制第三个点时，这三个点就会形成一条连接的曲线。将鼠标指针移动到锚点上，当指针变为形状时，可随意移动锚点位置，如图2-70所示，闭合路径后拖动锚点可调整路径，如图2-71所示。

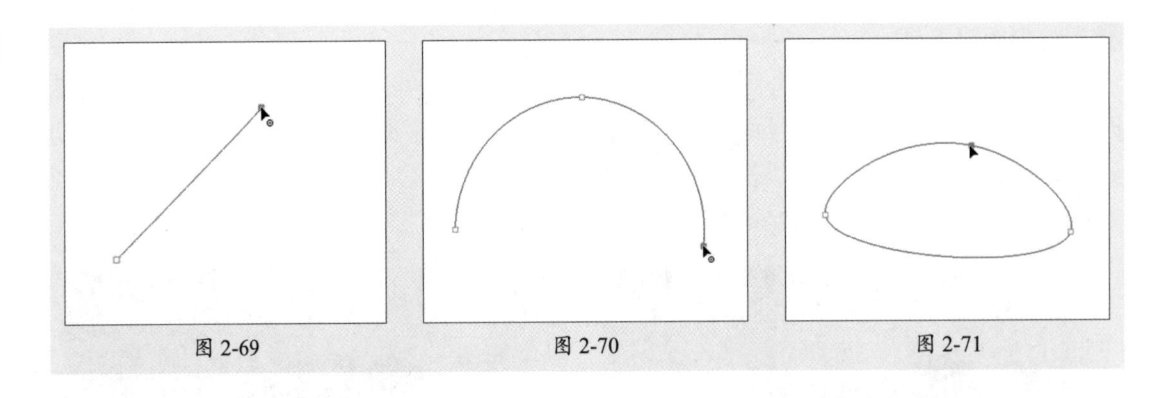
图 2-69　　图 2-70　　图 2-71

2.2.5　形状工具组

使用形状工具组中的工具可以方便、快捷地绘制出所需的图形，比如矩形、圆形、三角形、多边形和自定形状。形状工具组中大部分工具的使用方法相同，下面以矩形工具和自定形状工具为例进行说明。

1. 矩形工具

使用矩形工具可以绘制任意方形或具有固定长宽的矩形。选择“矩形工具”▭，设置“模式”为“形状”，任意拖动鼠标可绘制矩形，如图2-72所示，拖动内部的控制点可调整圆角半径，如图2-73所示。

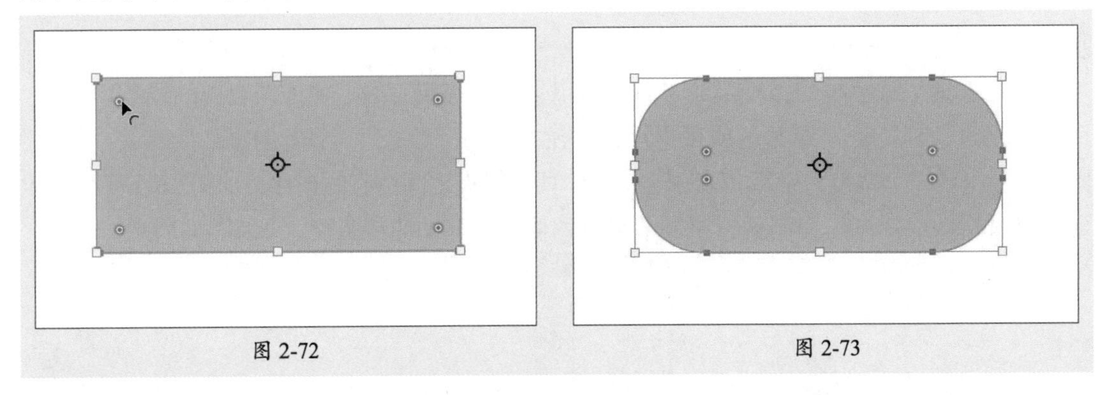
图 2-72　　图 2-73

若要绘制精确的矩形，可以在文档中单击，在弹出的“创建矩形”对话框中设置精确的宽度、高度以及半径，如图2-74所示，单击“确定”按钮，效果如图2-75所示。

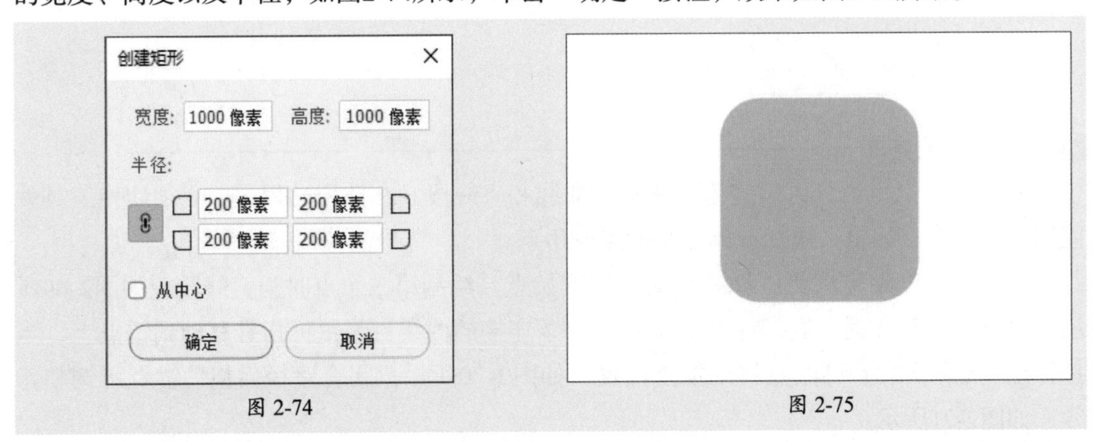

图 2-74　　图 2-75

2. 自定形状工具

自定形状工具可以绘制出系统自带的不同形状。选择“自定形状工具”，单击选项栏中的按钮，在弹出的面板中选择预设的自定形状，如图2-76所示。按住Shift键拖动鼠标即可绘制等比例形状，如图2-77所示。

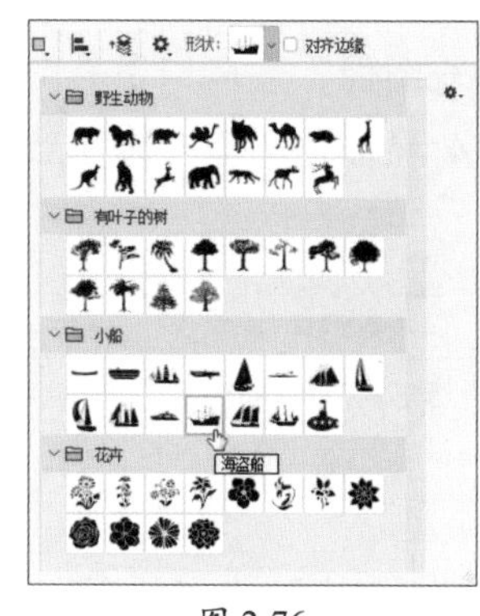

图 2-76

图 2-77

2.2.6 取样、填充颜色

使用吸管工具采集色样可以指定新的前景色或背景色。选择“吸管工具”，可以从当前图像或屏幕上的任何位置拾取前景色，如图2-78所示；按住Alt键的同时单击任意位置可以拾取背景色，如图2-79所示。

图 2-78

图 2-79

使用油漆桶工具可以在图像中填充前景色和图案。选择“油漆桶工具”，设置前景色，填充的是与鼠标吸取处颜色相近的区域，如图2-80所示；新建图层后创建选区，填充的则是当前选区，如图2-81所示。

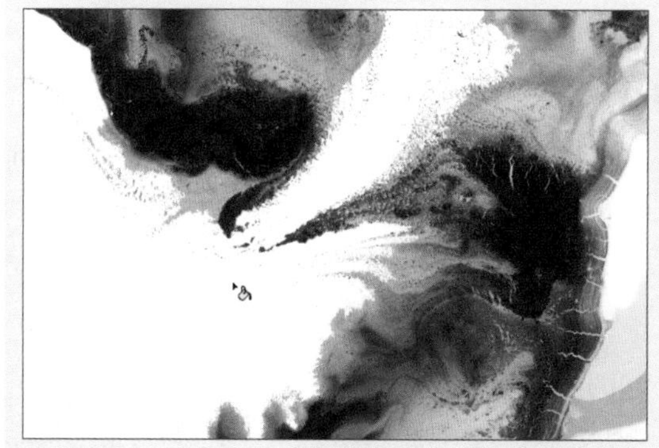

图 2-80

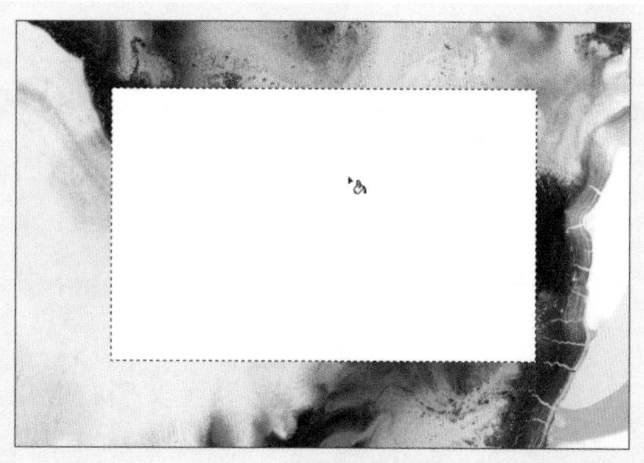

图 2-81

2.2.7 渐变工具

渐变工具应用非常广泛，不仅可以填充图像，还可以填充图层蒙版、快速蒙版和通道等。渐变工具可以创建多种颜色之间的逐渐混合。选择“渐变工具”，显示其选项栏，如图2-82所示。

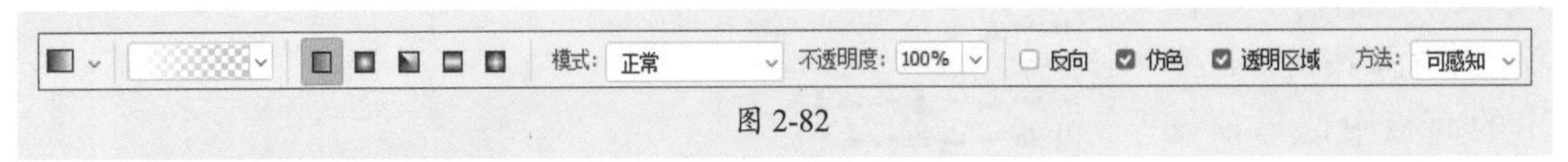

图 2-82

在该选项栏中可以选择以下五种渐变类型。

- **线性渐变：** 以直线方式从不同方向创建起点到终点的渐变，如图2-83所示。
- **径向渐变：** 以圆形的方式创建起点到终点的渐变，如图2-84所示。
- **角度渐变：** 创建围绕起点以逆时针扫描方式的渐变，如图2-85所示。
- **对称渐变：** 使用均衡的线性渐变在起点的任意一侧创建渐变，如图2-86所示。
- **菱形渐变：** 单击该按钮，可以以菱形方式从起点向外产生渐变，终点定义菱形的一个角，如图2-87所示。

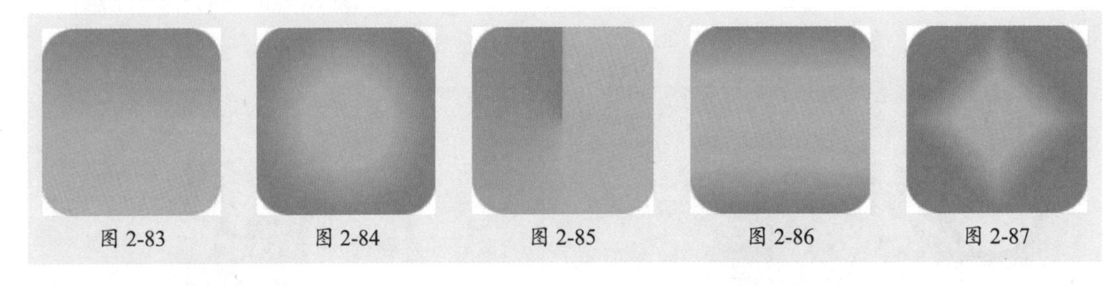

图 2-83 图 2-84 图 2-85 图 2-86 图 2-87

操作提示

在“渐变”“色板”“图案”面板中可以使用预设的颜色、图案快捷填充。

2.3 文本的创建与编辑

本节将对文本的创建与编辑进行讲解，包括认识文本工具，使用文本工具创建点文字与段落文字，在“字符”与“段落”面板中设置字符与段落参数。

2.3.1 案例解析：制作电商Banner

在学习文本的创建与编辑之前，可以跟随以下操作步骤了解并熟悉，使用文字工具创建点文字、段落文本以及设置文本。

步骤 01 将素材文件拖曳至Photoshop中，选择“横排文字工具”T输入文字，在“字符”面板中设置参数，如图2-88所示。

步骤 02 将输入的文字移动至文档右上角，如图2-89所示。

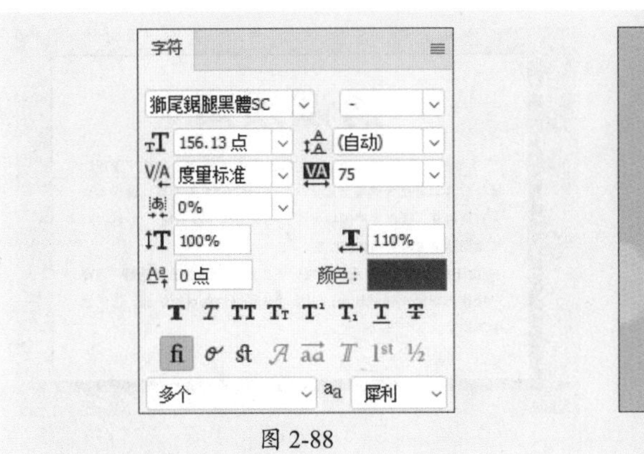

图 2-88

图 2-89

步骤 03 选择“横排文字工具”T，拖动鼠标绘制文本框，如图2-90所示。

步骤 04 打开素材文档“购课须知.txt”，按Ctrl+A组合键全选文本，按Ctrl+C组合键复制，如图2-91所示。

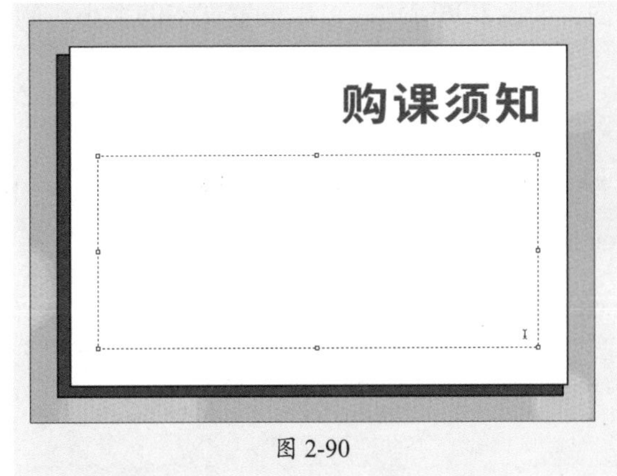

图 2-90

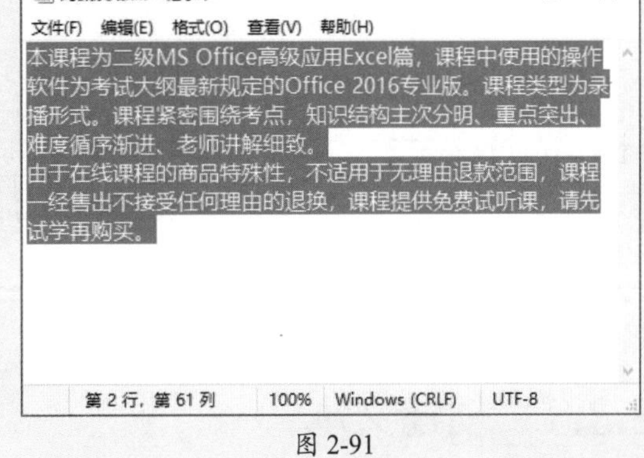

图 2-91

步骤 05 返回到当前文档中，按Ctrl+V组合键粘贴文本，如图2-92所示。

步骤 06 按Ctrl+A组合键全选文本，在“字符”面板中设置参数，如图2-93所示。

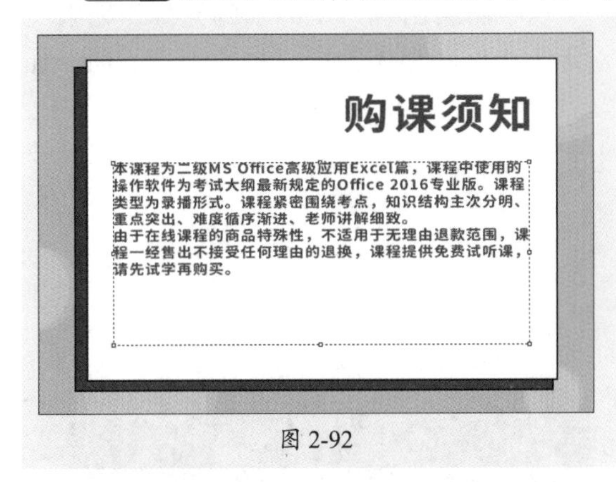

图 2-92

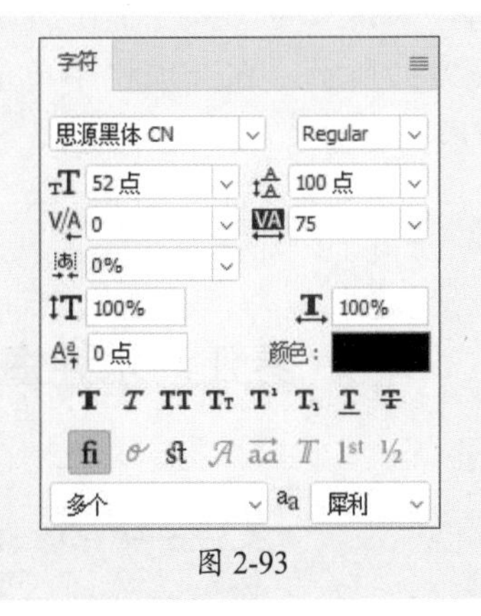

图 2-93

步骤 07 在“段落”面板中设置参数，如图2-94所示。

步骤 08 按Ctrl+Enter组合键完成调整，移动标题位置，效果如图2-95所示。

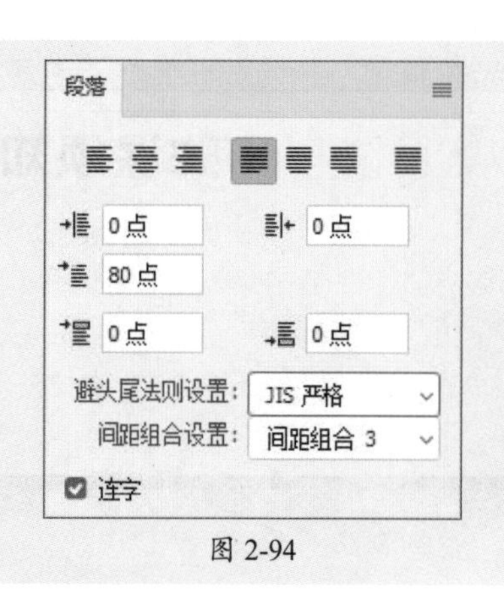

图 2-94

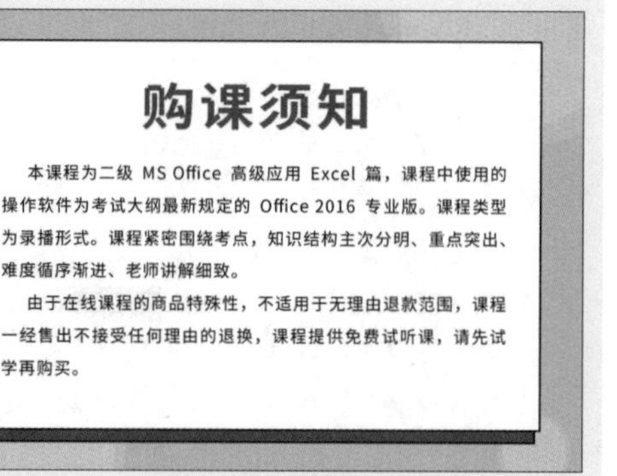

图 2-95

2.3.2 认识文本工具

横排文字工具是最基本的文字类工具之一，一般用于横排文字的处理，输入方式从左至右。选择“横排文字工具”T，显示其选项栏，如图2-96所示，可以设置文本的大小、颜色、字体、排列方式等属性。

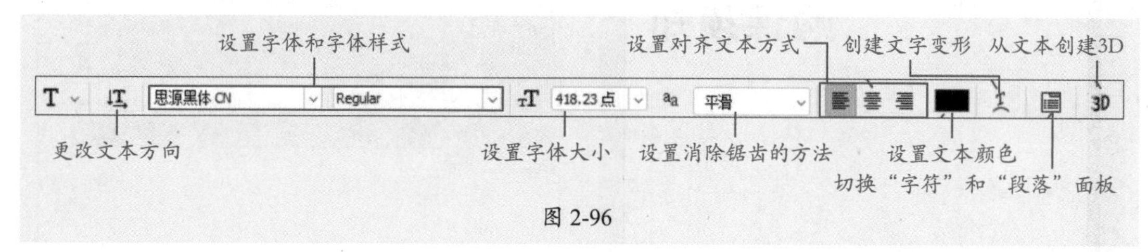

图 2-96

2.3.3 创建文本

使用横排文字工具可以创建点文本和段落文本。

1. 点文本

使用“横排文字工具”T在图像中单击，文档中将会出现一个闪动的光标，输入文字，如图2-97所示。在选项栏中单击“切换文本方向”按钮，可以切换文本方向，如图2-98所示。

图 2-97

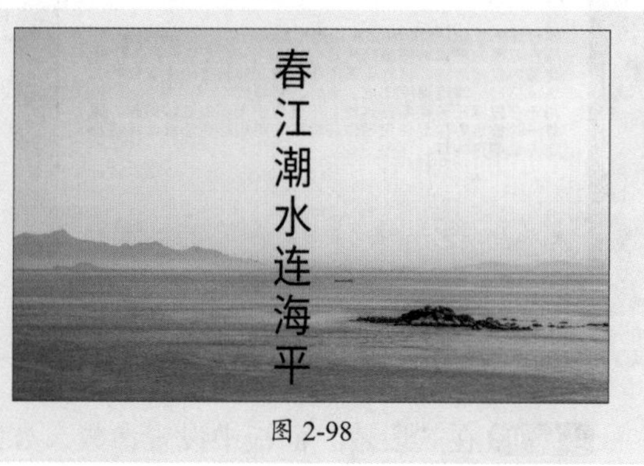

图 2-98

2. 段落文本

若需要输入的文字内容较多，可创建段落文字，以便对文字进行管理并对格式进行设置。

选择"横排文字工具"T，将鼠标指针移动到图像窗口中，当鼠标指针变成插入符号时，按住鼠标左键不放，拖动鼠标创建文本框，如图2-99所示。文本插入点会自动插入文本框前端，在文本框中输入文字，当文字到达文本框的边界时会自动换行，调整外框四周的控制点，可以重新调整文本框大小，如图2-100所示。

图 2-99

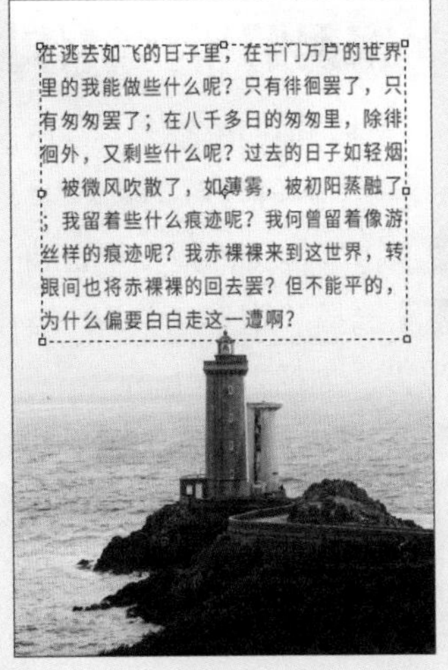

图 2-100

2.3.4 编辑文本

添加文本或段落文本后，除了在选项栏中设置基础的样式、大小、颜色等参数，还可以在"字符"和"段落"面板设置字距、基线移动等参数。

1. "字符"面板

在选项栏中单击"切换字符或段落面板"按钮，执行"窗口"|"字符"命令或按F7键，打开或隐藏"字符"面板，在该面板中可以精确地调整所选文字的字体、大小、颜色、行间距、字间距和基线偏移等属性，如图2-101所示。

2. "段落"面板

在选项栏中单击"切换字符或段落面板"按钮，执行"窗口"|"段落"命令，打开或隐藏"段落"面板，在该面板中可以对段落文本的属性进行细致的调整，还可以使段落文本按照指定的方向对齐，如图2-102所示。

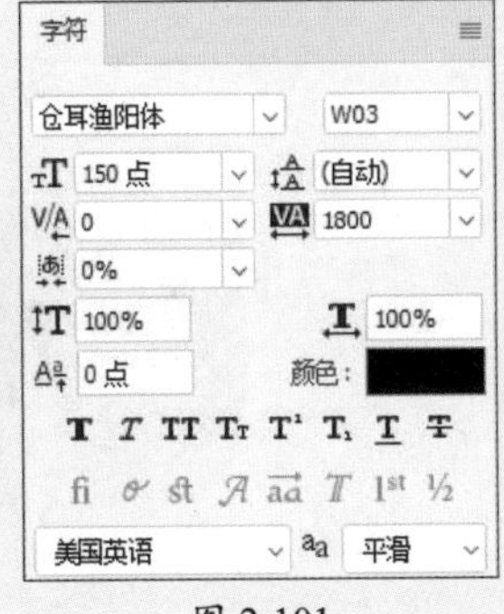

图 2-101

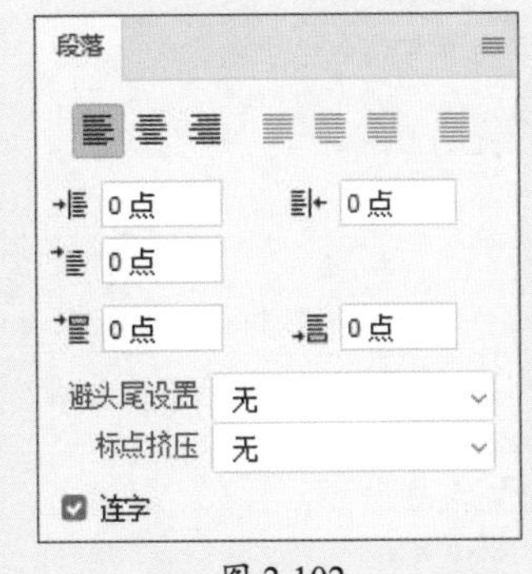

图 2-102

2.4 蒙版和通道

本节将对蒙版和通道进行讲解，包括通道的基础知识、Alpha通道的应用、蒙版的基础知识以及图层蒙版的使用方法。

2.4.1 案例解析：制作圆角方形头像

在学习蒙版和通道之前，可以跟随以下操作步骤了解并熟悉，使用横排文字工具创建文本框，并制作圆角方形头像。

步骤 01 将素材文件拖曳至Photoshop中，如图2-103所示。

步骤 02 选择“矩形工具”，按住Shift键的同时拖动鼠标绘制正方形，在选项栏中更改描边为“无”，如图2-104所示。

步骤 03 当鼠标指针变为▣形状时，向内拖动调整圆角半径，如图2-105所示。

图 2-103

图 2-104

图 2-105

步骤 04 按Ctrl+J组合键复制背景图层，调整图层顺序，如图2-106所示。

步骤 05 选择背景图层，按Shift+F5组合键，在弹出的“填充”对话框中设置“填充”为“白色”，如图2-107所示。

步骤 06 选择“裁剪工具”，在选项栏中设置比例为“1：1（方形）”，效果如图2-108所示。

图 2-106

图 2-107

图 2-108

2.4.2 认识通道

“通道”面板主要用于创建、存储、编辑和管理通道。不管哪种图像模式，都有属于自己的通道，图像模式不同，通道的数量也不同。通道主要分为颜色通道、专色通道、Alpha通道和临时通道。比较常用的是Alpha通道，主要用于对选区进行存储、编辑与调用。

创建选区后，可直接单击“将选区存储为通道”按钮快速创建带有选区的Alpha通道，如图2-109所示。将选区保存为Alpha通道时，选择区域被保存为白色，非选择区域被保存为黑色，单击Alpha1进入该通道，如图2-110所示。使用白色涂抹Alpha通道可以扩大选区范围；使用黑色涂抹会收缩选区；使用灰色涂抹则可增加羽化范围。

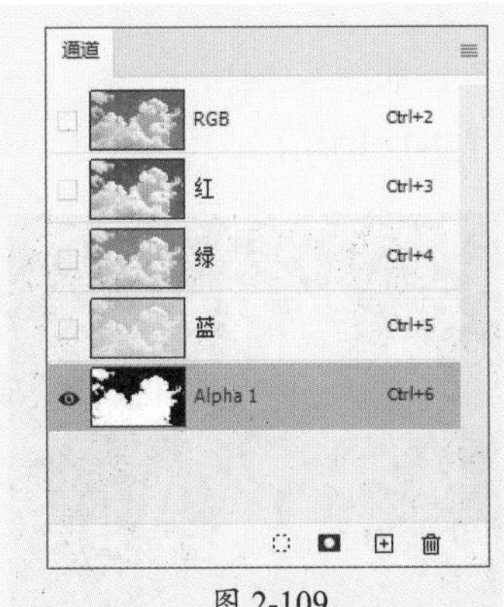

图 2-109

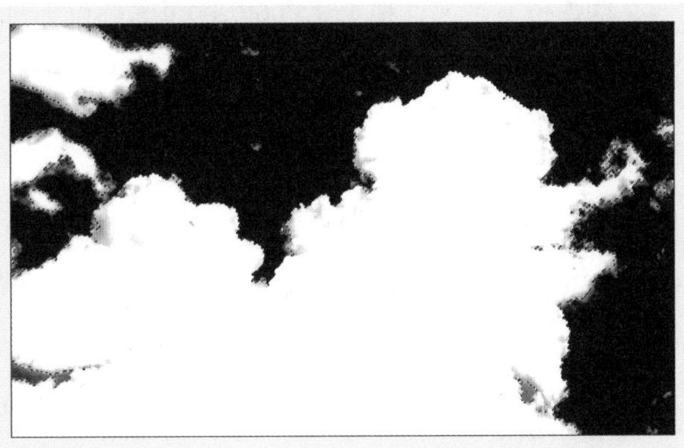

图 2-110

2.4.3 认识蒙版

蒙版又称“遮罩”，是一种特殊的图像处理方式，其作用就像一张布，可以遮盖住处理区域中的一部分，对处理区域内的整个图像进行模糊、上色等操作时，被蒙版遮盖起来的部分不会改变。

在Photoshop中蒙版分为快速蒙版、剪贴蒙版、图层蒙版和矢量蒙版四类。其中比较常用的为图层蒙版，可使用绘画或选择工具进行编辑。创建图层蒙版后可以无损编辑图像，即可在不损失图像的前提下，将部分图像隐藏，并可随时根据需要重新修改隐藏的部分。图2-111、图2-112所示为创建蒙版后使用“渐变工具”渐隐部分图像的效果。

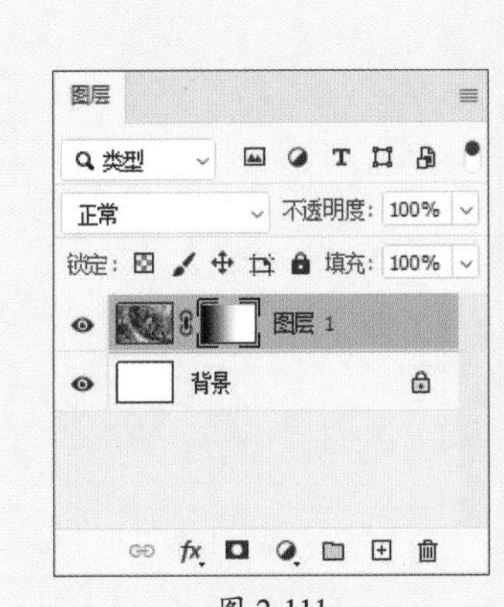

图 2-111

图 2-112

2.5 图像的色彩调整

本节将对图像的色彩调整进行讲解，包括执行“色阶”“曲线”命令可以调整图像的色调；执行“色相/饱和度”“色彩平衡”“去色“命令可以调整图像的色彩。

2.5.1 案例解析：提取图像线稿

在学习图像的色彩调整之前，可以跟随以下操作步骤了解并熟悉，执行“去色”“反相”“混合模式”“盖印图层”以及“色阶”命令提取图像线稿。

步骤 01 将素材文件拖曳至Photoshop中，如图2-113所示。

步骤 02 按Ctrl+J组合键复制图层，按Shift+Ctrl+U组合键去色，如图2-114所示。

步骤 03 按Ctrl+J组合键复制图层，按Ctrl+I组合键反相，如图2-115所示。

图 2-113

图 2-114

图 2-115

步骤 04 更改图层的混合模式为“颜色减淡”，执行“滤镜”|“最小值”命令，设置半径为1，效果如图2-116所示。

步骤 05 按Shift+Ctrl+Alt+E组合键盖印图层，按Ctrl+L组合键，在弹出的“色阶”对话框中设置参数，如图2-117所示。

步骤 06 单击“确定”按钮，效果如图2-118所示。

图 2-116

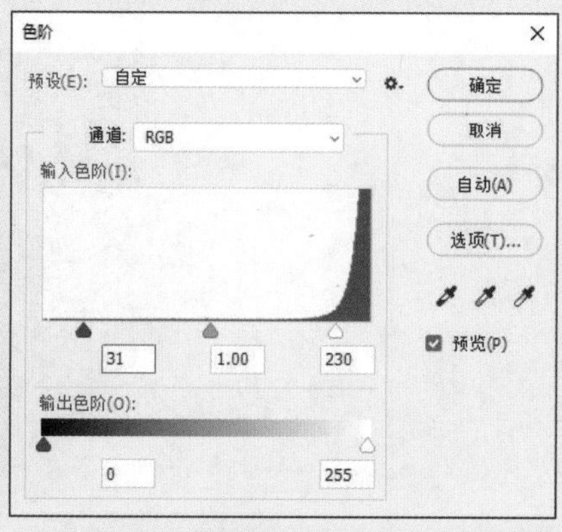

图 2-117

图 2-118

2.5.2 色阶

“色阶”命令可以调整图像的暗调、中间调和高光等颜色范围。执行“图像”|“调整”|“色阶”命令或按Ctrl+L组合键，弹出“色阶”对话框，如图2-119所示。

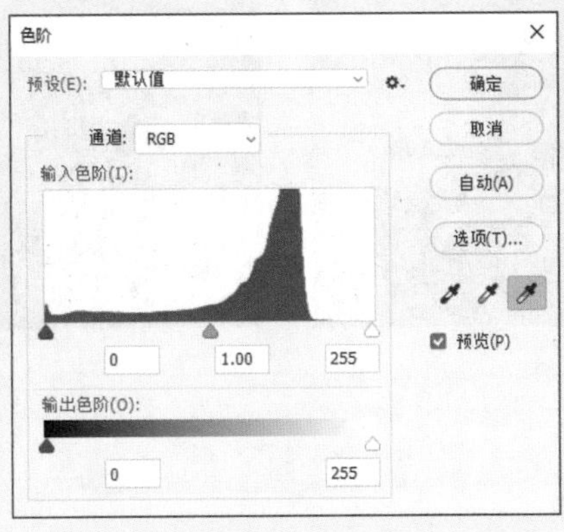

图 2-119

图2-120、图2-121所示为调整色阶前后的效果。

图 2-120

图 2-121

2.5.3 曲线

“曲线”命令可以调整图像的明暗度颜色。执行“图像”|“调整”|“曲线”命令或按Ctrl+M组合键，弹出“曲线”对话框，如图2-122所示。

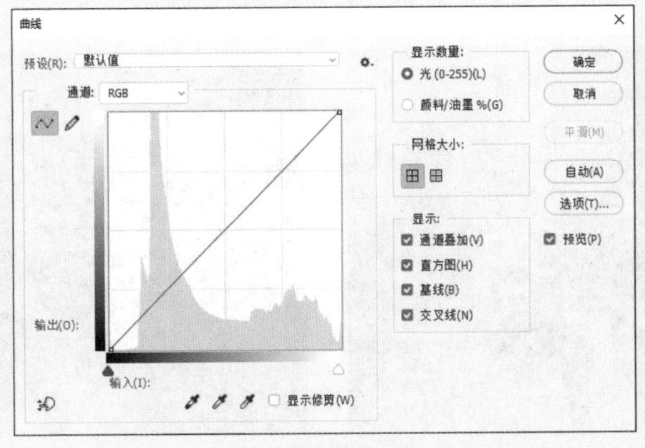

图 2-122

图2-123、图2-124所示为调整曲线中各通道前后的效果。

图 2-123

图 2-124

2.5.4 色相/饱和度

“色相/饱和度”命令可以调整整个图像或者局部的色相、饱和度和亮度，实现图像色彩的改变。执行“图像”|“调整”|“色相/饱和度”命令或按Ctrl+U组合键，弹出“色相/饱和度”对话框，如图2-125所示。

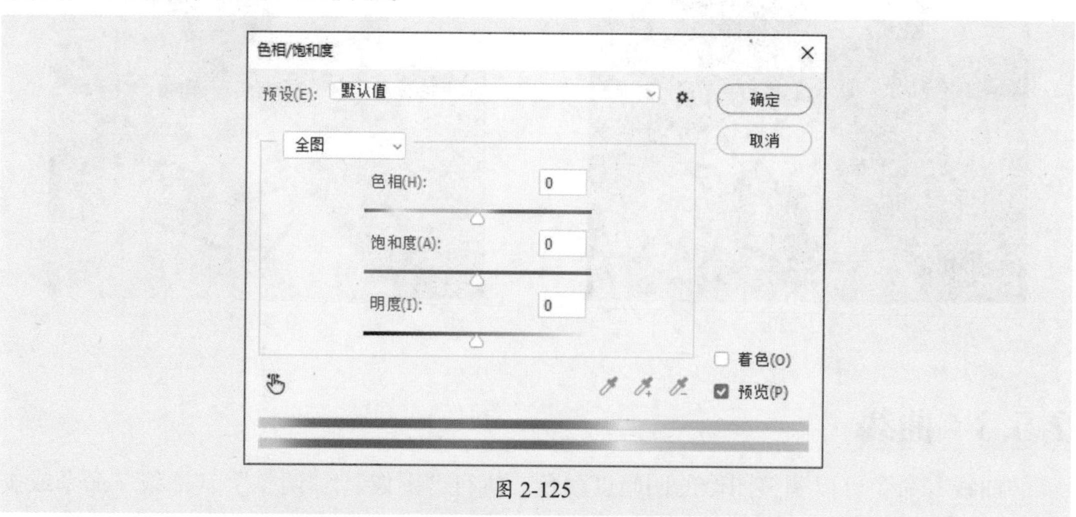

图 2-125

图2-126、图2-127所示为选中“着色”复选框前后的效果。

图 2-126

图 2-127

2.5.5 色彩平衡

“色彩平衡”命令可以增加或减少图像的颜色，使图层的整体色调更加平衡。执行“图像”|“调整”|“色彩平衡”命令或按Ctrl+B组合键，弹出“色彩平衡”对话框，如图2-128所示。

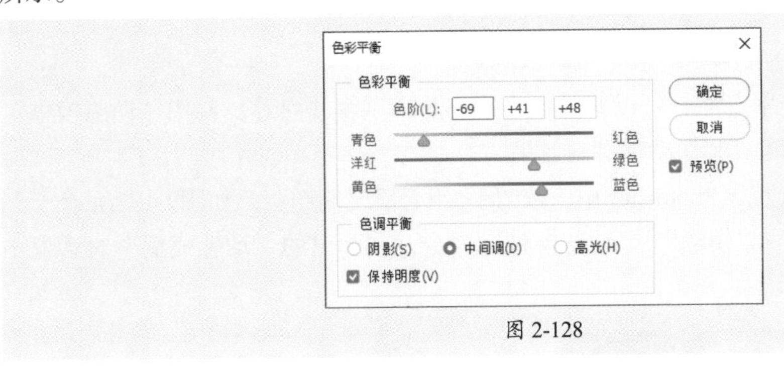

图 2-128

图2-129、图2-130所示为调整色彩平衡前后的效果。

图 2-129

图 2-130

2.5.6 去色

“去色”命令可以去除图像的色彩，将图像中所有颜色的饱和度变为0，使图像显示为灰度，而每个像素的亮度值不会改变。执行“图像”|“调整”|“去色”命令或按Shift+Ctrl+U组合键即可去色。图2-131、图2-132所示为应用去色命令前后的效果。

图 2-131

图 2-132

2.6 图像的特效应用

本节将对图像的特效应用进行讲解，包括“图层”面板中的图层样式、“滤镜”菜单中的独立滤镜以及特效滤镜组。

2.6.1 案例解析：制作动感飞驰效果

在学习图像的特效应用之前，可以跟随以下操作步骤了解并熟悉，使用“动感模糊”命令搭配图层蒙版、画笔工具制作动感飞驰效果。

步骤 01 将素材文件拖曳至Photoshop中，按Ctrl+J组合键复制图层，如图2-133所示。

步骤 02 执行“滤镜”|“模糊”|“动感模糊”命令，在弹出的“动感模糊”对话框中设置参数，如图2-134所示。

图 2-133

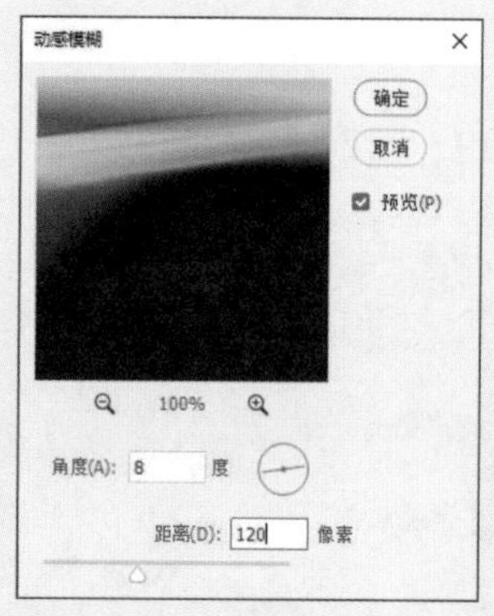

图 2-134

步骤 03 单击“确定”按钮，效果如图2-135所示。

步骤 04 单击“添加图层蒙版”按钮，为图层添加蒙版。选择“画笔工具”，设置前景色为黑色，不透明度为50%，涂抹车身部分，效果如图2-136所示。

图 2-135

图 2-136

2.6.2 图层样式

使用图层样式功能，可以简单快捷地为图像添加斜面和浮雕、描边、内阴影、内发光、外发光、光泽以及投影等效果，如图2-137所示。

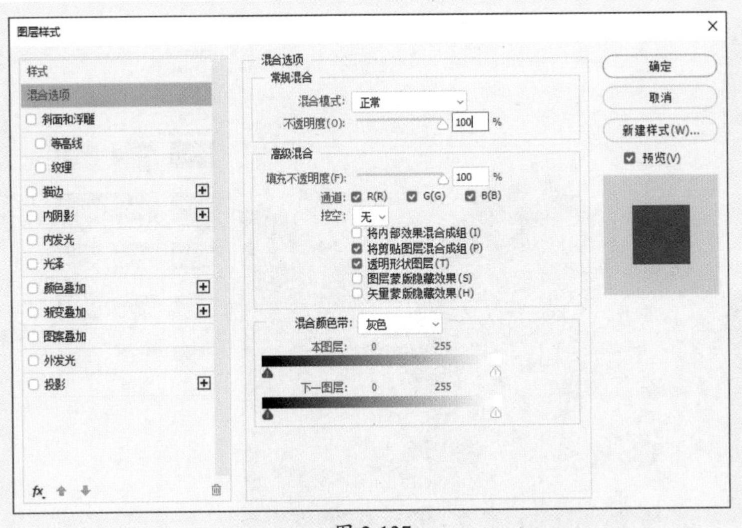

图 2-137

“图层样式”对话框中各选项的功能介绍如下。

- **混合选项：**用于设置图像的混合模式与不透明度、图像的填充不透明度，指定通道的混合范围，以及设置混合像素的亮度范围。
- **斜面与浮雕：**可以添加不同组合方式的浮雕效果，从而增加图像的立体感。
- **描边：**可以使用颜色、渐变以及图案来描绘图像的轮廓边缘。
- **内阴影：**可以在紧靠图层内容的边缘向内添加阴影，使图层呈现凹陷的效果。
- **内发光：**沿图层内容的边缘向内创建发光效果。
- **光泽：**可以为图像添加光滑的具有光泽的内部阴影。
- **颜色叠加：**可以在图像上叠加指定的颜色。通过混合模式的修改调整图像与颜色的混合效果。
- **渐变叠加：**可以在图像上叠加指定的渐变色。
- **图案叠加：**可以在图像上叠加图案。通过混合模式的设置使叠加的图案与原图进行混合。
- **外发光：**可以沿图层内容的边缘向外创建发光效果。
- **投影：**可以为图层模拟出向后的投影效果，增强某部分的层次感和立体感。

2.6.3 独立滤镜组

独立滤镜不包含任何滤镜子菜单，直接执行即可应用效果。独立滤镜包括滤镜库、自适应广角滤镜、Camera Raw滤镜、镜头校正滤镜、液化滤镜以及消失点滤镜。下面将介绍比较常用的三种滤镜。

1. 滤镜库

滤镜库中包含了风格化、画笔描边、扭曲、素描、纹理以及艺术效果六组滤镜，用户可以非常方便、直观地为图像添加滤镜。执行“滤镜”|“滤镜库”命令，单击不同的缩略图，即可在左侧的预览框中看到应用不同滤镜后的效果，如图2-138所示。

图 2-138

2. Camera Raw 滤镜

Camera Raw滤镜不但提供了导入和处理相机原始数据的功能，还可以用来处理JPEG和TIFF格式的文件。执行“滤镜”|“Camera Raw滤镜”命令，弹出Camera Raw滤镜对话框，如图2-139所示。

图 2-139

3. 液化滤镜

液化滤镜可推、拉、旋转、反射、折叠和膨胀图像的任意区域。创建的扭曲可以是细

微的或剧烈的，这就使“液化”命令成为修饰图像和创建艺术效果的强大工具。执行“滤镜”|“液化”命令，弹出“液化”对话框，如图2-140所示。

图 2-140

2.6.4 特效滤镜组

特效滤镜组中主要包括风格化、模糊、扭曲、锐化、像素化、渲染、杂色和其他等滤镜组，每个滤镜组中又包含多种滤镜效果，用户可根据需要自行选择想要的图像效果。

1. 风格化滤镜

风格化滤镜组中的滤镜通过作用于图像的像素，可以强化图像的色彩边界，所以图像的对比度对此类滤镜影响较大。使用风格化滤镜可以在选区中生成绘画或印象派的效果。执行“滤镜”|“风格化”命令，弹出其子菜单，如图2-141所示。比较常用的滤镜有以下几个。

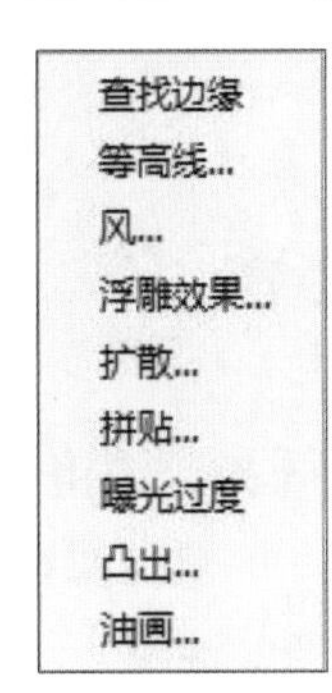

图 2-141

- **风：** 该滤镜可将图像的边缘进行位移，创建出水平线用于模拟风的动感效果。
- **拼贴：** 该滤镜可将图像分解为一系列块状，并使其偏离原来的位置，进而产生不规则的拼砖效果。
- **油画：** 该滤镜可为普通图像添加油画效果。

2. 模糊滤镜

模糊滤镜组中的滤镜可以不同程度地柔化选区或整个图像。执行“滤镜”|“模糊”命令，弹出其子菜单，如图2-142所示。比较常用的滤镜有以下几个。

- **动感模糊：** 沿指定方向以指定强度进行模糊，类似于以固定的曝光时间给一个移动的对象拍照。
- **高斯模糊：** 可以模糊图像，使其边缘更加柔和，同时可以去除图像中的噪点和瑕疵。
- **径向模糊：** 模拟缩放或旋转的相机所产生的模糊，产生一种柔化的模糊。

3. 扭曲滤镜

扭曲滤镜组中的滤镜可以将图像进行几何扭曲，创建三维或其他变换效果。执行“滤镜”|“扭曲”命令，弹出其子菜单，如图2-143所示。比较常用的滤镜有以下几个。

- **波浪：**根据设定的波长和波幅产生波浪效果。
- **极坐标：**根据选中的选项，将选区从平面坐标转换到极坐标，或将选区从极坐标转换到平面坐标。
- **挤压：**使全部图像或选区产生向外或向内挤压的变形效果。
- **切变：**通过拖动框中的线条来指定曲线，沿所设曲线扭曲图像。
- **置换：**使用名为置换图的图像确定如何扭曲选区。

4. 像素化滤镜

像素化滤镜组中的滤镜可通过使单元格中颜色值相近的像素结成块来清晰地定义一个选区。执行“滤镜”|“像素化”命令，弹出其子菜单，如图2-144所示。比较常用的滤镜有以下几个。

- **彩色半调：**模拟在图像的每个通道上使用半调网屏的效果。
- **马赛克：**使像素结为方形块。给定块中的像素颜色相同，块颜色代表选区中的颜色。

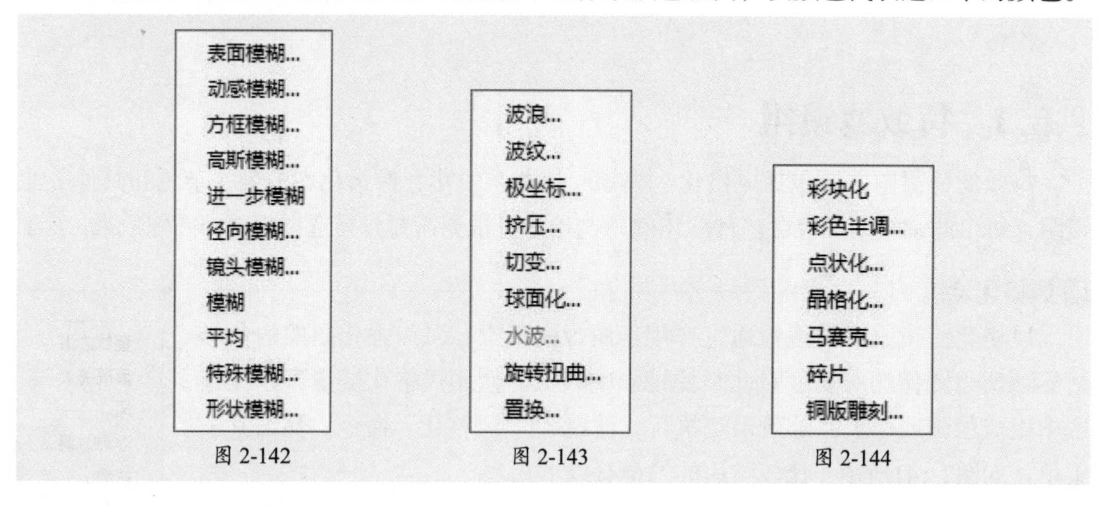

图 2-142　图 2-143　图 2-144

5. 渲染滤镜

渲染滤镜能够在图像中产生光线照射的效果，通过渲染滤镜，还可以制作云彩效果。执行“滤镜”|“渲染”命令，弹出其子菜单，如图2-145所示。比较常用的滤镜有以下几个。

- **光照效果：**该滤镜包括17种不同的光照风格、3种光照类型和4组光照属性，可在RGB图像上制作出各种光照效果。
- **镜头光晕：**模拟亮光照射到相机镜头所产生的折射。
- **云彩：**使用介于前景色与背景色之间的随机值，生成柔和的云彩图案。该滤镜通常用于制作天空、云彩、烟雾等效果。

6. 杂色滤镜

杂色滤镜组中的滤镜可以添加或移去杂色或带有随机分布色阶的像素，有助于将选区混合到周围的像素中，还可以创建与众不同的纹理或移去有问题的区域，如灰尘、划痕。

执行“滤镜”|“杂色”命令，弹出其子菜单，如图2-146所示。比较常用的滤镜有以下几个。

- **减少杂色：**去除扫描照片和数码相机拍摄照片上产生的杂色。
- **蒙尘与划痕：**通过更改图像中相异的像素来减少杂色。
- **添加杂色：**将随机像素应用于图像，模拟在高速胶片上拍照的效果。
- **中间值：**通过混合选区中像素的亮度来减少图像的杂色。

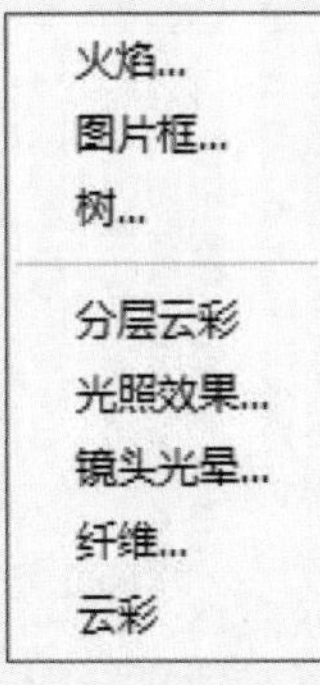

图 2-145

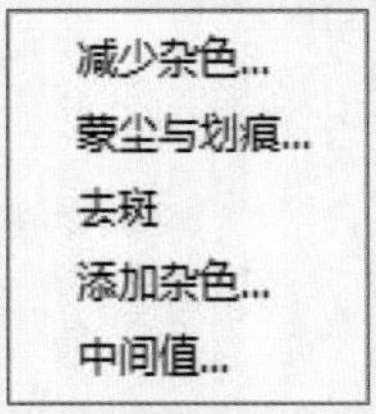

图 2-146

课堂实战 制作平铺背景效果

本章课堂实战为制作平铺背景效果。综合练习本章的知识点，以熟练掌握和巩固画板的创建、模板的应用以及图片、文字的替换更改。下面将介绍操作思路。

步骤 01 新建一个1080像素×1920像素的空白文档，将其填充为绿色，如图2-147所示。

步骤 02 选择“矩形工具”绘制三个矩形并链接图层，如图2-148所示。

图 2-147

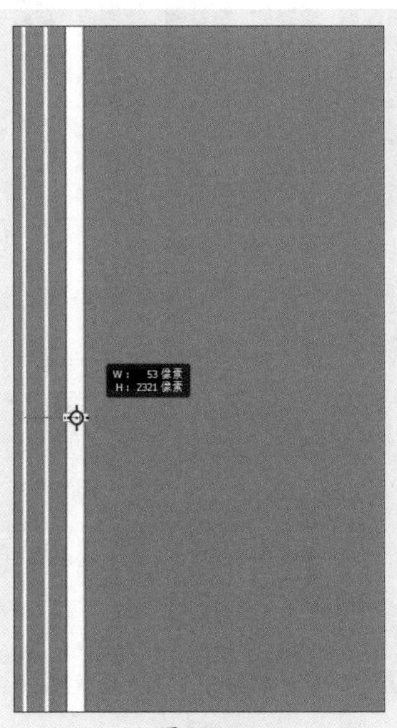

图 2-148

步骤 03 按住Alt键移动复制4组，调整显示，如图2-149所示。

步骤 04 选择“矩形工具”绘制矩形，将其填充为背景色，如图2-150所示。

图 2-149

图 2-150

步骤 05 继续选择“矩形工具”绘制两个矩形，将其填充为白色，如图2-151所示。

步骤 06 选择“横排文字工具”，输入文字并设置参数，效果如图2-152所示。

图 2-151

图 2-152

课后练习 制作千图成像效果

下面将综合使用工具制作千图成像效果，如图2-153所示。

图 2-153

1. 技术要点

①准备60张1：1的图像，执行“联系表”命令自动生成图像，调整显示，裁剪多余部分后去色。

②执行“高斯模糊”“马赛克”命令，调整不透明度为60%。

③创建图案调整图层，设置缩放大小，更改混合模式为“柔光”。

2. 分步演示

本实例的分步演示效果如图2-154所示。

图 2-154

拓展赏析

传世名画：清明上河图

《清明上河图》为北宋画家张择端创作的现实主义风俗画卷，中国十大传世名画之一，属国宝级文物。该画宽24.8厘米，长528.7厘米，用笔兼工带写，设色淡雅，构图采用鸟瞰式全景法，真实而又集中概括地描绘了当时汴京东南城角这一典型的区域。

作者用传统的手卷形式，采取“散点透视法”组织画面。画面长而不冗，繁而不乱，严密紧凑，如一气呵成。画中所摄取的景物，大到寂静的原野、浩瀚的河流、高耸的城郭，小到舟车里的人物、摊贩上的陈设货物、市招上的文字，丝毫不失。画面中，穿插着各种情节，组织得错落有致，同时又具有情趣。图2-155所示为《清明上河图》中的局部画面。

图 2-155

第3章

图形元素的设计技能

内容导读

在UI设计中要学会使用Illustrator软件处理图形元素。本章将对该软件的基础知识、基础图形的绘制与填充、路径的绘制与编辑、对象的选择与变换、文本的创建与编辑以及特效与样式的添加进行讲解。

思维导图

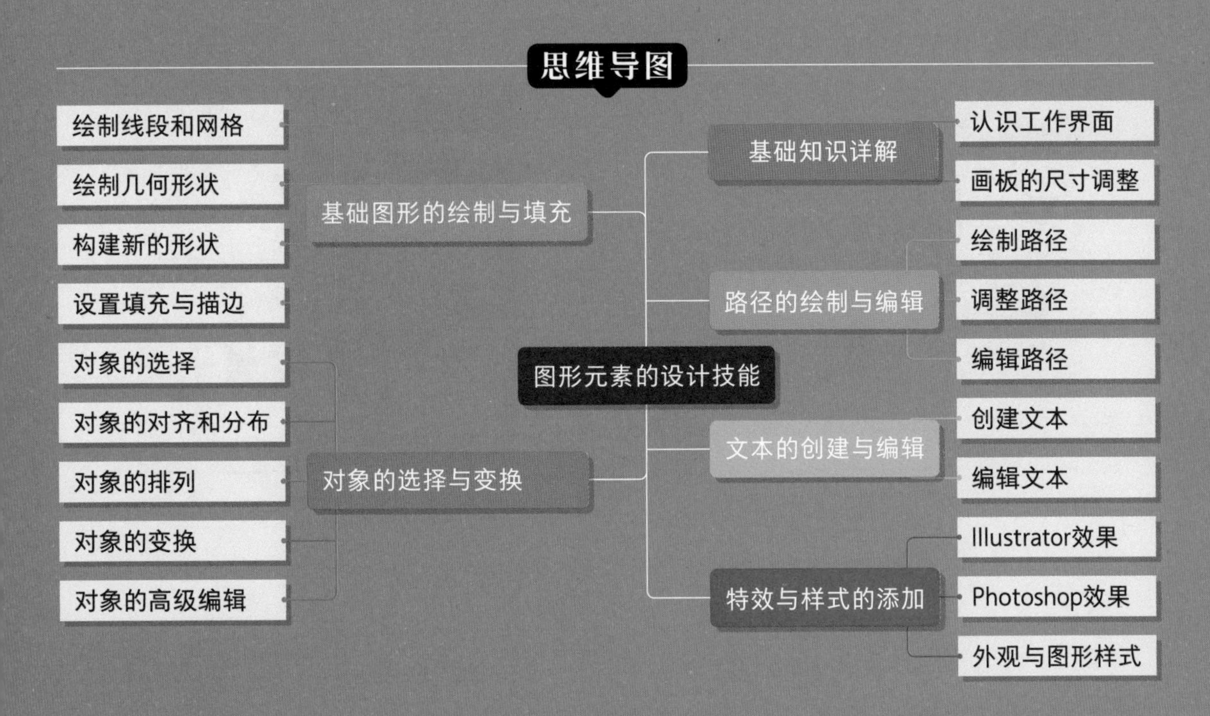

3.1 基础知识详解

本节将对Illustrator的入门基础操作进行讲解，包括Illustrator工作界面的组成和画板尺寸的调整。

3.1.1 案例解析：快速调整图像尺寸

在学习图形基础知识之前，可以跟随以下操作步骤了解并熟悉，使用缩放工具、画板工具以及选择工具快速调整图像尺寸。

步骤 01 执行“文件”|“打开”命令，打开素材文件，按住Ctrl+空格键调整画面显示，如图3-1所示。

步骤 02 选择“画板工具”，在控制栏中设置画板的宽和高，如图3-2所示。

图 3-1

图 3-2

步骤 03 使用“选择工具”移动图像位置，在控制栏中单击“裁剪图像”按钮，拖动裁剪框调整图像大小，如图3-3所示。

步骤 04 按Enter键完成裁剪，如图3-4所示。

图 3-3

图 3-4

3.1.2 认识工作界面

Illustrator的工作界面主要由菜单栏、控制栏、标题栏、工具箱、面板组、工作画板、状态栏组成，如图3-5所示。

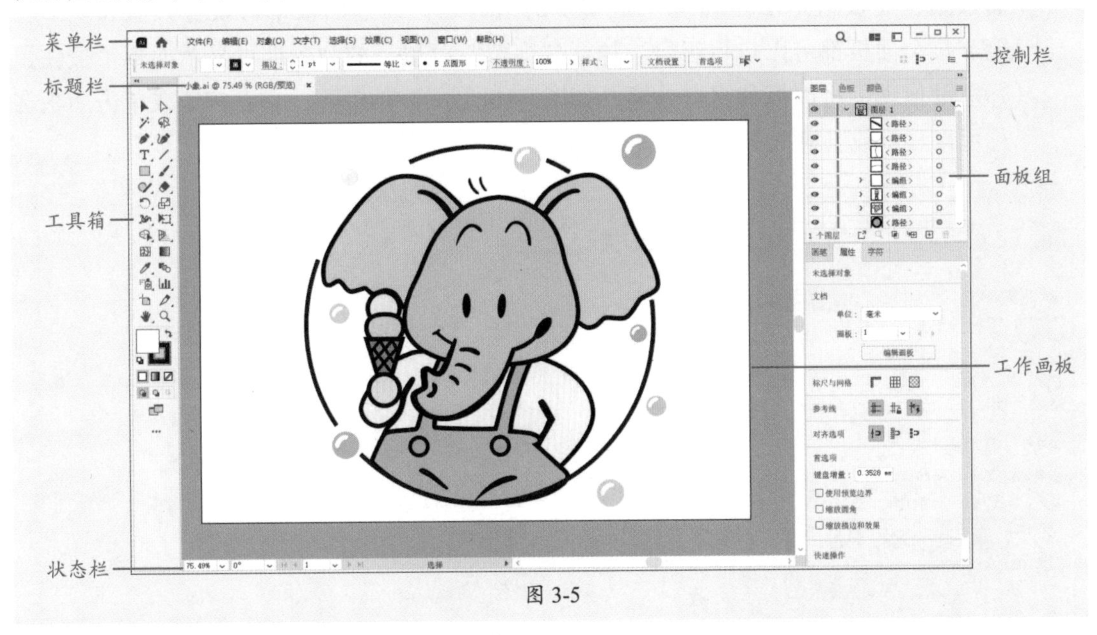

图 3-5

下面简要介绍各部分的主要功能和作用。

- **菜单栏：** 菜单栏中包括“文件”“编辑”“对象”“文字”和“帮助”等9个主菜单，如图3-6所示。每个菜单又包括多个子菜单，通过应用这些命令可以完成大多数常规和编辑操作。

文件(F) 编辑(E) 对象(O) 文字(T) 选择(S) 效果(C) 视图(V) 窗口(W) 帮助(H)

图 3-6

- **控制栏：** 控制栏中显示的选项因所选的对象或工具类型而不同。例如，选择“矩形工具”，控制栏除了用于更改对象颜色、位置和尺寸的选项外，还会显示“对齐”“形状”“变换”等选项，如图3-7所示。执行“窗口”|“控制”命令可显示或隐藏控制栏。

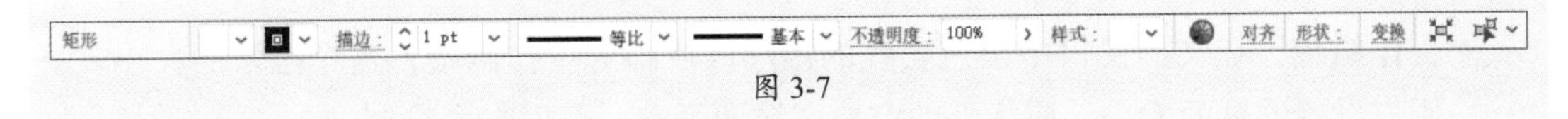

图 3-7

- **标题栏：** 打开一张图像或一个文档，在工作区域上方会显示文档的相关信息，包括文档名称、文档格式、缩放等级、颜色模式等，如图3-8所示。

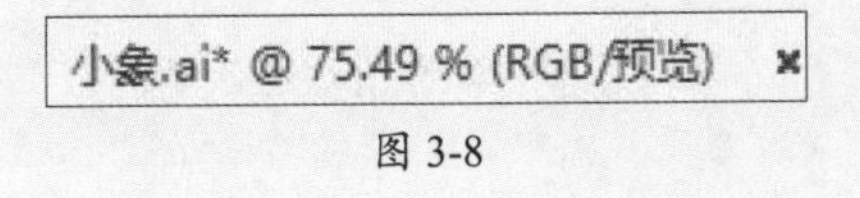

图 3-8

- **工具箱：** 启动Illustrator软件，在界面的左侧出现工具箱，其中包括在处理文档时需要使用的各种工具。通过这些工具，可以绘制、选择、移动、编辑和操作对象或图像。单击 ▸▸ 按钮显示双排工具，单击 ◂◂ 按钮则显示单排工具。

用鼠标长按或右击带有三角图标的工具即可展开工具组，可选择该组的不同工具。单击工具组右侧的黑色三角，工具组就会从工具箱中分离出来，成为独立的工具栏，如图3-9所示。

- **面板组：** 面板组是Illustrator中最重要的组件之一，在面板中可设置数值和调节功能。每个面板都可以自行组合。执行“窗口”菜单下的命令即可显示面板。按住鼠标左键拖动可将面板和窗口分离，如图3-10所示。单击◂◂、▸▸按钮或单击面板名称可以显示或隐藏面板内容，如图3-11所示。

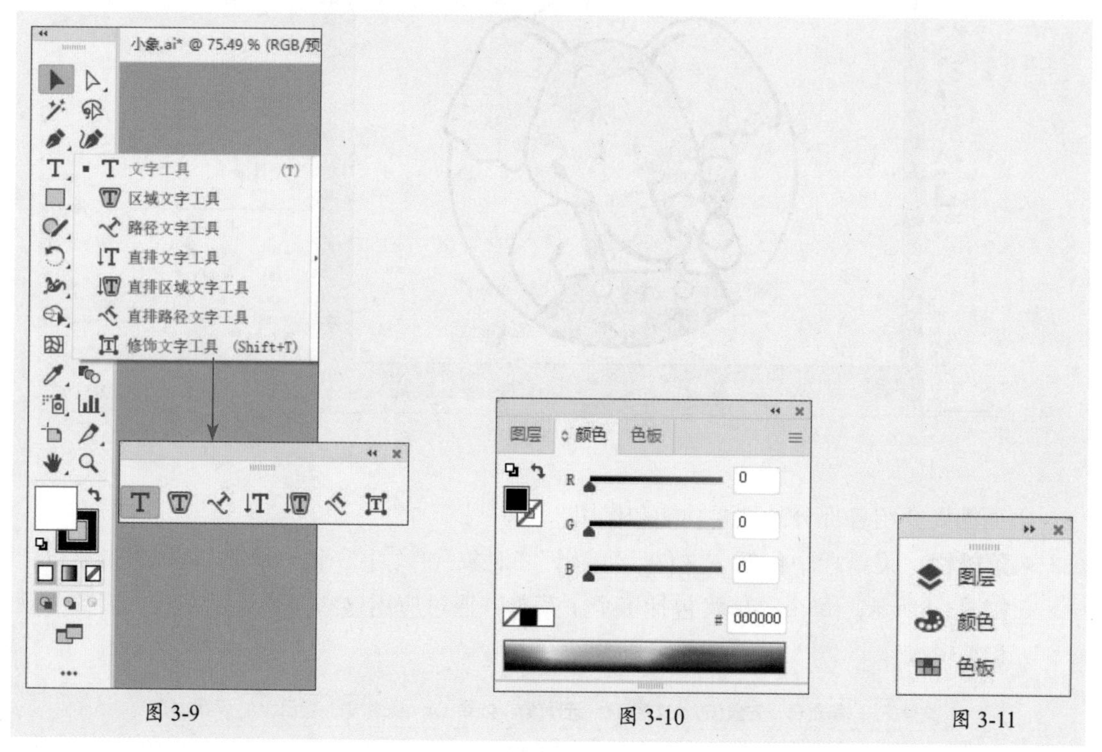

图 3-9　　图 3-10　　图 3-11

操作提示

单击工具箱下方的“编辑工具箱”按钮…，打开“所有工具”抽屉，单击右上角的☰按钮，在弹出的菜单中可选择显示工具选项。

- **工作画板：** 在文档窗口中黑色实线的矩形区域即为工作画板，这个区域的大小就是用户设置的页面大小。画板外的空白区域即画布，可以自由绘制。
- **状态栏：** 状态栏显示在文档窗口的左下边缘。单击当前工具旁的▸按钮，选择“显示”选项，在弹出的列表框中可设置显示的选项，如图3-12所示。

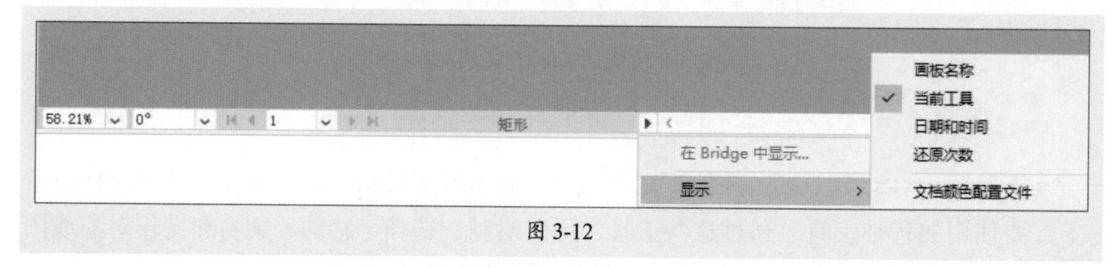

图 3-12

3.1.3 画板的尺寸调整

画板工具可以创建多个不同大小的画板来组织图稿。选择“画板工具”或按Shift+0组合键，可在原有画板边缘显示定界框，如图3-13所示。在文档窗口中任意拖动鼠标绘制即可得到一个新的画板，直接拖动画板可调整画板的显示位置。按住Alt键拖动鼠标可复制画板，在控制栏中单击或按钮可更改画板方向，如图3-14所示。

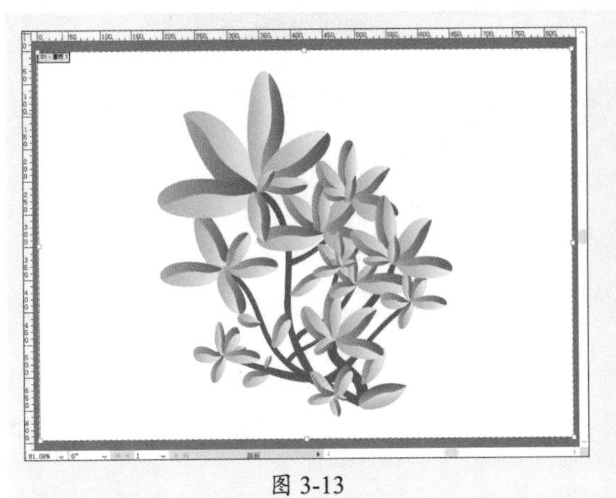

图 3-13

图 3-14

操作提示

除了自由绘制面板大小，在“画板工具”的控制栏中还可以精确设置画板大小、画板方向、画板选项等。

3.2 基础图形的绘制与填充

本节将对基础图形的绘制与填充进行讲解，包括绘制线段和网格、绘制几何形状、构建新的形状以及设置填充与描边。

3.2.1 案例解析：绘制卡通云朵

在学习基础图形的绘制与填充之前，可以跟随以下操作步骤了解并熟悉，使用椭圆工具和形状生成器工具绘制卡通云朵效果。

步骤 01 选择“椭圆工具”，拖动鼠标绘制椭圆并填充青色，如图3-15所示。

步骤 02 按住Alt键移动复制椭圆，如图3-16所示。

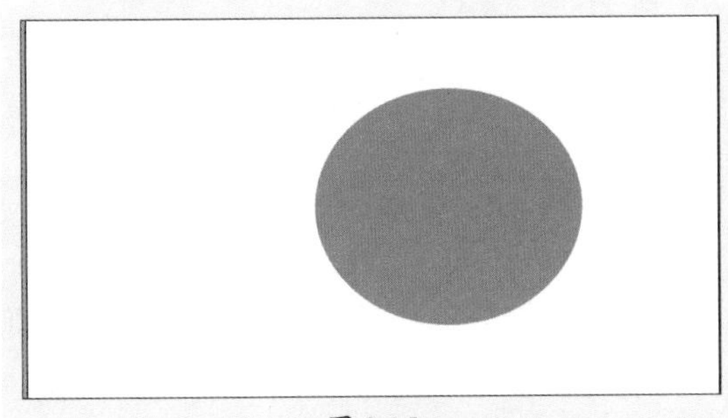

图 3-15

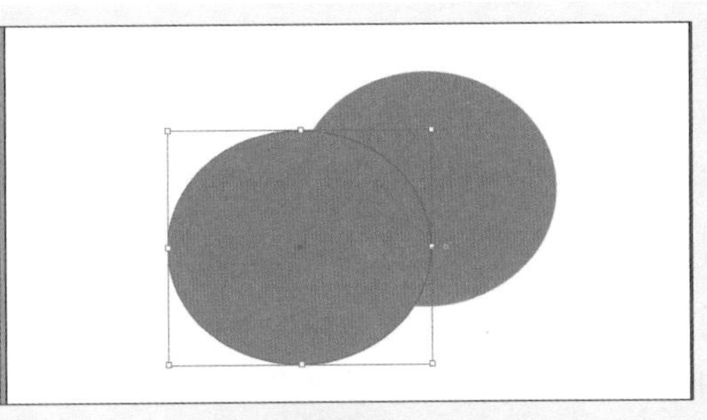

图 3-16

步骤 03 使用相同的方法复制椭圆并调整显示，如图3-17所示。

步骤 04 选择“圆角矩形工具”，绘制一个圆角矩形，分别单击右下角和左下角的控制点，拖动鼠标调整圆角半径，如图3-18所示。

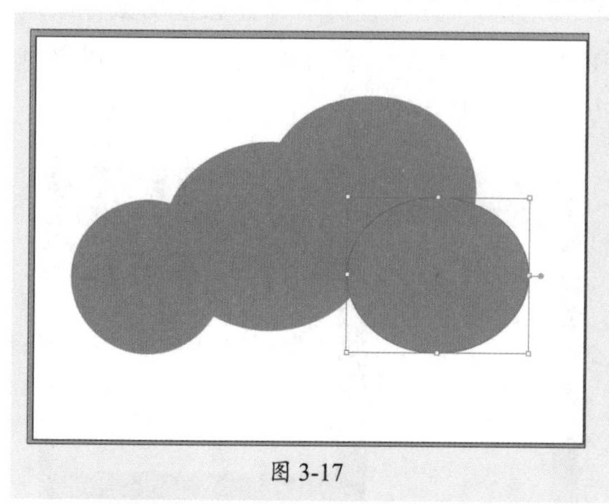

图 3-17

图 3-18

步骤 05 选中所有形状，然后选择“形状生成器工具”，按住鼠标左键拖动选择所有路径，如图3-19所示。

步骤 06 释放鼠标，最终效果如图3-20所示。

图 3-19

图 3-20

3.2.2 绘制线段和网格

使用直线段工具可以绘制直线，使用矩形网格工具可以根据需要绘制网格效果。

1. 直线段工具

选择“直线段工具”可以绘制直线。选择该工具后，在控制栏中设置描边参数，在画板上单击并拖动鼠标，释放鼠标即可完成直线段的绘制。或在画板上单击，弹出“直线段工具选项”对话框，在该对话框中设置参数，绘制直线，如图3-21、图3-22所示。

2. 矩形网格工具

选择“矩形网格工具”可以创建具有指定大小和指定分隔线数目的矩形网格。在画板上单击，弹出“矩形网格工具选项”对话框，在该对话框中设置参数，如图3-23所示，即可绘制矩形网格，如图3-24所示。

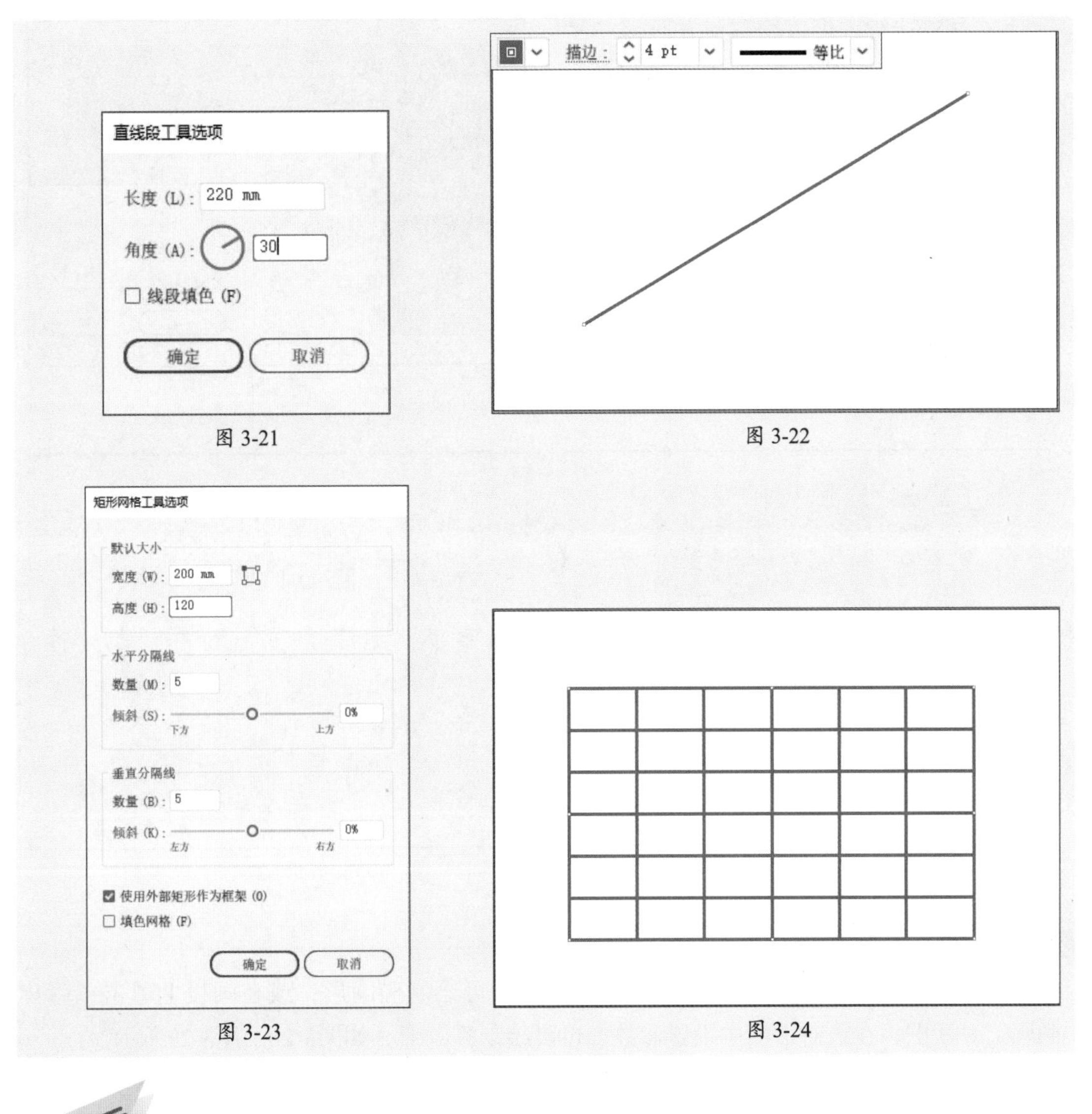

图 3-21

图 3-22

图 3-23

图 3-24

操作提示

按住Shift键可以绘制出水平、垂直以及45°、135°等倍增角度的斜线。

3.2.3 绘制几何形状

使用矩形工具组中的工具可以绘制矩形、圆角矩形、圆形、多边形、星形等几何形状。下面将介绍矩形、椭圆以及星形工具的操作方法。

1. 矩形工具

选择“矩形工具”▣，在画板上拖动鼠标即可绘制矩形；或在画板上单击，弹出“矩形”对话框，在该对话框中设置参数，也可绘制矩形，如图3-25所示。

在绘制时按住Alt、Shift键等不同的快捷键会有不同的结果。

- 按住Alt键，当鼠标指针变为⊞形状时，拖动鼠标可以绘制以此为中心点向外扩展的矩形。

- 按住Shift键，可以绘制正方形。
- 按住Shift+Alt组合键，可以绘制以单击处为中心点的正方形，如图3-26所示。
- 按住鼠标左键拖动圆角矩形的任意一角的控制点，向下拖动可以调整为正圆形，如图3-27所示。

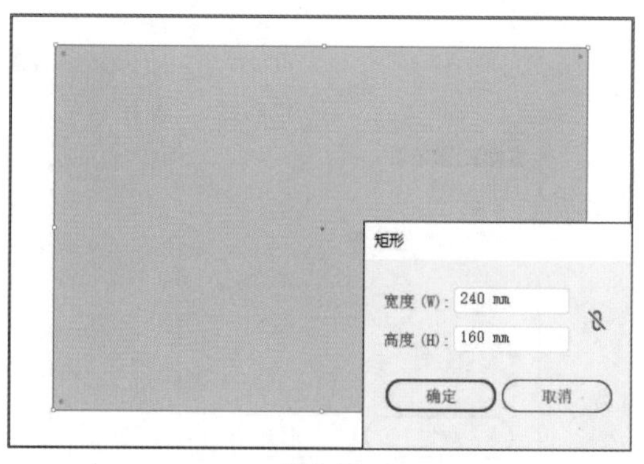

图 3-25

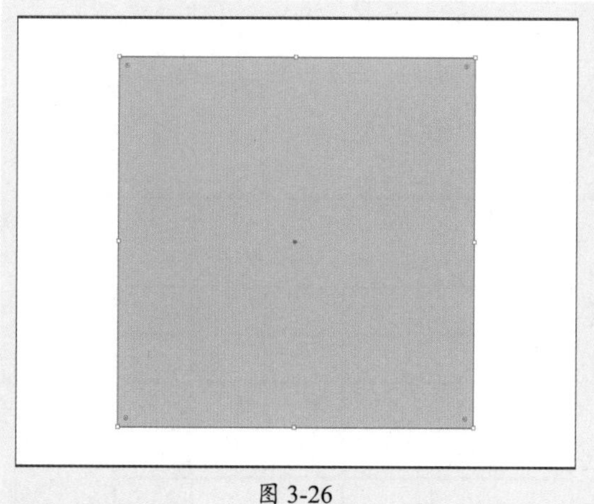

图 3-26

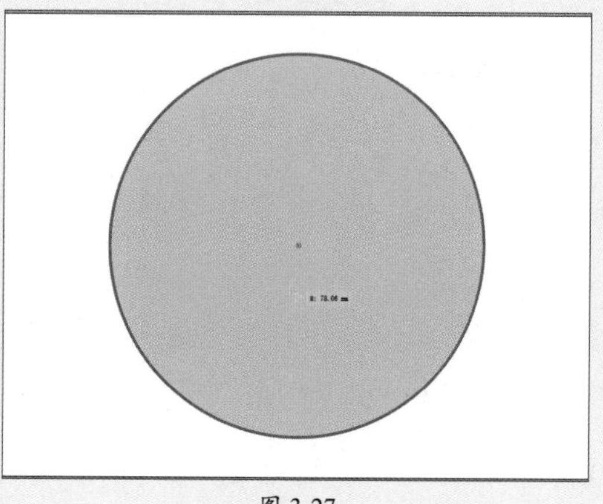

图 3-27

2. 椭圆工具

选择“椭圆工具”，在画板上拖动鼠标即可绘制椭圆形；或在画板上单击，弹出“椭圆”对话框，在该对话框中设置参数，也可绘制椭圆形，如图3-28、图3-29所示。

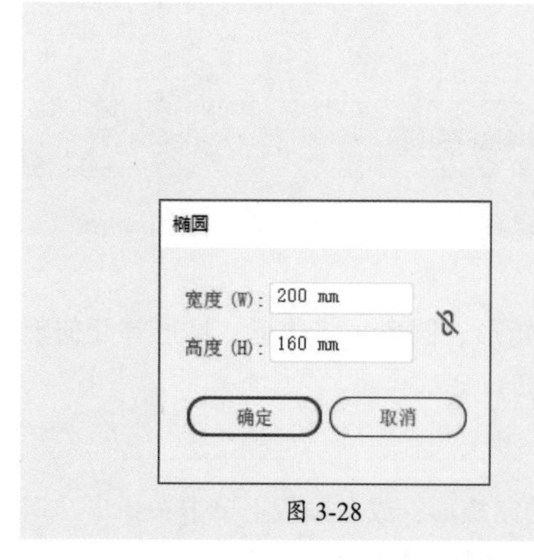

图 3-28

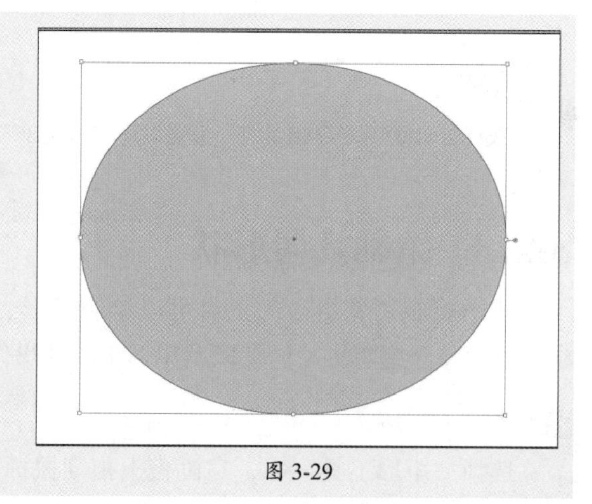

图 3-29

在绘制椭圆形的过程中按住Shift键，可以绘制正圆形；按住Alt+Shift组合键，可以绘制以起点为中心的正圆形，如图3-30所示。绘制完成后，将鼠标指针放至控制点，当指针变为形状后，可以将其调整为饼图，如图3-31所示。

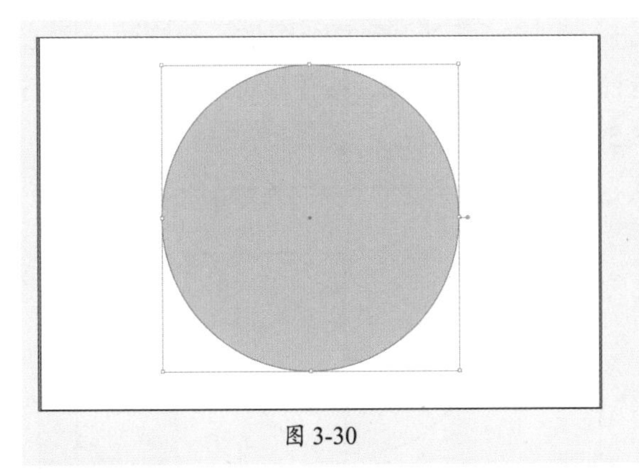

图 3-30

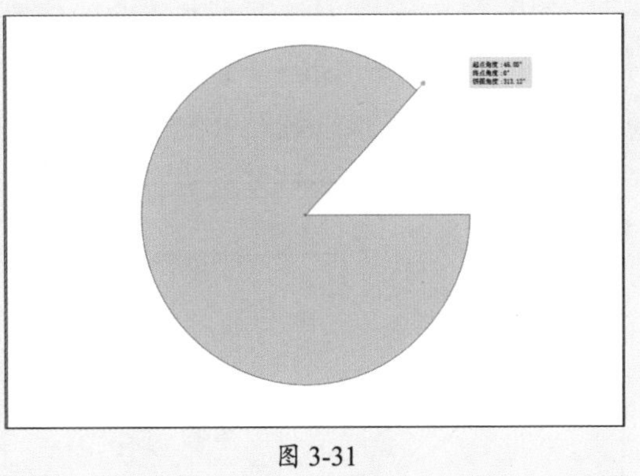

图 3-31

3. 星形工具

选择“星形工具”，在画板上拖动鼠标即可绘制星形。或用该工具在画板上单击，弹出“星形”对话框，如图3-32所示。

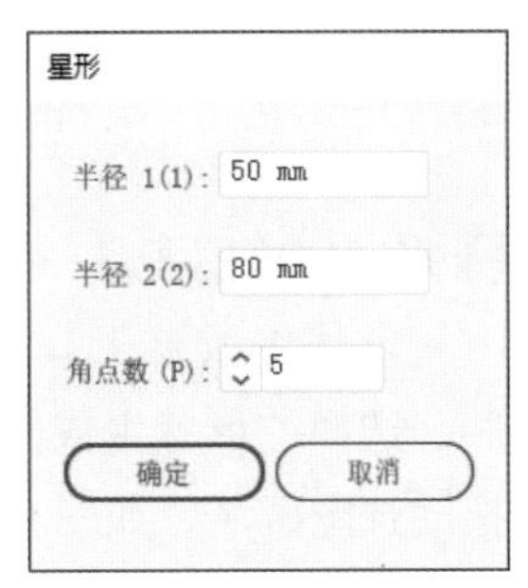

图 3-32

该对话框中各选项的作用如下。

- **半径1：**用于设置所绘制星形图形内侧点到星形中心的距离。
- **半径2：**用于设置所绘制星形图形外侧点到星形中心的距离。
- **角点数：**用于设置所绘制星形图形的角数。

在绘制星形的过程中按住Alt键，可以绘制旋转的正星形；按住Alt+Shift组合键，可以绘制不旋转的正星形，如图3-33所示。绘制完成后按住Ctrl键，拖动控制点可以调整星形角的度数，如图3-34所示。

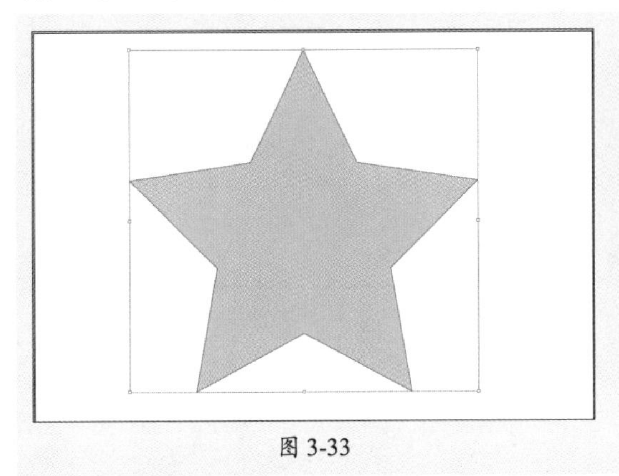

图 3-33

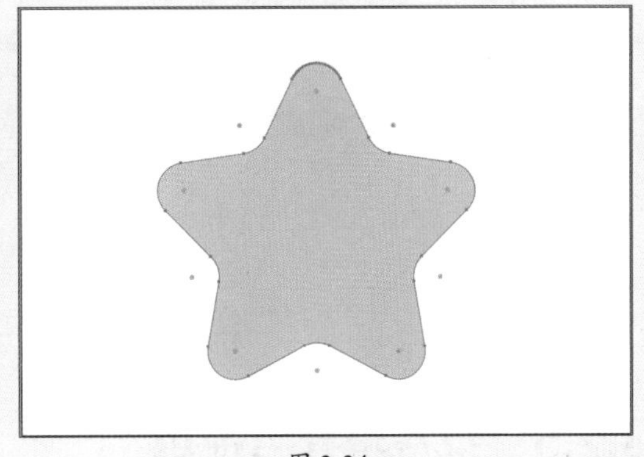

图 3-34

3.2.4 构建新的形状

使用Shaper工具可以在绘制时将任意的曲线路径转换为精确的几何图形；使用形状生成器工具则可以在多个重叠的图形中快速得到新的图形。

1. Shaper 工具

Shaper工具不仅可以绘制精确的曲线路径，还可以对图形造型进行调整。选择“Shaper工具”，按住鼠标左键绘制出几何图形的基本轮廓，释放鼠标，系统会生成精确的几何图形。

使用“Shaper工具”对形状重叠的位置进行涂抹，可以得到复合图形。绘制两个图形并重叠摆放，选择“Shaper工具”，将鼠标指针放置在重叠区域，按住鼠标绘制，如图3-35所示，释放鼠标，该区域即可被删除，如图3-36所示。

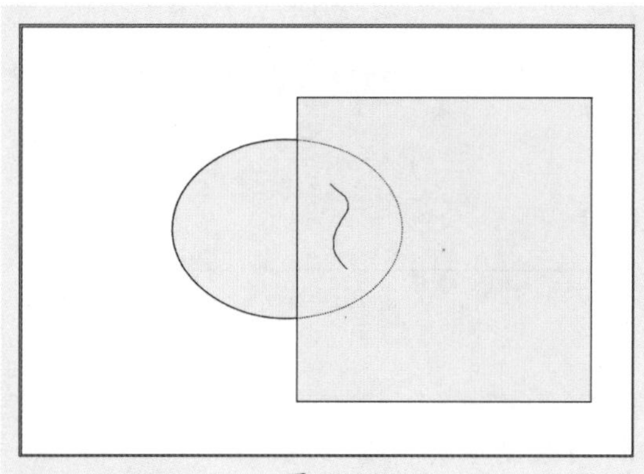
图 3-35

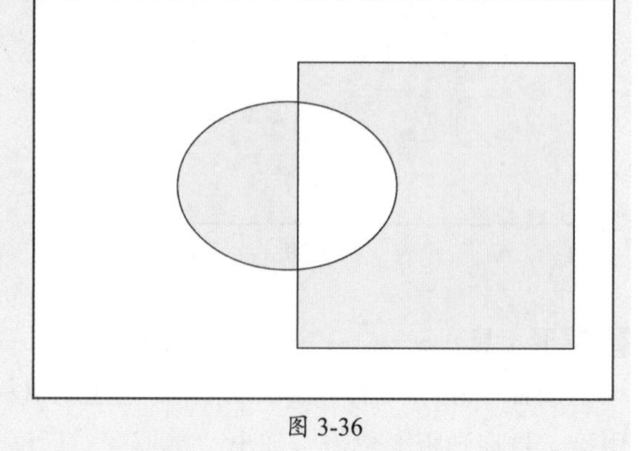
图 3-36

2. 形状生成器工具

形状生成器工具可以通过合并和涂抹更简单的对象来创建复杂对象。选择多个图形后，选择“形状生成器工具”，或按Shift+M组合键选择该工具，单击或者按住鼠标左键拖动选定区域，如图3-37所示，释放鼠标后显示合并路径创建新形状，如图3-38所示。

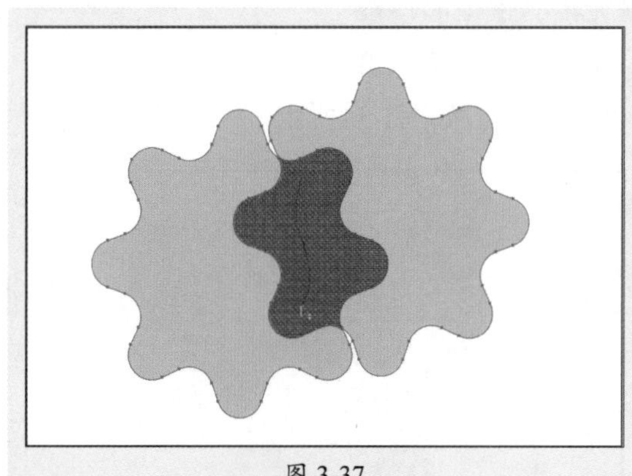
图 3-37

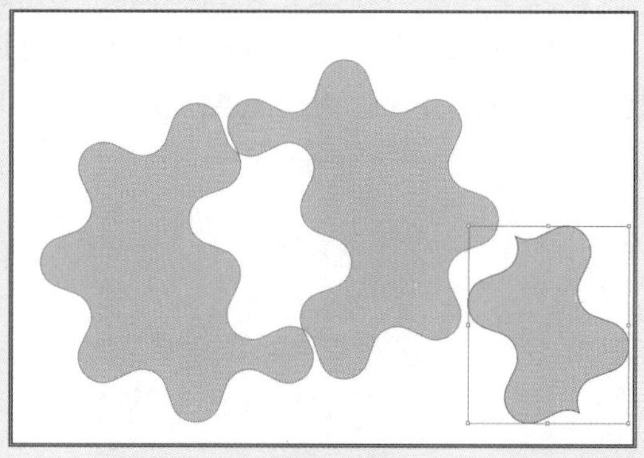
图 3-38

3.2.5 设置填充与描边

使用吸管工具、“颜色”面板、“色板”面板、“图案”面板、“描边”面板、“渐变”面板为图形填充颜色与描边。

1. 吸管工具

Illustrator中的吸管工具不仅可以拾取颜色，还可以拾取对象的属性，并赋予到其他矢量对象上。矢量图形的描边样式、填充颜色，文字对象的字符属性、段落属性，位图中的某种颜色，都可以通过“吸管工具”来实现相同的样式。

选择需要被赋予的图形，如图3-39所示，然后选择“吸管工具”，单击目标对象，即可为其添加相同的属性，如图3-40所示。若在吸取的时候按住Shift键，则只填充颜色。

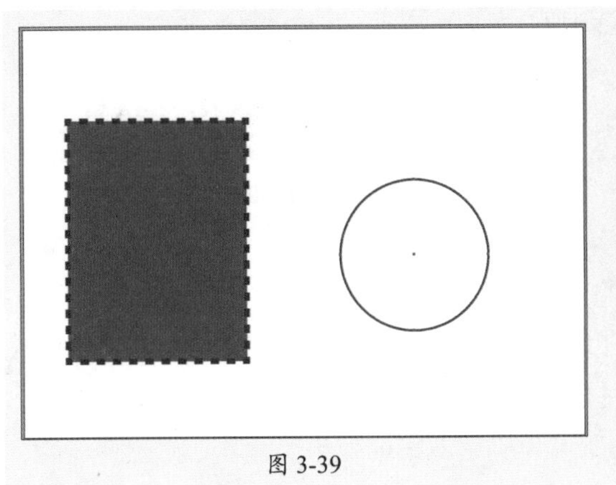
图 3-39

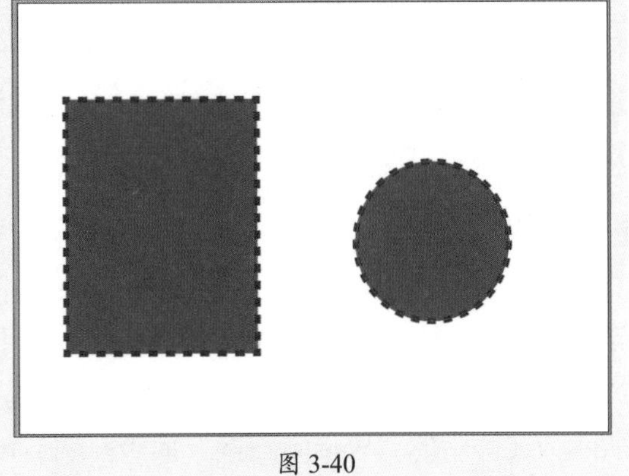
图 3-40

2. “颜色”面板

“颜色”面板可以为对象填充单色或设置单色描边。执行“窗口”|“颜色”命令，打开“颜色”面板，该面板可使用不同颜色模型显示颜色值。图3-41所示为选择CMYK颜色模型的“颜色”面板。

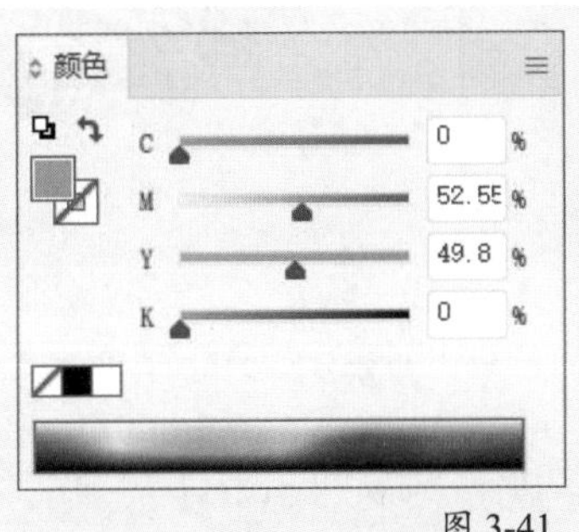

图 3-41

选择图形对象，在色谱中拾取颜色填充，如图3-42所示。单击“互换填充和描边颜色”按钮可调换填充和描边颜色。单击按钮可设置描边颜色，在控制栏或属性面板中可设置描边粗细，如图3-43所示。

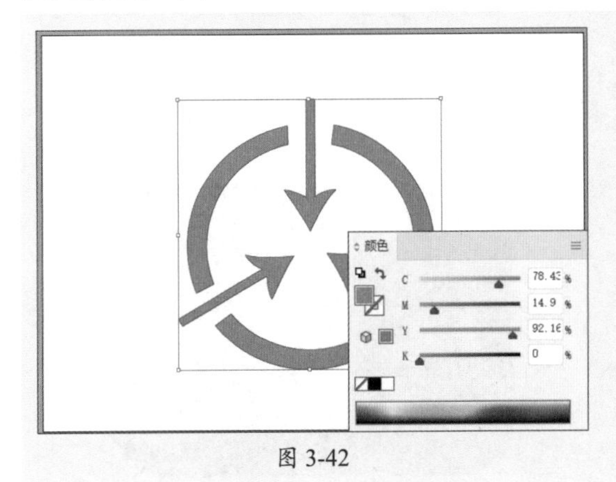

图 3-42

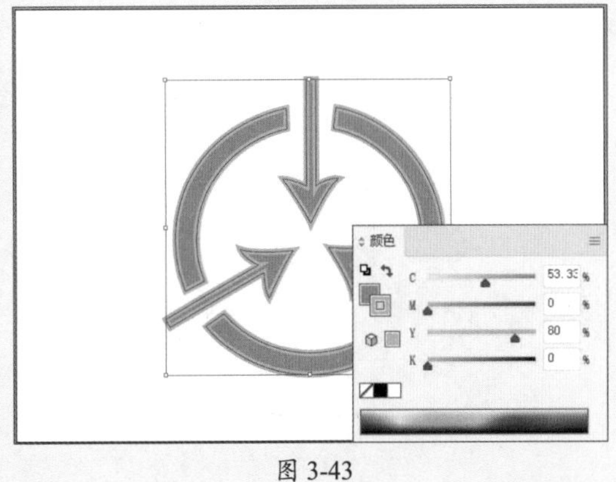

图 3-43

3. “色板”面板

“色板”面板可以为对象的填色和描边添加颜色、渐变或图案。执行“窗口”|“色板”

命令，打开“色板”面板，如图3-44所示。选中要添加填色或描边的对象，在“色板”面板中单击“填色”按钮■或“描边”按钮☒，再单击色板中的颜色、图案或渐变，即可为对象添加相应的填色或描边。

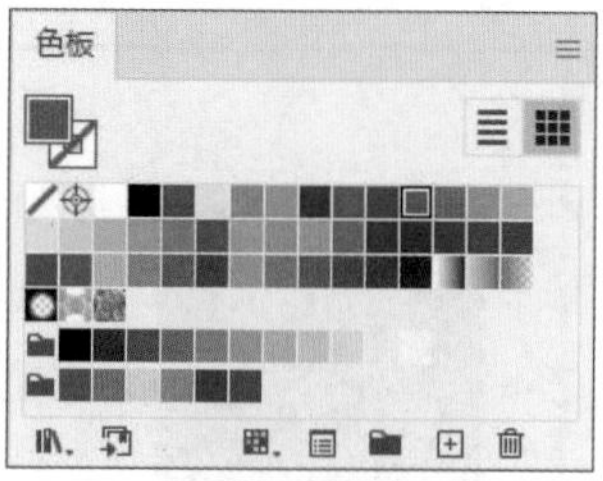

图 3-44

4. “图案”面板

除了颜色和渐变填充外，Illustrator中还提供了多种图案，以帮助用户制作出更加精美的效果。可以通过“色板”面板或执行“窗口”|“色板库”|“图案”命令，为图形填充图案，有基本图形、自然和装饰三大类预设图案，图3-45所示为装饰中的“Vonster图案”面板。图3-46所示为应用图案的效果。

图 3-45　　图 3-46

操作提示

若想添加新的图案，可以选中要添加的图案，执行“对象”|“图案”|“建立”命令，在打开的“图案选项”面板中设置参数。

5. “描边”面板

执行“窗口”|“描边”命令，打开“描边”面板，如图3-47所示。选中要设置描边的对象，在该面板中设置描边的粗细、端点、边角等参数，即可在图像编辑窗口中观察到效果，如图3-48所示。

图 3-47

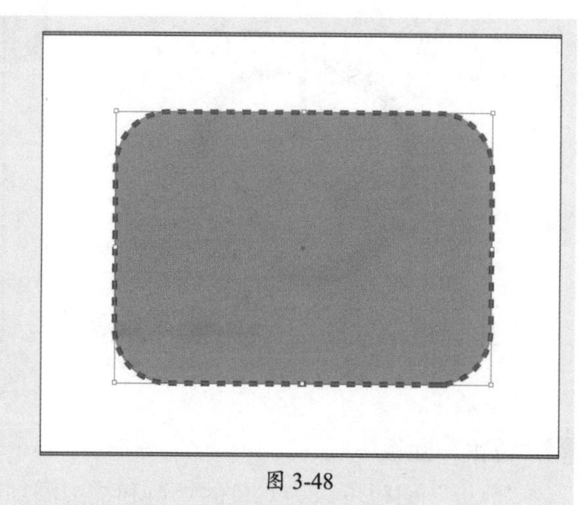

图 3-48

6. “渐变”面板

“渐变”面板可以精确地控制渐变颜色的属性。

选择图形对象后，执行“窗口”|“渐变”命令，打开“渐变”面板，如图3-49所示。在该面板中选择任意一个渐变类型激活渐变，在渐变色条中可以更改颜色，效果如图3-50所示。

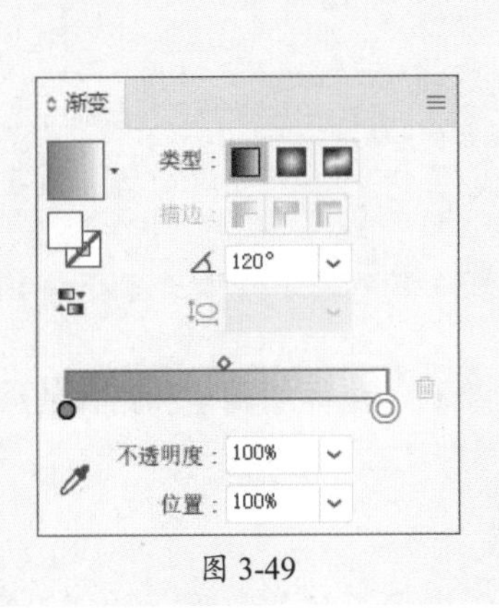

图 3-49

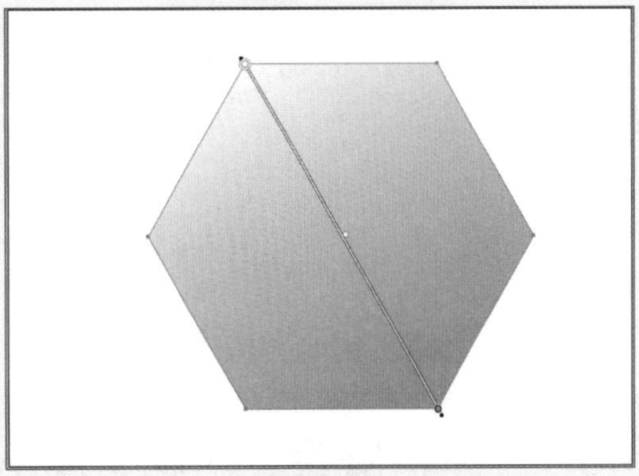

图 3-50

在“渐变”面板中部分选项的作用如下。

- **渐变**：单击该按钮，可赋予填色或描边渐变色。
- **填色/描边**：用于对选择的填色或描边添加渐变并进行设置。
- **反向渐变**：单击该按钮将反转渐变颜色。
- **类型**：用于选择渐变的类型，包括“线性渐变”、“径向渐变”和“任意形状渐变”三种，如图3-51所示。

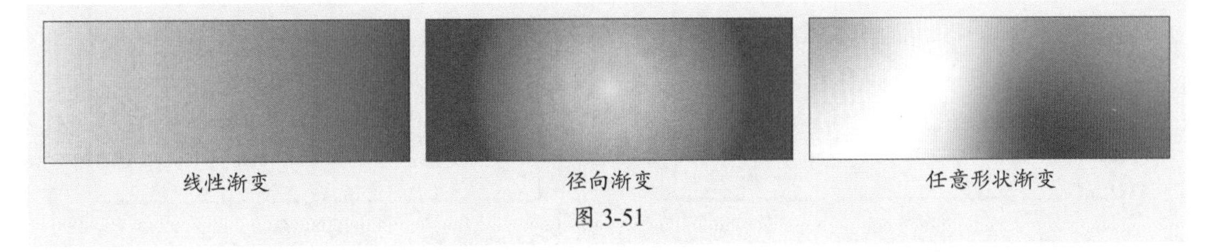

图 3-51

- **描边**：用于设置描边渐变的样式。该区域的按钮仅在为描边添加渐变时激活。
- **角度**：用于设置渐变的角度。
- **渐变滑块**：双击该按钮，在弹出的面板中可设置该渐变滑块的颜色，默认为灰度模式，如图3-52所示。单击该面板中的菜单按钮，在弹出的菜单中选取其他颜色模式，可设置更加丰富的颜色。图3-53所示为选择CMYK颜色模式时的效果。在Illustrator软件中，默认有两个渐变滑块。若想添加新的渐变滑块，移动鼠标至渐变滑块之间单击即可添加，如图3-54所示。

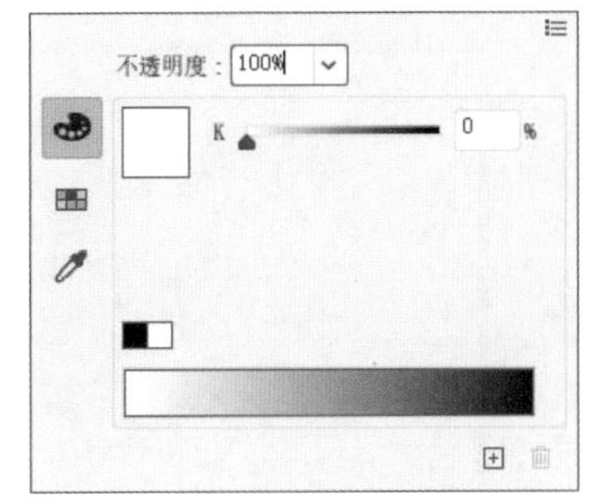

图 3-52

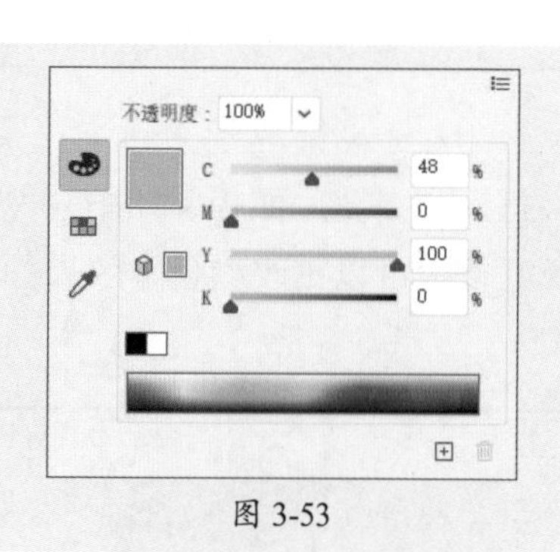

图 3-53

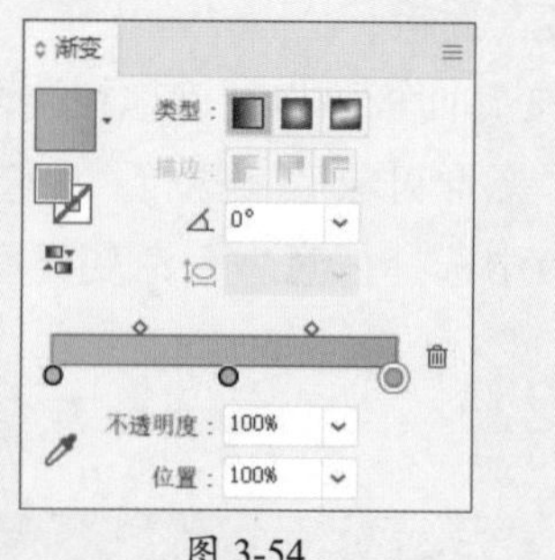

图 3-54

3.3 路径的绘制与编辑

本节将对路径的绘制与编辑进行讲解，包括路径的绘制、路径的调整和路径的编辑。

3.3.1 案例解析：绘制手账本简笔画

在学习路径的绘制与编辑之前，可以跟随以下操作步骤了解并熟悉，使用铅笔工具和平滑工具绘制手账本简笔画效果。

步骤 01 选择“铅笔工具”，在画板上绘制路径，如图3-55所示。

步骤 02 使用“平滑工具”，涂抹路径使其平滑，如图3-56所示。

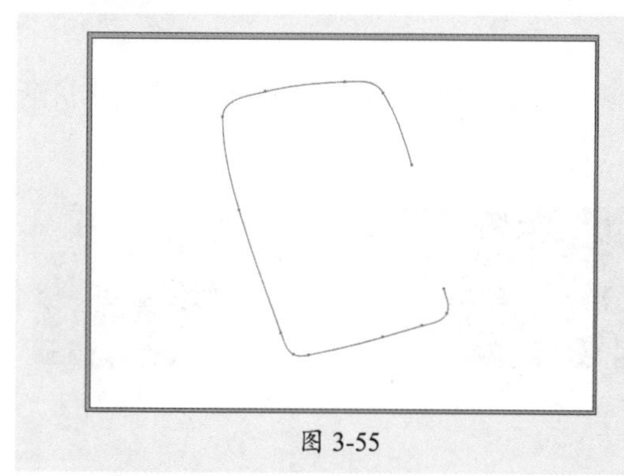
图 3-55

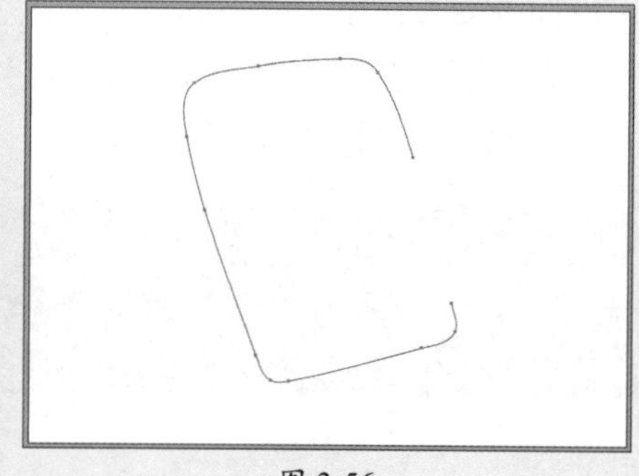
图 3-56

步骤 03 使用“铅笔工具”和“平滑工具”继续绘制并平滑路径，如图3-57所示。

步骤 04 绘制圆形和四条平滑的路径，如图3-58所示。

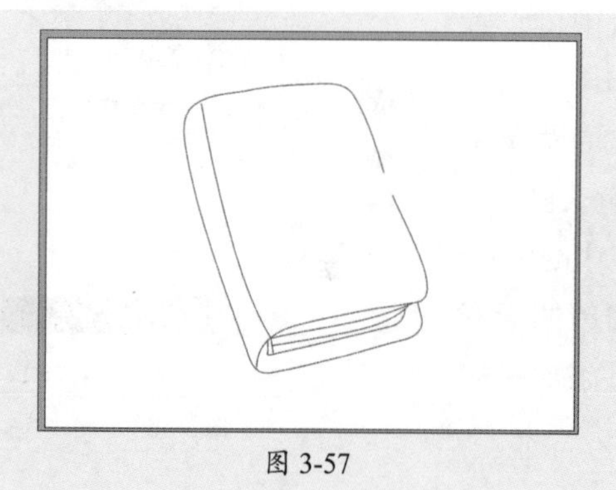
图 3-57

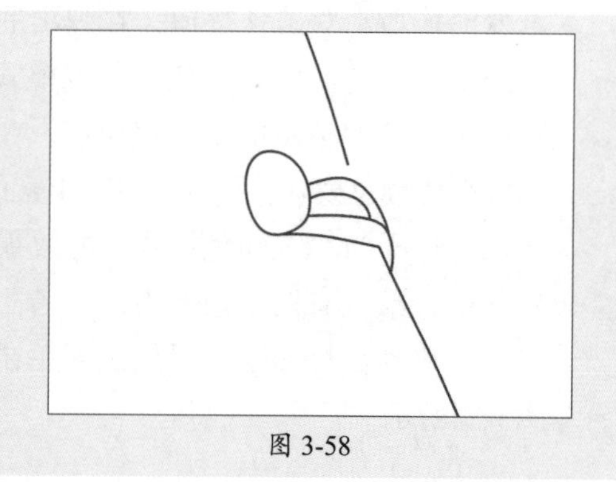
图 3-58

步骤05 选择部分路径，使用“铅笔工具”进行调整，如图3-59所示。

步骤06 按Ctrl+A组合键全选，在“铅笔工具”控制栏中设置画笔样式为“3点椭圆形”，效果如图3-60所示。

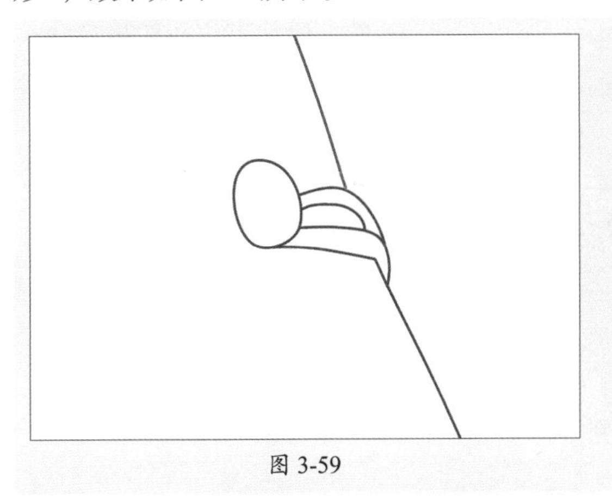

图 3-59

图 3-60

3.3.2 绘制路径

使用钢笔工具、曲率工具、画笔工具和铅笔工具绘制曲线或直线段。

1. 钢笔工具

使用钢笔工具的锚点和手柄可以精确创建路径。选择“钢笔工具”，按住Shift键可以绘制水平、垂直或以45°角倍增的直线路径，如图3-61所示；若绘制曲线线段，可以先在曲线改变方向的位置添加一个锚点，然后拖动鼠标构成曲线形状的方向线。方向线的长度和斜度决定了曲线的形状，如图3-62所示。

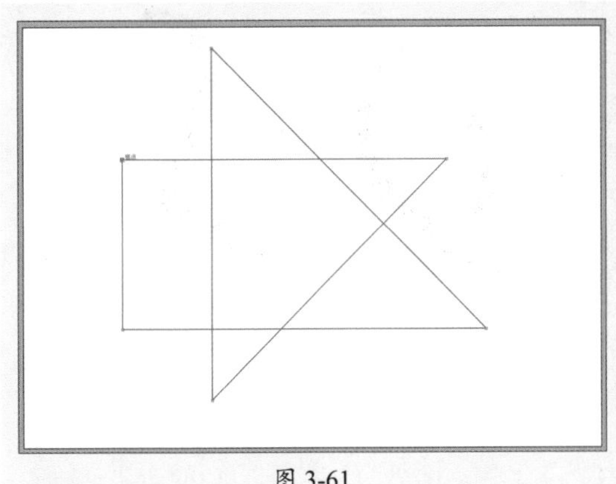

图 3-61

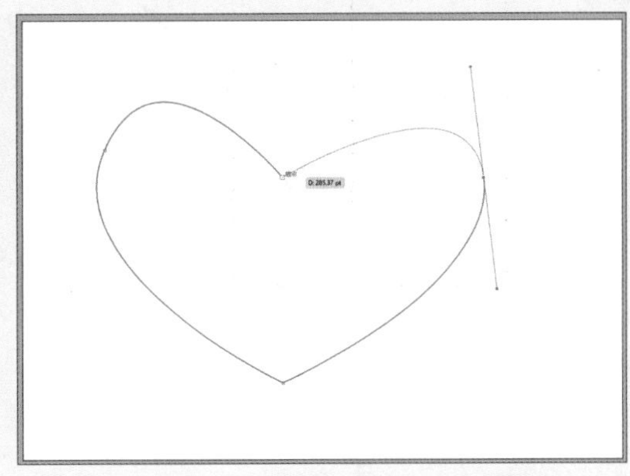

图 3-62

操作提示

直接使用“钢笔工具”或“添加锚点工具”，单击任意路径段，即可添加锚点；使用“钢笔工具”或“删除锚点工具”，单击锚点，即可删除锚点。

2. 曲率工具

曲率工具可以轻松创建并编辑曲线和直线。选择“曲率工具”，在画板上单击两点为直线段状态，移动鼠标指针的位置，此时转变为曲线，如图3-63所示。继续绘制闭合路径后则变成光滑有弧度的形状，如图3-64所示。按住鼠标左键拖动锚点可更改图形形状。双击一个点可在平滑锚点或尖角锚点之间切换。

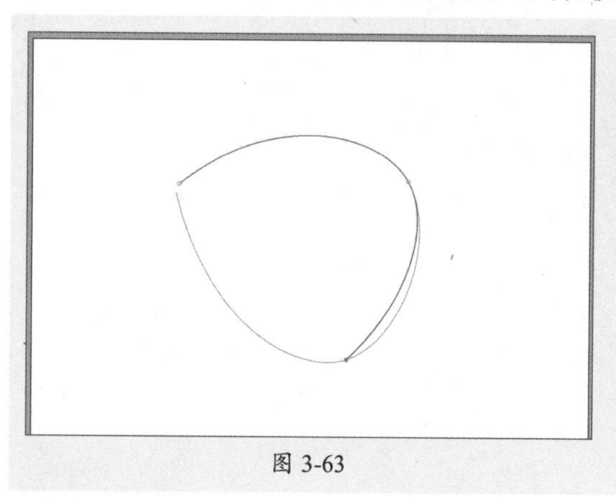

图 3-63

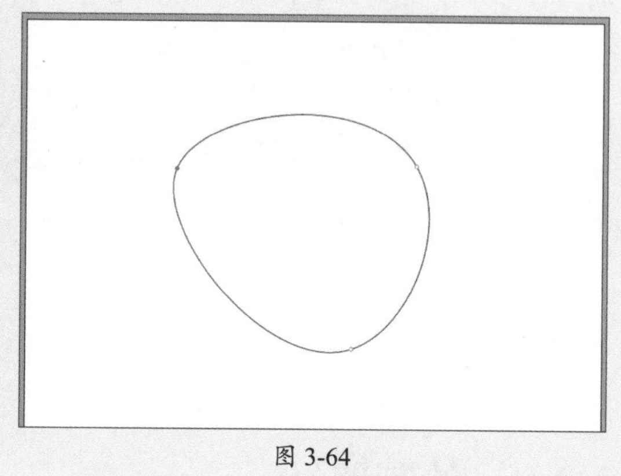

图 3-64

3. 画笔工具

画笔工具可以在应用画笔描边的情况下绘制自由路径。选择“画笔工具”，按住Shift键可以绘制水平、垂直或以45°角倍增的直线路径，如图3-65所示。在控制栏的“定义画笔”下拉列表框或“画笔”面板中可以选择画笔类型，单击即可应用。图3-66所示为应用“炭笔 羽毛”画笔的效果。

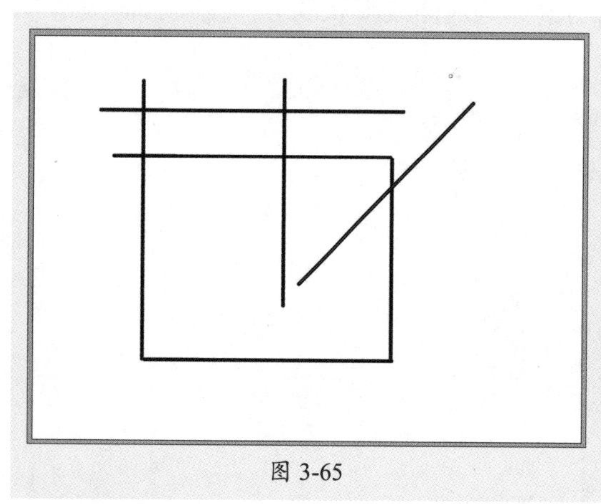

图 3-65

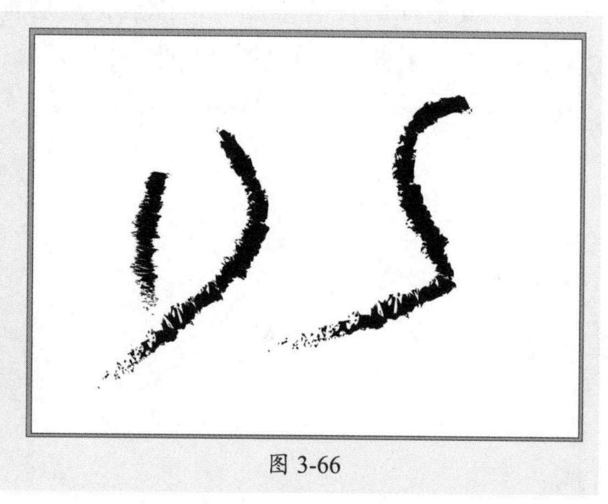

图 3-66

操作提示

使用“铅笔工具”可以绘制开放路径和闭合路径，也可以对绘制好的图像进行调整。

3.3.3 调整路径

使用铅笔工具既能绘制路径又能调整路径，使用平滑工具、路径橡皮擦工具以及连接工具可以对现有路径进行调整。

1. 平滑工具

平滑工具可以使路径变得平滑。选中路径后选择“平滑工具”，按住鼠标左键在需要平滑的区域拖动即可使其变平滑。

2. 路径橡皮擦工具

路径橡皮擦工具可以擦除路径，使路径断开。选中路径后选择“路径橡皮擦工具”，按住鼠标左键在需要擦除的区域拖动即可擦除该部分。

3. 连接工具

连接工具可以连接相交的路径，多余的部分会被修剪掉，也可以闭合两条开放路径之间的间隙。选中路径后选择“连接工具”，按住鼠标左键在需要连接的位置拖动即可连接路径。

3.3.4 编辑路径

执行“对象”|“路径”命令，在其子菜单中可以看到多个与路径有关的命令，如图3-67所示。通过这些命令，用户可以更好地编辑路径对象。

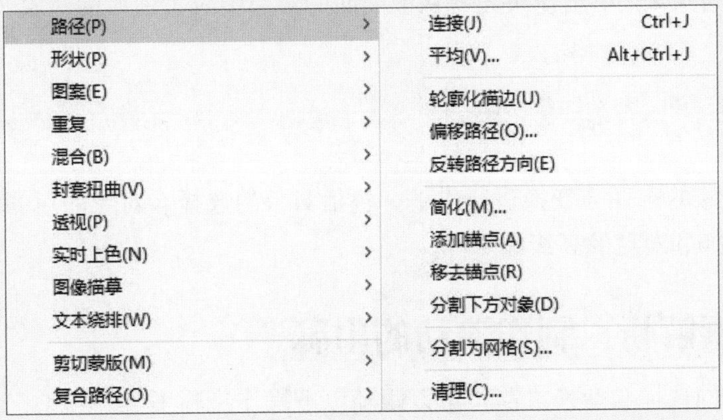

路径(P) >
形状(P) >
图案(E) >
重复 >
混合(B) >
封套扭曲(V) >
透视(P) >
实时上色(N) >
图像描摹 >
文本绕排(W) >
剪切蒙版(M) >
复合路径(O) >

连接(J) Ctrl+J
平均(V)... Alt+Ctrl+J
轮廓化描边(U)
偏移路径(O)...
反转路径方向(E)
简化(M)...
添加锚点(A)
移去锚点(R)
分割下方对象(D)
分割为网格(S)...
清理(C)...

图 3-67

下面将针对部分常用的命令进行介绍。

- **连接：**该命令可以连接两个锚点，从而闭合路径或将多个路径连接到一起。
- **平均：**该命令可以使选中的锚点排列在同一水平线或垂直线上。
- **轮廓化描边：**该命令是一项非常实用的命令，可以将路径描边转换为独立的填充对象，以便单独进行设置。
- **偏移路径：**该命令可以使路径向内或向外偏移指定距离，且原路径不会消失。
- **简化：**该命令可以通过减少路径上的锚点减少路径细节。
- **分割下方对象：**该命令可以使选定的对象切穿其他对象，并丢弃原来所选的对象。
- **分割为网格：**该命令可以将对象转换为矩形网格。

除此之外，还可以在“路径查找器”面板中编辑路径。执行“窗口”|“路径查找器”命令，即可打开“路径查找器”面板，如图3-68所示。

该面板中各按钮的作用如下。

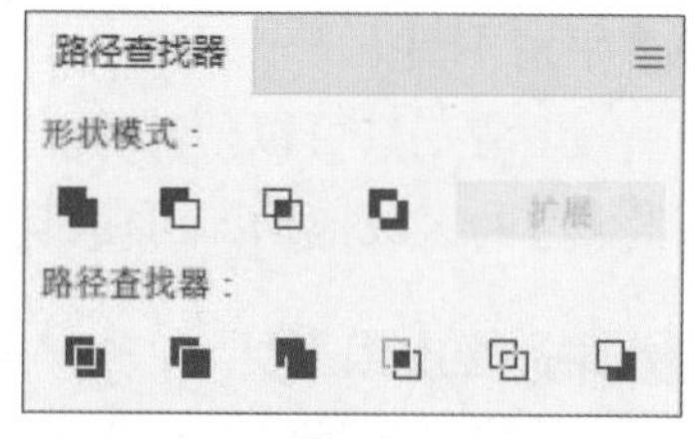

图 3-68

- **联集**：单击该按钮将合并选中的对象并保留顶层对象的颜色属性。
- **减去顶层**：单击该按钮将从最后面的对象中减去最前面的对象。
- **交集**：单击该按钮将仅保留重叠区域。
- **差集**：单击该按钮将保留未重叠区域。
- **分割**：单击该按钮可将一份图稿分割成由组件填充的表面（表面是未被线段分割的区域）。
- **修边**：单击该按钮将删除已填充对象被隐藏的部分，删除所有描边，且不会合并相同颜色的对象。
- **合并**：单击该按钮将删除已填充对象被隐藏的部分，删除所有描边，且合并具有相同颜色的相邻或重叠的对象。
- **裁剪**：单击该按钮可将图稿分割成由组件填充的表面，删除图稿中所有落在最上方对象边界之外的部分，且会删除所有描边。
- **轮廓**：单击该按钮可将对象分割为其组件线段或边缘。
- **减去后方对象**：单击该按钮将从最前面的对象中减去后面的对象。

3.4 对象的选择与变换

本节将对对象的选择与变换进行讲解，包括对象的选择、对象的对齐和分布、对象的排列、对象的变换和对象的高级编辑等。

3.4.1 案例解析：制作流动的山脉

在学习对象的选择与变换之前，可以跟随以下操作步骤了解并熟悉，使用矩形工具、直线段工具、混合工具、封套扭曲、网格工具等制作流动的山脉。

步骤 01 使用“矩形工具”绘制矩形作为背景并锁定图层，如图3-69所示。

步骤 02 选择“直线段工具”绘制水平直线，按住Alt键移动复制，如图3-70所示。

图 3-69

图 3-70

步骤 03 选择两条直线段，双击“混合工具”，在弹出的“混合选项”对话框中设置指定的步数，然后按Ctrl+Alt+B组合键创建混合（混合步数为 120），如图3-71所示。

步骤 04 扩展外观后，执行“对象”|“封套扭曲”|“用网格建立”命令设置网格，如图3-72所示。

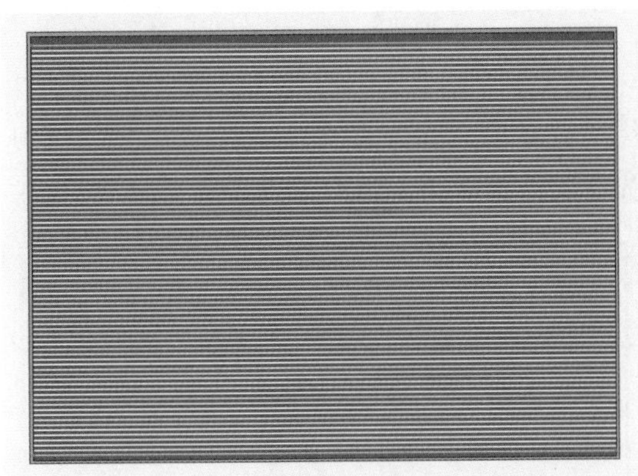
图 3-71

图 3-72

步骤 05 使用“网格工具”调整网格点的位置，如图3-73所示。

步骤 06 使用“选择工具”向下拖动鼠标，调整网格高度，如图3-74所示。

图 3-73

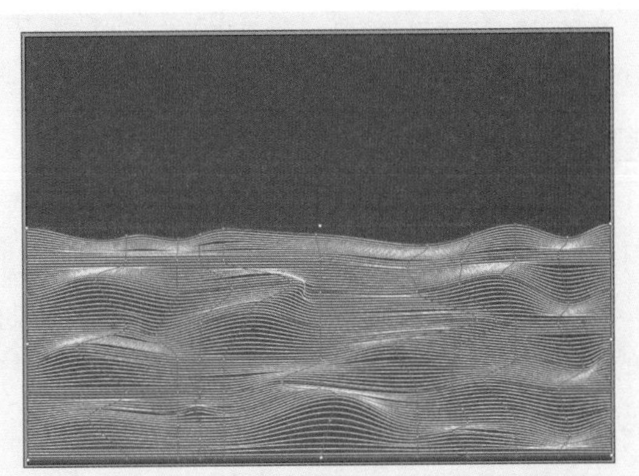
图 3-74

步骤 07 使用“网格工具”继续调整网格点的位置，如图3-75所示。

步骤 08 按Ctrl+7组合键创建剪切蒙版，如图3-76所示。

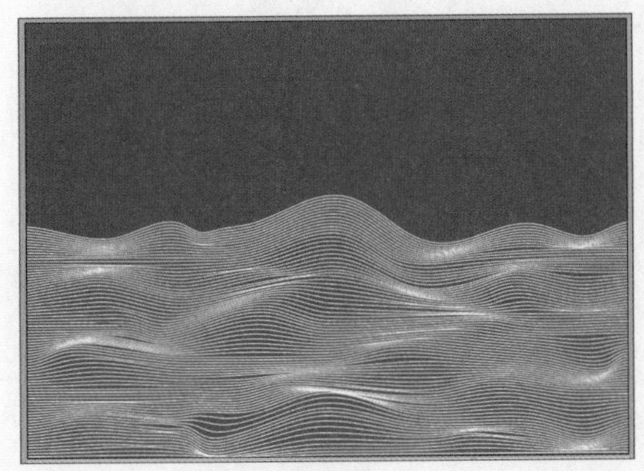
图 3-75

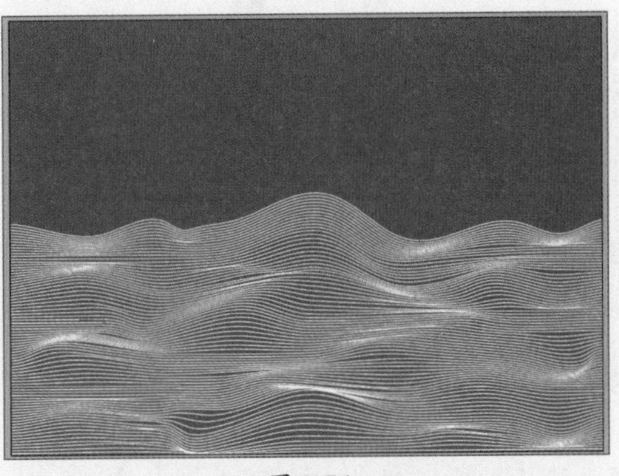
图 3-76

3.4.2 对象的选择

在Illustrator中，提供了五种选择工具，包括选择工具、直接选择工具、编组选择工具、套索工具、魔棒工具以及“选择”命令菜单。

1. 选择工具

选择工具可以选中整体对象。使用“选择工具”可以选择一个对象，也可以在一个或多个对象的周围拖动鼠标形成一个选框，框住所有对象或部分对象，如图3-77、图3-78所示。按住Shift键在未选中的对象上单击可以加选对象，再次单击将取消选中。

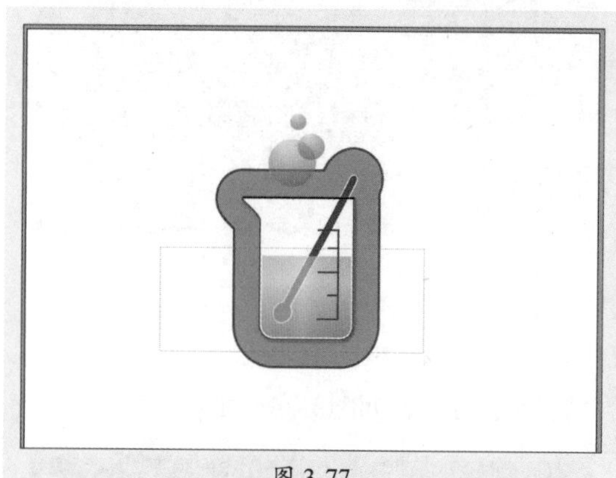

图 3-77

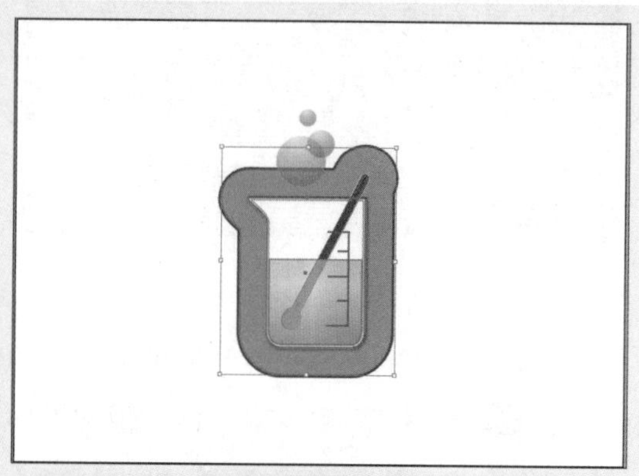

图 3-78

2. 直接选择工具

直接选择工具可以直接选中路径上的锚点或路径段。使用“直接选择工具”在要选中的对象锚点或路径段上单击，即可将其选中。被选中的锚点呈实心状，拖动锚点或方向线可以调整显示状态。若在对象周围拖动鼠标绘制一个虚线框，如图3-79所示，虚线框中的对象内容即可被全部选中，虚线框内的对象内容被扩选，锚点变为实心；虚线框外的锚点变为空心状态，如图3-80所示。

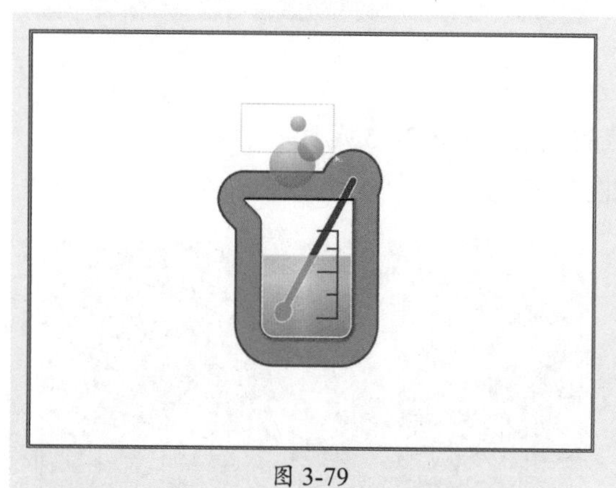

图 3-79

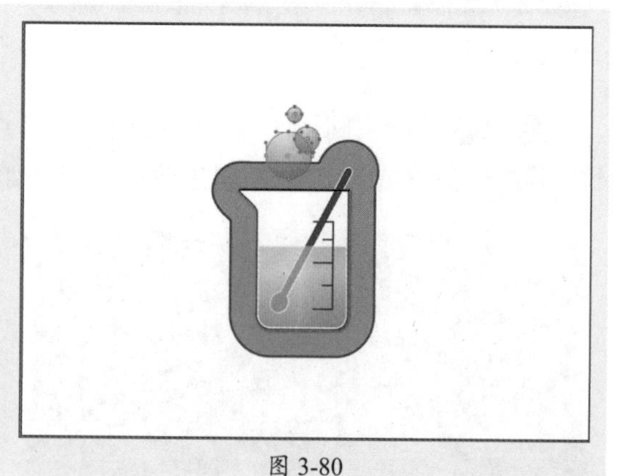

图 3-80

3. 编组选择工具

编组选择工具可以选中编组中的对象。选择“编组选择工具”单击即可选中组中对象，再次单击将选中对象所在的分组。

4. 套索工具

套索工具可以通过套索创建选择的区域，区域内的对象将被选中。选择“套索工具”在图像编辑窗口中按住鼠标左键拖动即可创建区域。

5. 魔棒工具

魔棒工具用于选择具有相似属性的对象，如填充、描边等。

6. “选择”命令

在“选择”命令菜单中，可以进行全选、取消选择、选择所有未选中的对象、选择具有相同属性的对象以及存储所选对象操作。

操作提示

除了上述工具外，用户还可以通过“图层”面板选中对象。在“图层”面板中单击“单击可定位（拖移可移动外观）”按钮即可选择并定位对象。

3.4.3 对象的对齐和分布

对齐与分布可以使对象间的排列遵循一定的规则，从而使画面更加整洁有序。选择多个对象后，在控制栏中单击“对齐”按钮，或者执行“窗口”|“对齐”命令，打开“对齐”面板，如图3-81所示。通过该面板中的按钮即可设置对象的对齐与分布。

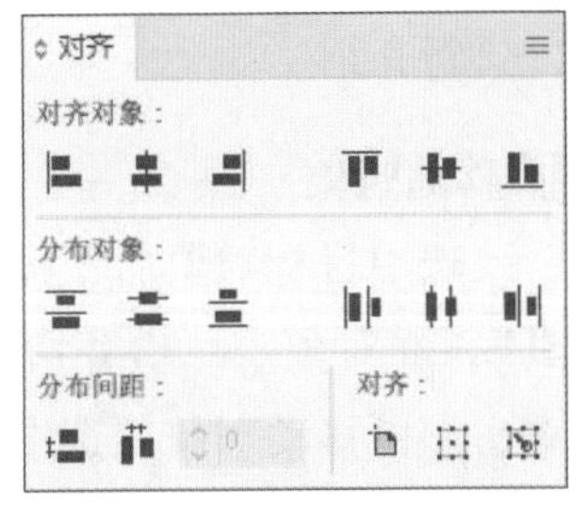

图 3-81

1. 对齐对象

对齐命令可以将多个图形对象整齐排列。“对齐对象”选项组中有6个对齐按钮：“水平左对齐”、“水平居中对齐”、“水平右对齐”、“垂直顶对齐”、“垂直居中对齐”、“垂直底对齐”。

2. 分布对象

分布命令可以调整多个图形之间的距离。“分布对象”选项组中有6个分布按钮：“垂直顶分布”、“垂直居中分布”、“垂直底分布”、“水平左分布”、“水平居中分布”、“水平右分布”。

3. 分布间距

分布间距命令可以通过对象路径之间的精确距离分布对象。“分布间距”选项组中有两个按钮和一个数值框，两个按钮分别为“垂直分布间距”和“水平分布间距”。

4. 对齐

在“对齐”选项组中可以选择对齐的基准，默认为“对齐关键对象”，还可以选择“对齐画板”、“对齐所选对象”。

3.4.4 对象的排列

绘制复杂的图形对象时，对象的排列不同会产生不同的外观效果。执行“对象”|“排列”命令，在其子菜单中包括多个排列调整命令，选择合适的命令即可；或在选中图形的时候，右击鼠标，在弹出的快捷菜单中选择合适的排列选项。

- **置于顶层：**若要把对象移到所有对象前面，则执行“对象”|“排列”|“置于顶层”命令，或按Ctrl+Shift+]组合键。
- **置于底层：**若要把对象移到所有对象后面，则执行“对象”|“排列”|“置于底层”命令，或按Ctrl+Shift+[组合键。
- **前移一层：**若要把对象向前面移动一个位置，则执行“对象”|“排列”|“前移一层”命令，或按Ctrl+]组合键。
- **后移一层：**若要把对象向后面移动一个位置，则执行“对象”|“排列”|“后移一层”命令，或按Ctrl+[组合键。

3.4.5 对象的变换

在绘图的过程中，可以选择缩放、移动或镜像对象，制作特殊的展示效果。下面将对此进行介绍。

1. 移动对象

选中目标对象后，可以根据不同的需要灵活地选择多种方式移动对象。使用“选择工具”，在对象上单击并按住鼠标左键不放，拖动鼠标至需要放置对象的位置，释放鼠标左键，即可移动对象。选中要移动的对象，用键盘上的方向键也可以上下左右地移动对象的位置。按住Alt键可以将对象进行移动复制；若按住Alt+Shift组合键，可以确保对象在水平、垂直、45°角的倍数方向上移动复制。

2. 比例缩放工具

在选中对象后，通过定界框可调整对象大小。选择目标对象，对象的周围出现控制手柄，用鼠标拖动各个控制手柄即可自由缩放对象，也可以拖动对角线上的控制手柄缩放对象，按住Shift键可以等比例缩放，按住Shift+Alt组合键可以从对象中心等比例缩放。也可以使用比例缩放工具围绕固定点调整对象大小。

3. 倾斜工具

倾斜工具可以将对象沿水平或垂直方向进行倾斜处理。选择目标对象，在工具箱中双击“倾斜工具”，在弹出的对话框中设置参数，如图3-82所示。也可以直接选择该工具后将中心控制点放置在任意一点，用鼠标拖动对象即可倾斜对象，如图3-83所示。

4. 旋转工具

旋转工具以对象的中心点为轴心进行旋转操作。选择目标对象，在工具箱中双击“旋转工具”，在弹出的对话框中设置参数，如图3-84所示。也可以直接选择该工具后将中心控制点放置在任意一点，用鼠标拖动对象即可旋转对象，如图3-85所示。按住Shift键进行拖动，可以45°倍增旋转。

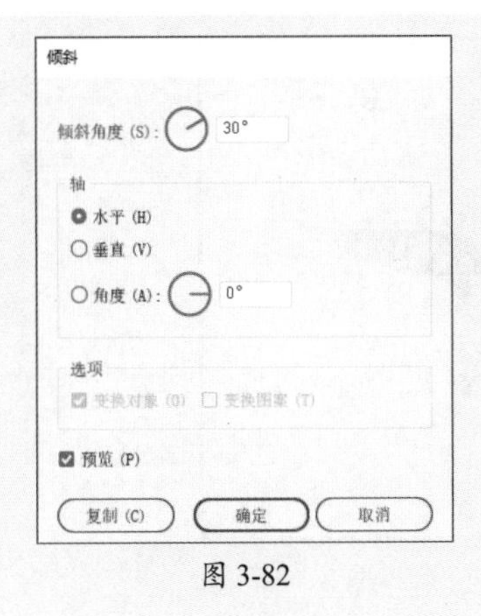

图 3-82

图 3-83

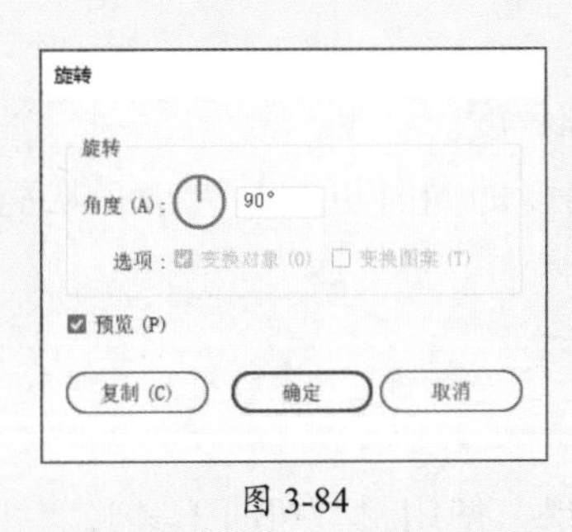

图 3-84

图 3-85

5. 镜像工具

镜像工具可以使对象进行垂直或水平方向的翻转。选择目标对象，在工具栏中双击“镜像工具”，在弹出的对话框中设置参数，如图3-86所示。也可以直接将中心控制点放置在任意一点，用鼠标拖动对象即可镜像旋转对象，如图3-87所示。

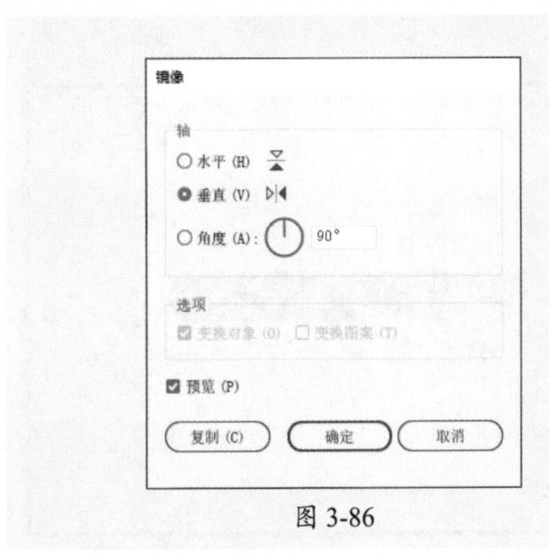

图 3-86

图 3-87

6. 自由变换工具

自由变换工具可以旋转、缩放、倾斜和扭曲对象。选择目标对象，选择“自由变换工具”，显示包含工具选项的控件。默认情况，自由变换为选定状态，如图3-88所示。

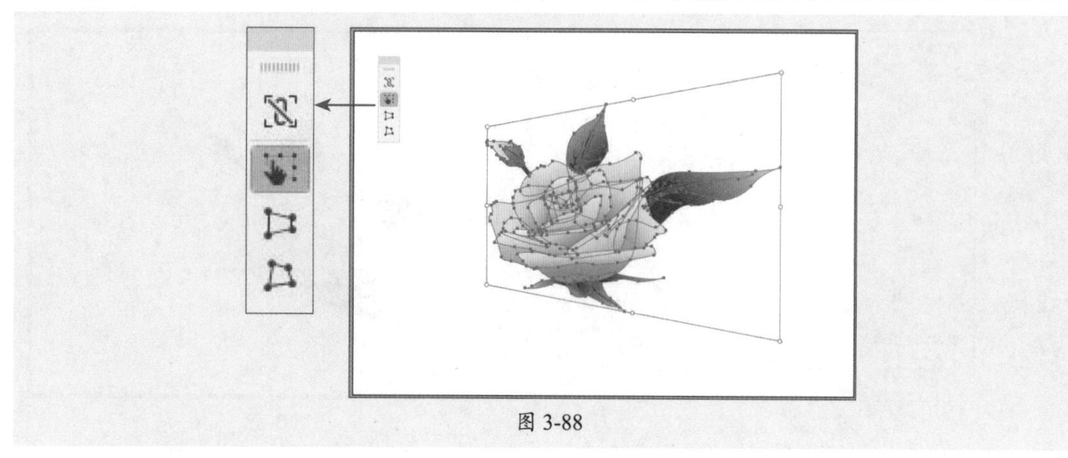

图 3-88

在控件中各选项的含义如下。

- **约束**：在使用“自由变换”和“自由扭曲”时选择此选项可按比例缩放对象。
- **自由变换**：拖动定界框上的点来变换对象。
- **自由扭曲**：拖动对象的角手柄可更改其大小和角度。
- **透视变换**：拖动对象的角手柄可在保持其角度的同时更改其大小，从而营造透视感。

3.4.5 对象的高级编辑

使用混合工具可在多个矢量对象间制作过渡的效果；使用封套扭曲工具和剪切蒙版可限定对象的形状，使用图像描摹命令可将位图转换为矢量图。

1. 混合工具

选择目标对象，选择“混合工具”，在要创建混合的对象上依次单击，即可创建混合效果，如图3-89、图3-90所示。选中要创建混合的对象，执行“对象”|“混合”|“建立”命令或按Alt+Ctrl+B组合键，也可以实现相同的效果。

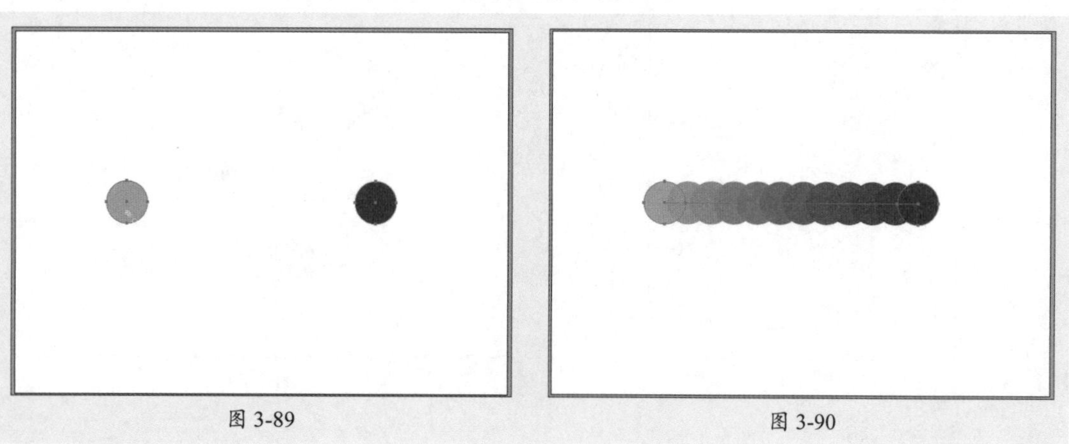

图 3-89　　图 3-90

操作提示

在使用混合工具创建混合时单击混合对象的锚点，可以创建旋转的混合效果，如图3-91所示。

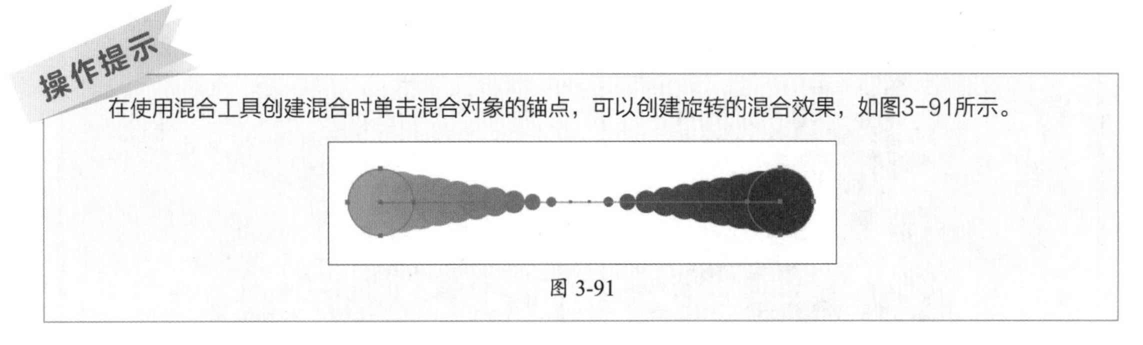

图 3-91

双击“混合工具”或执行“对象”|“混合”|“混合选项”命令，在打开的“混合选项”对话框中可以设置混合的步数或对象间的距离，如图3-92所示。

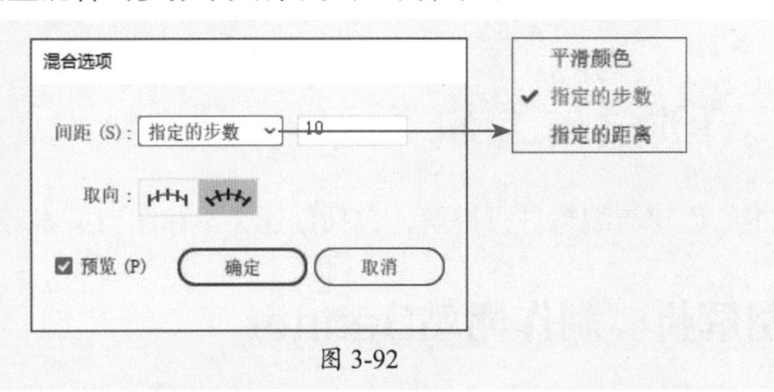

图 3-92

2. 剪切蒙版

剪切蒙版就是一个可以用其形状遮盖其他图稿的对象，将多余的画面隐藏起来。置入一张位图图像，再绘制一个矢量图形，使矢量图置于位图上方，按Ctrl+A组合键全选，如图3-93所示。右击鼠标，在弹出的快捷菜单中选择“建立剪切蒙版”命令，即可创建剪切蒙版，如图3-94所示。

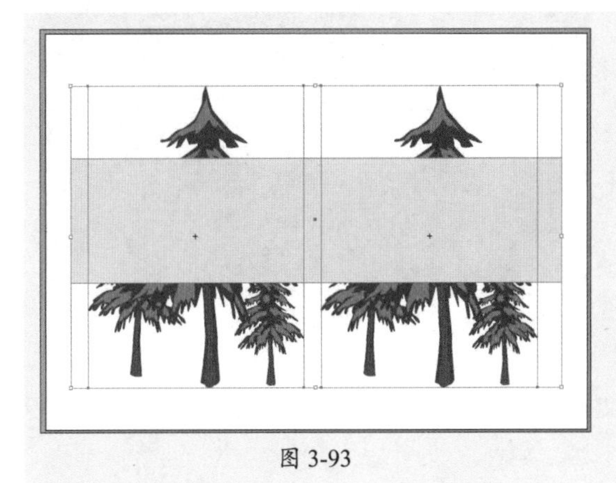

图 3-93

图 3-94

3. 图像描摹

使用“图像描摹”功能可以将位图转换为矢量图，转换后的矢量图要“扩展”之后才可以进行路径的编辑。置入位图图像，如图3-95所示，在控制栏中单击“描摹预设”按钮，在弹出的菜单中可以选择多种描摹预设。图3-96所示为选择“低保真度照片”描摹的效果。

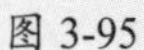

图 3-95

图 3-96

3.5 文本的创建与编辑

本节将对文本的创建与编辑进行讲解，包括创建文本和编辑文本等。

3.5.1 案例解析：制作网站Banner

在学习文本的创建与编辑之前，可以跟随以下操作步骤了解并熟悉，使用文字工具、“字符”面板以及“段落”面板制作网站Banner效果。

步骤 01 打开素材文档，如图3-97所示。

步骤 02 设置“不透明度”为66%，按Ctrl+2组合键锁定图层，效果如图3-98所示。

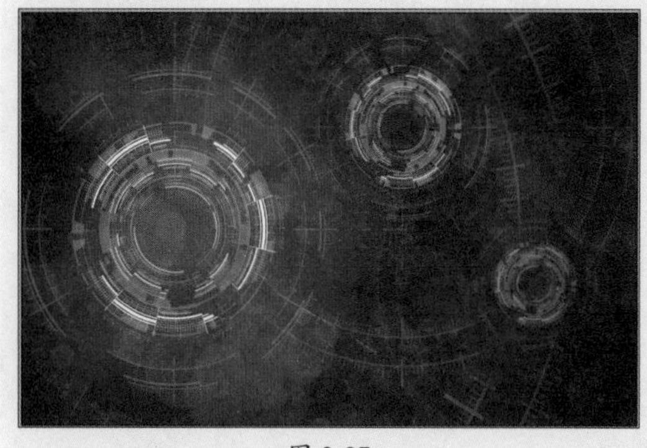

图 3-97

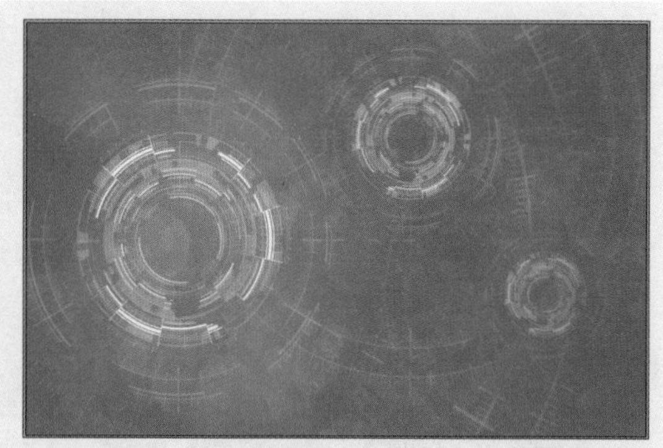

图 3-98

步骤 03 选择“矩形工具”绘制一个与文档等大的矩形，创建线性渐变，如图3-99所示。

步骤 04 执行“窗口”|“透明度”命令，在“透明度”面板中设置参数，按Ctrl+2组合键锁定图层，如图3-100所示。

步骤 05 选择“文字工具”，在“字符”面板中设置参数，如图3-101所示。

步骤 06 设置字体颜色为白色，输入文字，如图3-102所示。

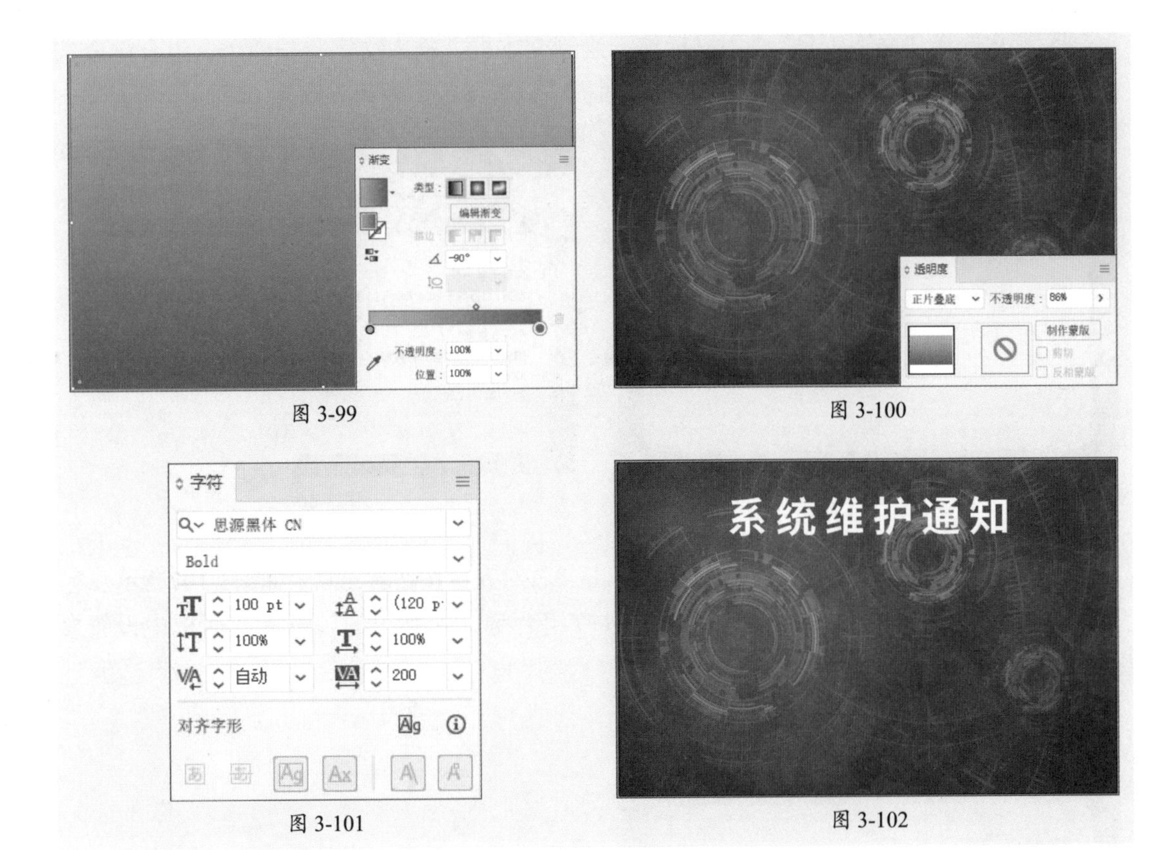

图 3-99

图 3-100

图 3-101

图 3-102

操作提示

左侧渐变滑块的颜色值为（R:110，G:188，B:233），右侧渐变滑块的值为（R:7，G:107，B:175）。

步骤 07 按住Alt键移动复制文字，并更改字体颜色（R:7，G:64，B:144），如图3-103所示。

步骤 08 调整图层顺序和显示位置，如图3-104所示。

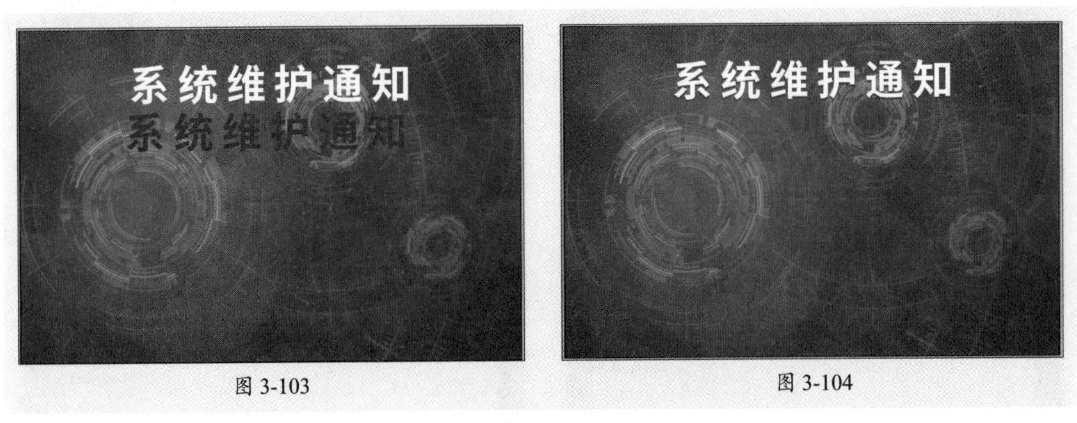

图 3-103

图 3-104

步骤 09 选择“矩形工具”绘制白色矩形，使用“直接选择工具”调整圆角半径，效果如图3-105所示。

步骤 10 选择"文字工具"，用鼠标拖动绘制文本框，输入文字。按Ctrl+A组合键全选文字，按Ctrl+T组合键，在弹出的"字符"面板中设置参数，效果如图3-106所示。

图 3-105

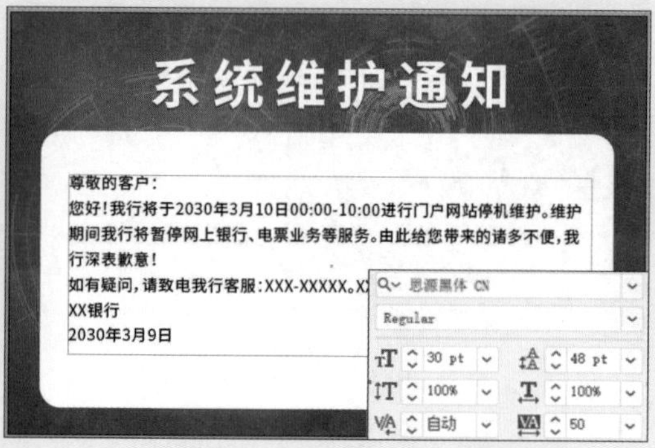

图 3-106

步骤 11 选择后两行文字，在控制栏中单击"右对齐"按钮，效果如图3-107所示。

步骤 12 选择中间四行文字，按Alt+Ctrl+T组合键，在弹出的"段落"面板中设置参数，如图3-108所示。

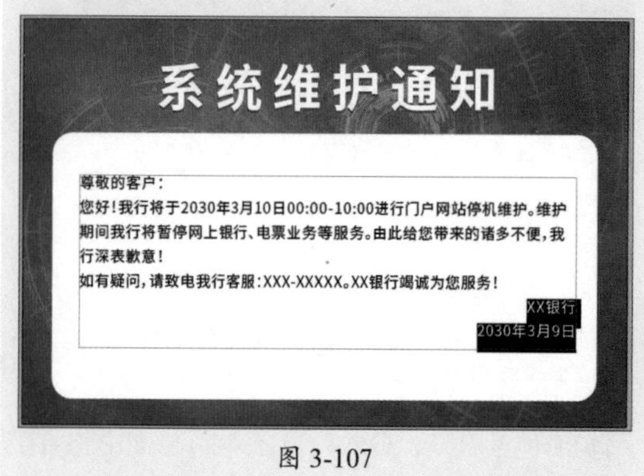

图 3-107

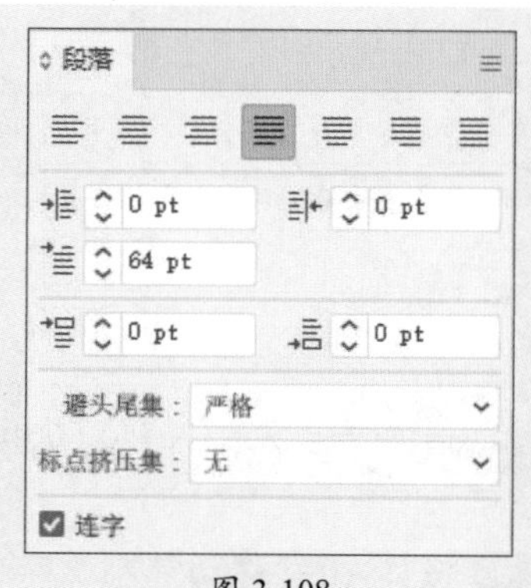

图 3-108

步骤 13 设置参数后的效果如图3-109所示。

步骤 14 选择段落文字和圆角矩形，再次单击圆角矩形，在控制栏中单击"水平居中对齐"按钮和"垂直居中对齐"按钮，如图3-110所示。

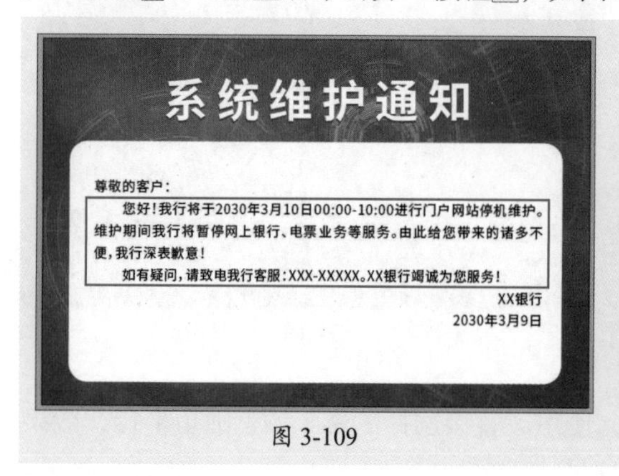

图 3-109

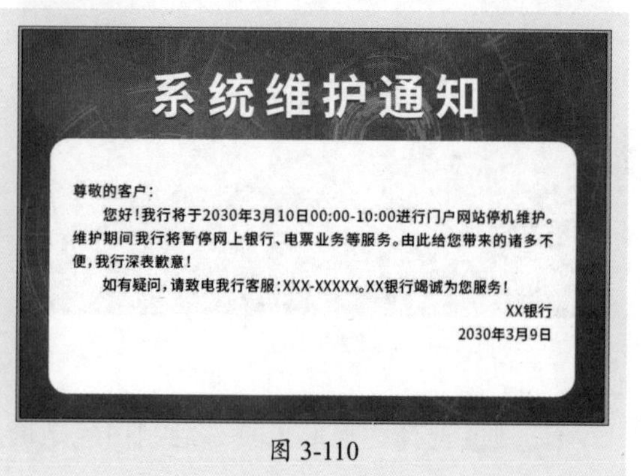

图 3-110

3.5.2 创建文本

使用文字工具组中的工具，可以在工作区域上任意位置创建横排或竖排的点文字、段落文字、区域文字以及路径文字。

1. 点文字

当需要输入少量文字时，就可以使用“文字工具”T或“直排文字工具”IT创建点文字。点文字是指从单击位置开始随着字符输入而扩展的一行横排文本或一列直排文本，输入的文字独立成行或列，不会自动换行，如图3-111所示。可以在需要换行的位置按Enter键进行换行，删除多余标点，效果如图3-112所示。

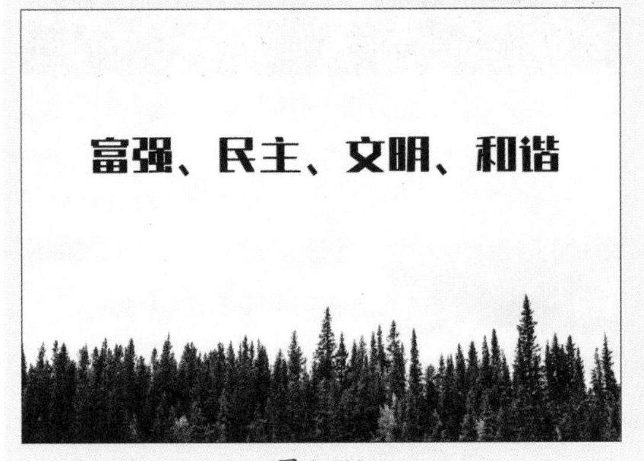

图 3-111

图 3-112

2. 段落文字

若需要输入大量文字，就可以通过段落文字进行更好的整理与归纳。段落文字与点文字的最大区别在于段落文字被限定在文本框中，到达文本框边界时将自动换行。选择“文字工具”T，在画板上按住鼠标左键拖动创建文本框，如图3-113所示，在文本框中输入文字即可创建段落文字，如图3-114所示。在文本框中输入文字时，文字到达文本框边界时会自动换行；修改文本框大小，框内的段落文字也会随之调整。

图 3-113

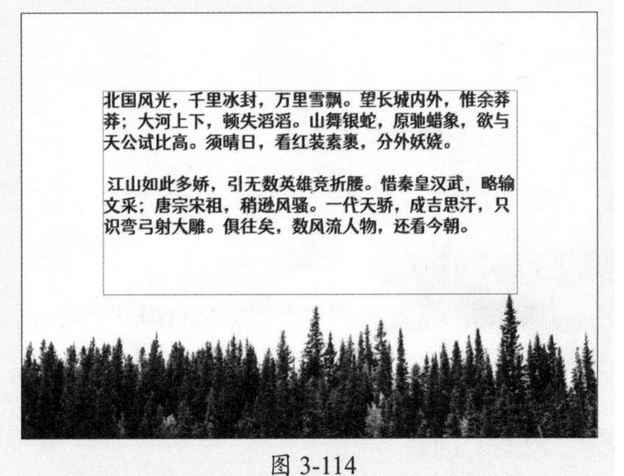

图 3-114

3. 区域文字

使用区域文字工具可以在矢量图形中输入文字，输入的文字将根据区域的边界自动换行。选择“区域文字工具”或“直排区域文字工具”，移动鼠标指针至矢量图形内部路径边缘上，此时鼠标指针变为形状，如图3-115所示，单击输入文字，如图3-116所示。

图 3-115

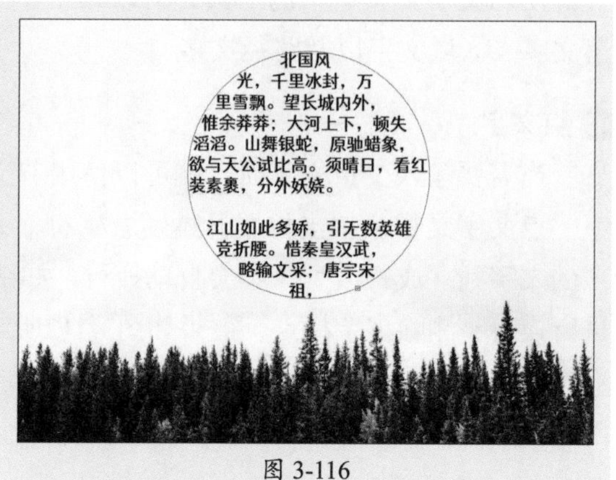

图 3-116

4. 路径文字

路径文字工具可以创建沿着开放或封闭的路径排列的文字。选择“路径文字工具”或“直排路径文字工具”，移动鼠标指针至路径边缘，此时鼠标指针变为形状，如图3-117所示，单击将路径转换为文本路径，输入文字即可，如图3-118所示。

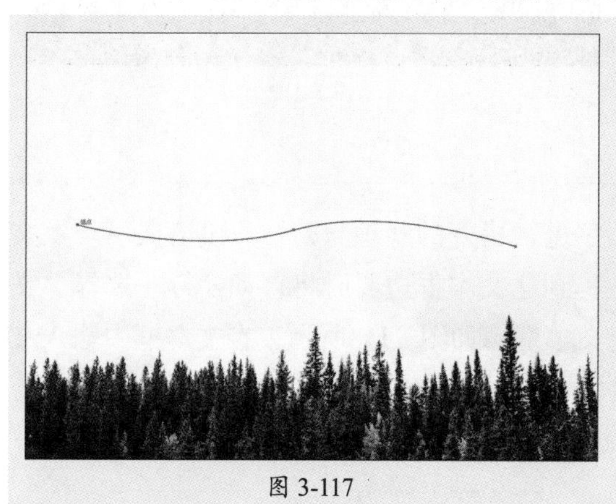
图 3-117

图 3-118

3.5.3 编辑文本

输入文字之前，可以在控制栏或者“字符”“段落”面板中编辑文本样式。

1. “字符”面板

“字符”面板可以为文档中的单个字符应用格式设置选项。选中输入的文字对象，执行“窗口”|“文字”|“字符”命令或按Ctrl+T组合键，打开“字符”面板，如图3-119所示。

2. “段落”面板

“段落”面板用于设置段落格式，包括对齐方式、段落缩进、段落间距等。选中要设置段落格式的段落，执行“窗口”|“文字”|“段落”命令或按Ctrl+Alt+T组合键，即可打开“段落”面板，如图3-120所示。

图 3-119

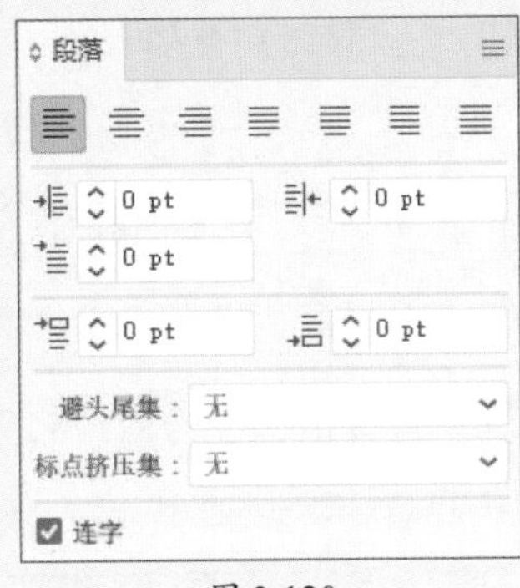

图 3-120

3.6 特效与样式的添加

本节将对特效与样式的添加进行讲解，包括Illustrator效果、Photoshop效果以及外观与图层样式等。

3.6.1 案例解析：制作多重文字描边效果

在学习特效与样式的添加之前，可以跟随以下操作步骤了解并熟悉，使用“外观”面板中的描边、填充以及变形效果制作多重文字描边效果。

步骤 01 使用“文字工具”输入文字，在“字符”面板中设置参数，如图3-121、图3-122所示。

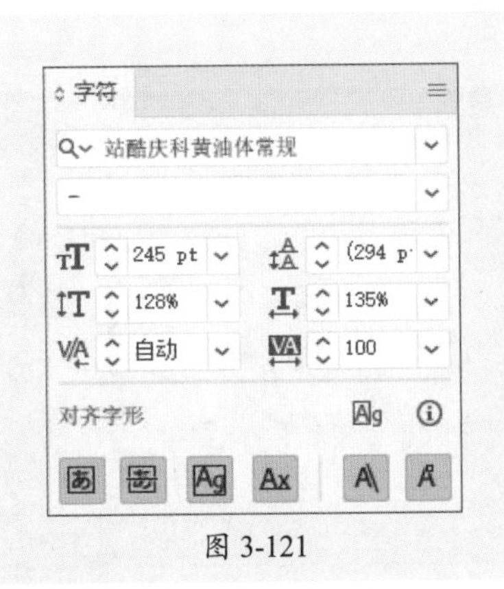

图 3-121

图 3-122

步骤 02 按Shift+F6组合键，弹出“外观”面板，如图3-123所示。单击菜单按钮≡，在弹出的下拉菜单中选择“添加新描边”命令。

步骤 03 设置填充颜色（R:249，G:240，B:216），调整填充顺序，效果如图3-124所示。

图 3-123

图 3-124

步骤04 设置描边颜色为R:178，G:201，B:165，“粗细”为25 pt，如图3-125所示，效果如图3-126所示。

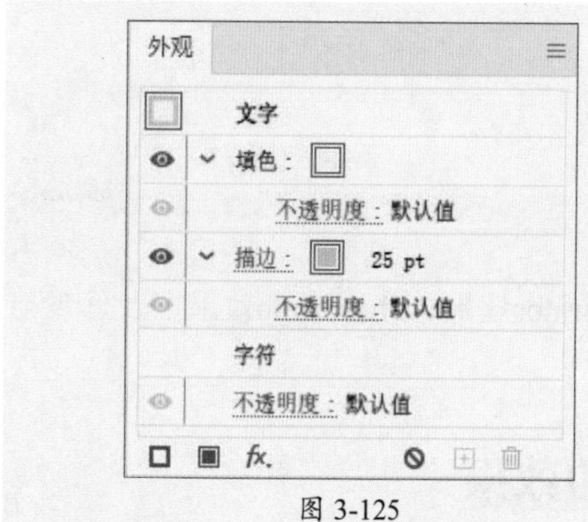

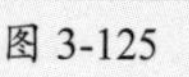

图 3-125

图 3-126

步骤05 在“外观”面板中单击“描边”，在弹出的菜单中设置“端点”为“圆头端点”，“边角”为“圆角连接”，效果如图3-127所示。

步骤06 使用相同的方法添加新描边，设置颜色（R:100、G:140、B：120），“粗细”为50 pt，并且设置端点和边角，效果如图3-128所示。

图 3-127

图 3-128

步骤07 选择文字，按Ctrl+Shift+O组合键创建轮廓，在“外观”面板中单击“添加新效果”按钮，在弹出的下拉菜单中选择“变形”|“凸出”命令，在弹出的“变形选项”

对话框中设置参数，如图3-129所示。

步骤 08 单击“确定”按钮，效果如图3-130所示。

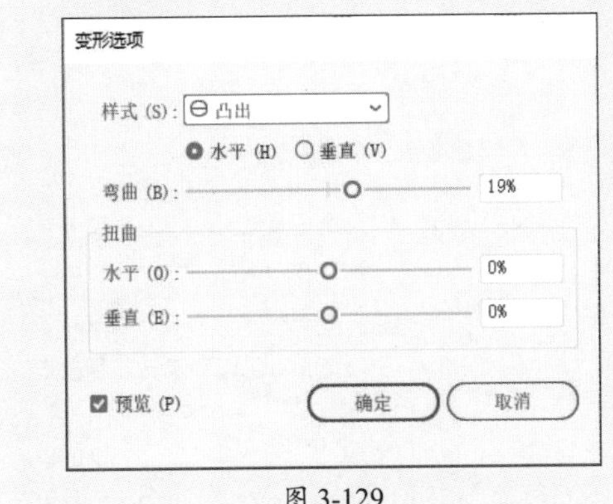

图 3-129

图 3-130

3.6.2 Illustrator效果

Illustrator效果中的效果主要为绘制的矢量图形应用效果，如图3-131所示。

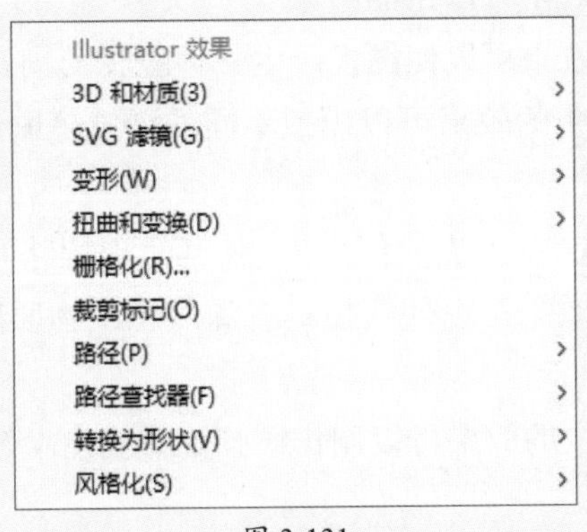

图 3-131

Illustrator效果中部分常用效果的作用如下。

- **3D和材质：**该效果组可以为对象添加立体效果，通过高光、阴影、旋转及其他属性来控制3D对象的外观，还可以在3D对象的表面添加贴图效果。
- **变形：**该效果组中的效果可以使选中的对象在水平或垂直方向上产生变形，可以将这些效果应用于对象、组合和图层中。
- **扭曲和变换：**该效果组中的效果可以改变对象的形状，但不会改变对象的几何形状。
- **路径查找器：**该效果和“路径查找器”面板的原理相同，不同的是执行该效果命令不会对原始对象产生真实的变形。
- **风格化：**该效果组中的效果可以为对象添加特殊的效果，制作出具有艺术质感的图像。

3.6.3 Photoshop效果

Photoshop效果中的效果是基于栅格的效果，无论何时对矢量图形应用这种效果，都将使用文档的栅格效果设置，如图3-132所示。

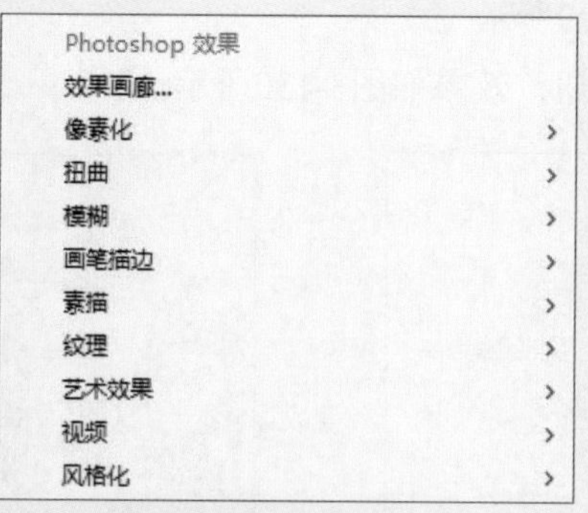

图 3-132

Photoshop效果中部分常用效果的作用如下。

- **效果画廊：** Photoshop中的“效果画廊”也就是Photoshop中的滤镜库，有“风格化”“画笔描边”“扭曲”“素描”“纹理”和“艺术效果”等选项，每个选项中又包含多种滤镜效果。
- **像素化：** 该效果组中的效果通过将颜色值相近的像素集结成块来清晰地定义一个选区。
- **扭曲：** 该效果组中的效果可以扭曲图像。
- **模糊：** 该效果组中的效果可以使图像产生一种朦胧模糊的效果。
- **画笔描边：** 该效果组中的效果可以模拟不同的画笔笔刷绘制图像，制作绘画的艺术效果。
- **素描：** 该效果组中的效果可以重绘图像，使其呈现特殊的效果。
- **纹理：** 该效果组中的效果可以使模拟具有深度感或物质感的外观，或添加一种器质外观。
- **艺术效果：** 该效果组中的效果可以制作绘画效果或艺术效果。

3.6.4 外观与图形样式

使用“外观”和“图形样式”面板可以更改Illustrator中的任何对象、组或图层的外观。“外观”面板是使用外观属性的入口。“图形样式”面板是一组可反复使用的外观属性。

1. “外观”面板

“外观”面板中包括选中对象的描边、填色、效果等外观属性。执行“窗口”|“外观”命令或按Shift+F6组合键，即可打开“外观”面板，选中对象后，该面板中将显示相应对象的外观属性，如图3-133所示。

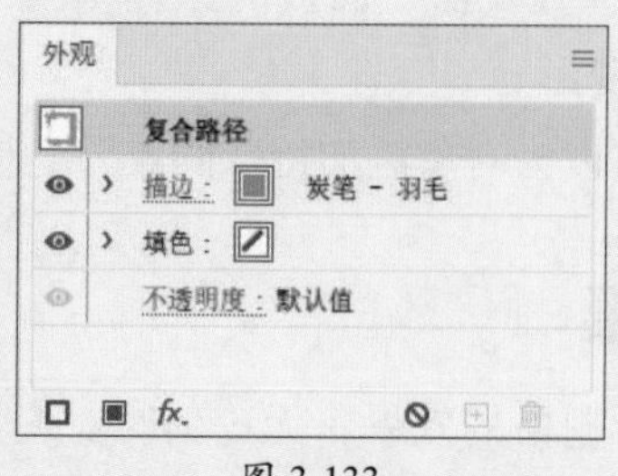

图 3-133

单击“填色”按钮，在弹出的面板中选择合适的颜色即可替换当前选中对象的填色。单击“描边”按钮，可以重新设置该描边的颜色、宽度等参数，制作新的描边效果。单击“不透明度”的名称，打开“透明度”面板，可以调整对象的不透明度、混合模式等参数，如图3-134所示。在“外观”面板中也会有相应显示，如图3-135所示。

单击面板中的“添加新效果”按钮，在弹出的下拉菜单中执行相应的效果命令即可为选中的对象添加新的效果，如图3-136所示。若想对对象已添加的效果进行修改，可以在“外观”面板中单击效果的名称打开相应的对话框进行修改。

图 3-134

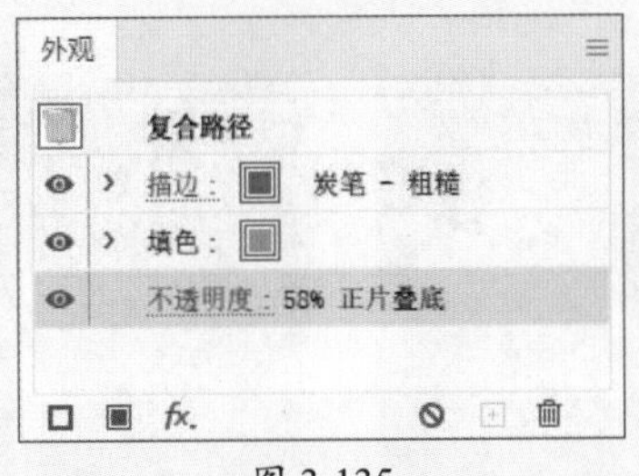

图 3-135

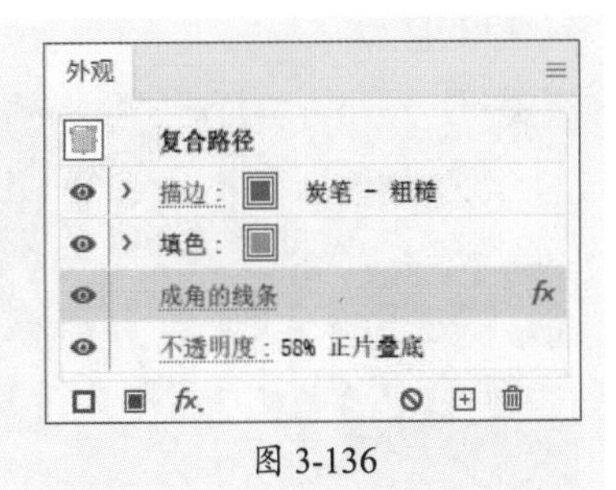

图 3-136

2. “图形样式”面板

可以通过“图形样式”面板快速更改对象的外观。应用图形样式进行的所有更改都是完全可逆的。

执行“窗口”|“图形样式”命令，打开“图形样式”面板，选中对象后单击该面板中的样式，即可应用该图形样式。单击左下角的“图形样式库菜单”按钮，弹出样式菜单，如图3-137所示。在菜单中任选一个选项，即可弹出该选项的面板。图3-138所示为“艺术效果”面板。

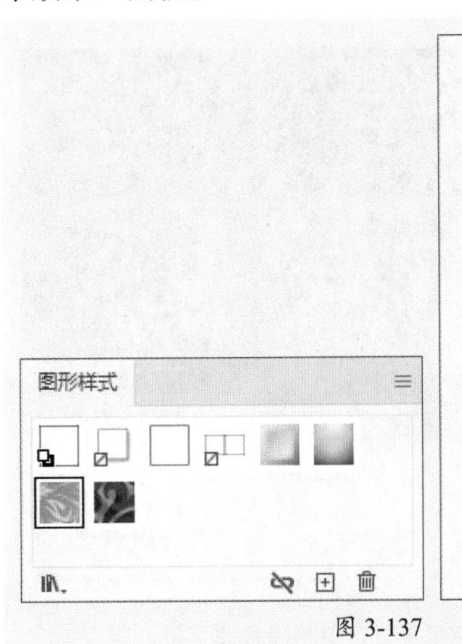

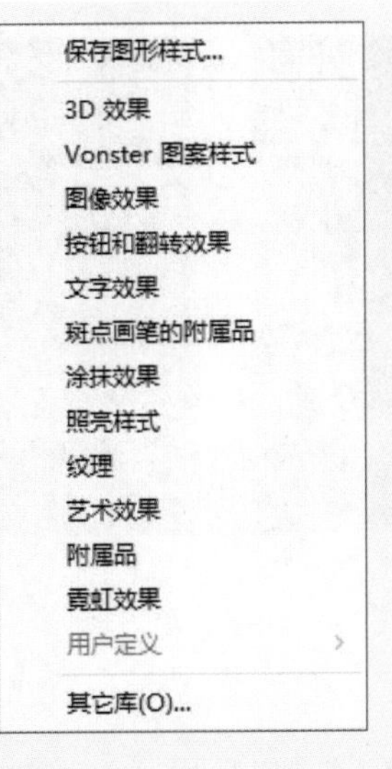

图 3-137

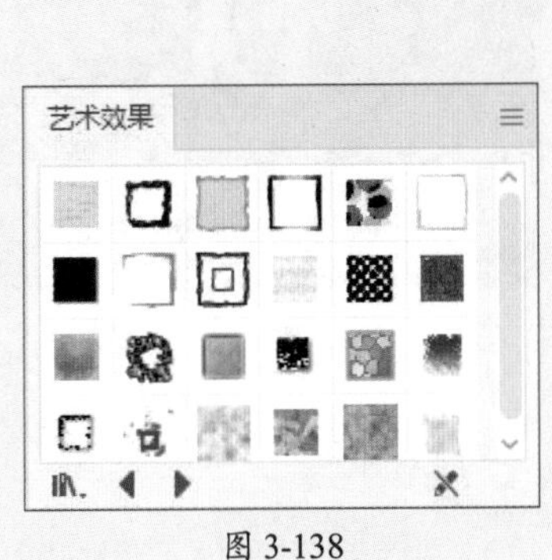

图 3-138

为对象添加图形样式后，对象和图形样式之间就形成了链接关系，设置对象外观时相应的样式也会随之变化。单击“图形样式”面板中的“断开图形样式链接”按钮断开链接，可以避免这一情况的发生。

课堂实战 制作拆分文字效果

本章课堂实战练习制作拆分文字效果。综合练习本章的知识点，以熟练掌握和巩固文字工具以及相关设置命令的使用。下面将介绍操作思路。

步骤01 使用“文字工具”输入文字，如图3-139所示。

步骤02 选中文字，执行“文字”|“创建轮廓”命令，创建文字轮廓后取消编组，如图3-140所示。

图 3-139

图 3-140

步骤03 右击鼠标，在弹出的快捷菜单中选择“释放复合路径”命令，选择部分路径填充颜色，如图3-141所示。

步骤04 输入中文字符，创建轮廓后调整不透明度。使用“矩形工具”绘制矩形，全选后创建剪切蒙版，如图3-142所示。

图 3-141

图 3-142

知识点拨

中文字符的输入可借助输入法程序，在“符号大全”的“中文字符”中选择合适字符。

课后练习 制作立体按钮

下面将综合使用矩形工具、“外观”面板以及效果命令制作立体按钮，效果如图3-143所示。

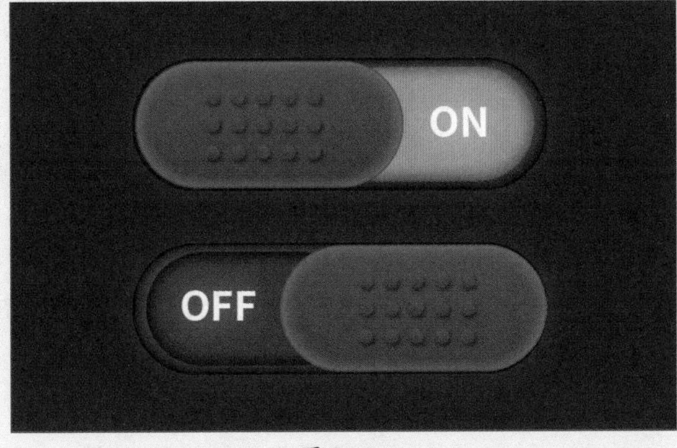

图 3-143

1. 技术要点

①使用“矩形工具”绘制圆角矩形。

②在“外观”面板中添加描边、填充、内发光、外发光效果。

③使用“文字工具”输入文字。

2. 分步演示

本实例的分步演示效果如图3-144所示。

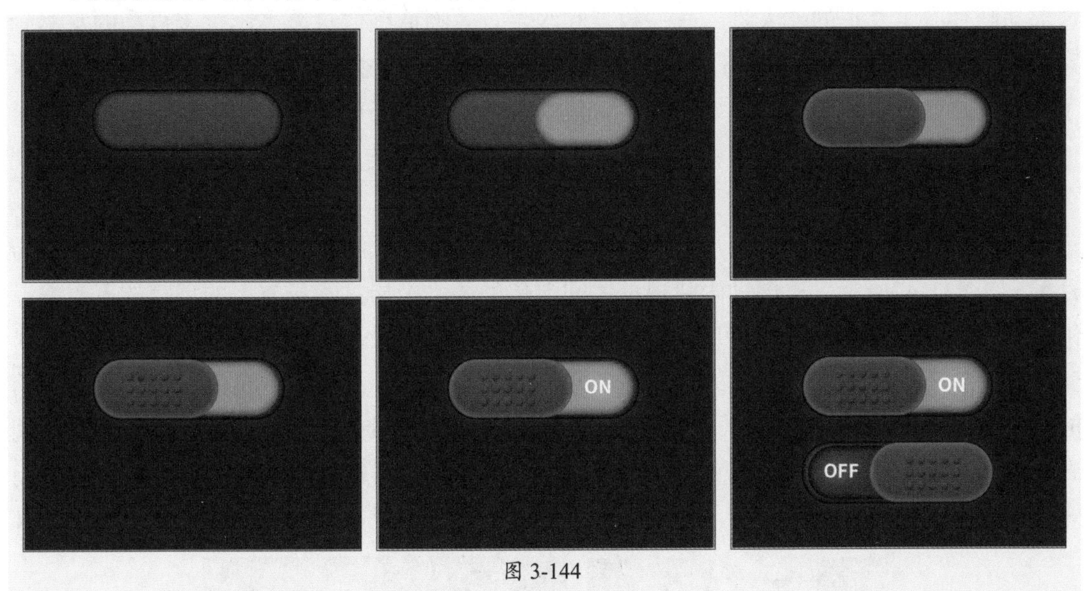

图 3-144

拓展赏析

中国的水墨动画

水墨动画片将中国的水墨画引入到动画片中，可以说是中国动画的一大创举。水墨画融入动画片，使其具备了强烈的民族特色，蕴含了民族文化内涵。

与一般的动画片不同，水墨动画没有轮廓线，水墨在宣纸上自然渲染，浑然天成，一个个场景就是一幅幅出色的水墨画。角色的动作和表情优美灵动，泼墨山水的背景豪放壮丽，柔和的笔调充满诗意。它体现了中国画“似与不似之间”的美学，意境深远。

1960年，上海美术电影制片厂拍了一部称作“水墨动画片段”的短片作为实验。同年，第一部水墨动画片《小蝌蚪找妈妈》诞生，其中的小动物造型取自齐白石笔下的水墨画素材，如图3-145所示。平日里“单线平涂”的动画片第一次使用中国特有的水墨画效果。几乎每一个镜头都是一幅优秀的水墨画，同时也是科普启蒙、寓教于乐的好教材。

图 3-145

1963年，上海美术电影制片厂制作完成第二部水墨动画片《牧笛》，相较于第一部，这部动画片有了真正的“人物”——牧童和水牛，人物造型取自著名画家李可染的水墨画素材。该片以牧童寻牛的故事为明线，以笛声为暗线，讲述了一个小牧童在放牛时睡着了，梦到自己的牛离开了，寻牛过程中，他吹起自己用竹子做的笛子，牛听到笛声回到了他身边，梦醒后他用笛声引着牛回家的故事。影片画面优美，意境深远，节奏流畅，给观众以美的享受，如图3-146所示。

1981年，上海美术电影制片厂出品了第一部水墨和剪纸结合在一起的动画片《猴子捞月》，如图3-147所示。这部动画片根据民间流传的《水中捞月一场空》的寓言故事改编，讲述了一群贪心的猴子发现了月亮，想把它占为己有，结果用了各种方法，最后都没有捞到月亮的故事。导演在叙述上秉持着一种开放的心态，而不是对片中角色做一种黑白分明的对错判断。《猴子捞月》与《三个和尚》《雪孩子》等一系列作品的产生，象征着中国动画的航船开始卸下简单教化的重负，离开僵化定式思维的航道，重归中国传统“言有尽而意无穷”的审美境界。

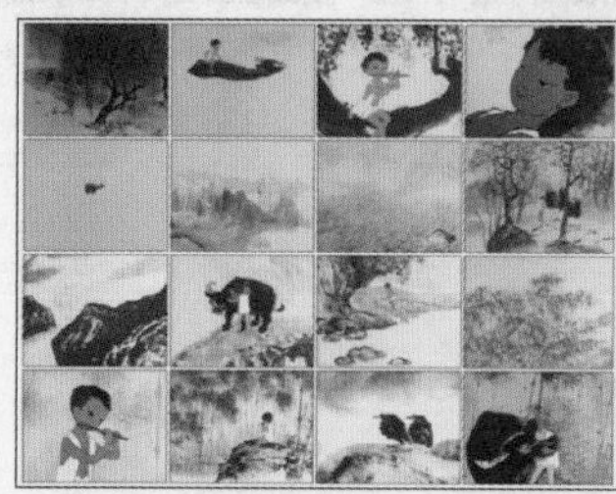

图 3-146

图 3-147

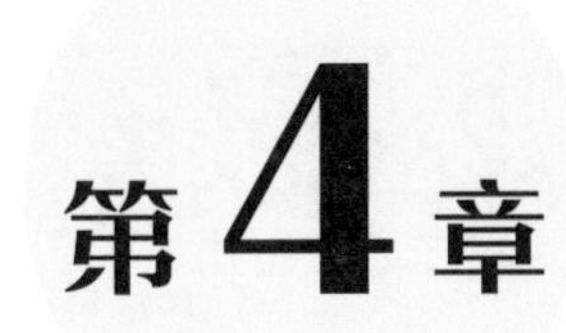

产品设计交互工具

内容导读

在UI设计中可以直接使用专业的产品设计工具进行界面交互设计，例如MasterGo。本章将从该软件的工作界面、基础工具、组件样式、原型交互、协同评论以及切图和导出几个方面进行讲解。

思维导图

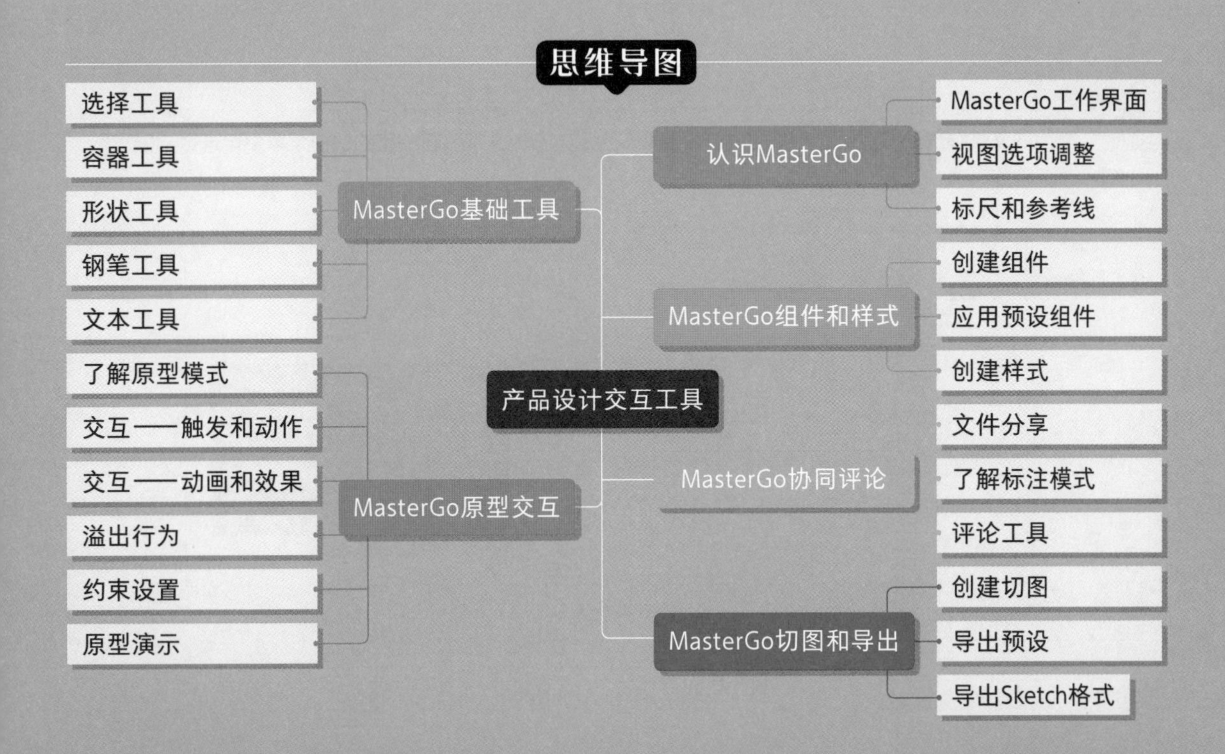

4.1 认识MasterGo

MasterGo是多人协同的产品工具，拥有完善的界面和交互原型设计功能，可以通过一个链接完成大型项目的多人实时在线编辑、评审讨论和交付开发。在网页中搜索“MasterGo”进入官网，如图4-1所示。

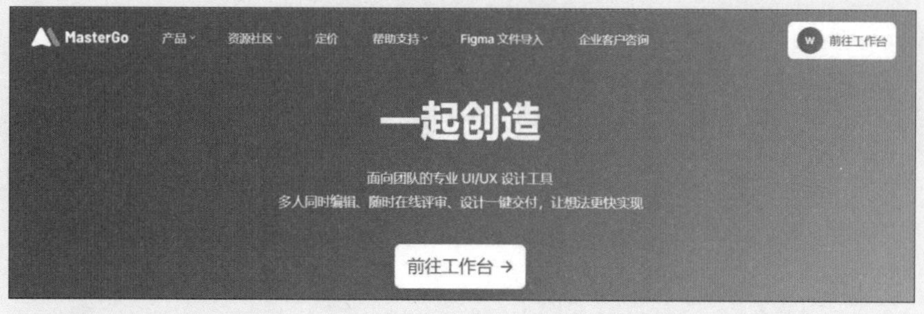

图 4-1

单击“前往工作台”按钮，进入主页，可创建、修改、管理项目和团队。右击文件，在弹出的快捷菜单中可进行复制、删除、重命名等操作，如图4-2所示。

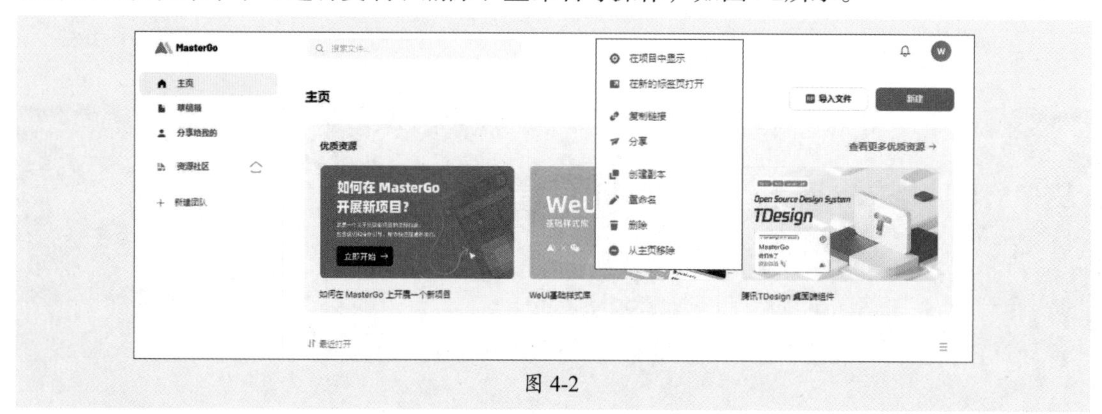

图 4-2

操作提示

删除的文件存放在草稿箱的回收站中，如图4-3所示。右击文件，在弹出的快捷菜单中可选择“恢复”或“永久删除”命令。

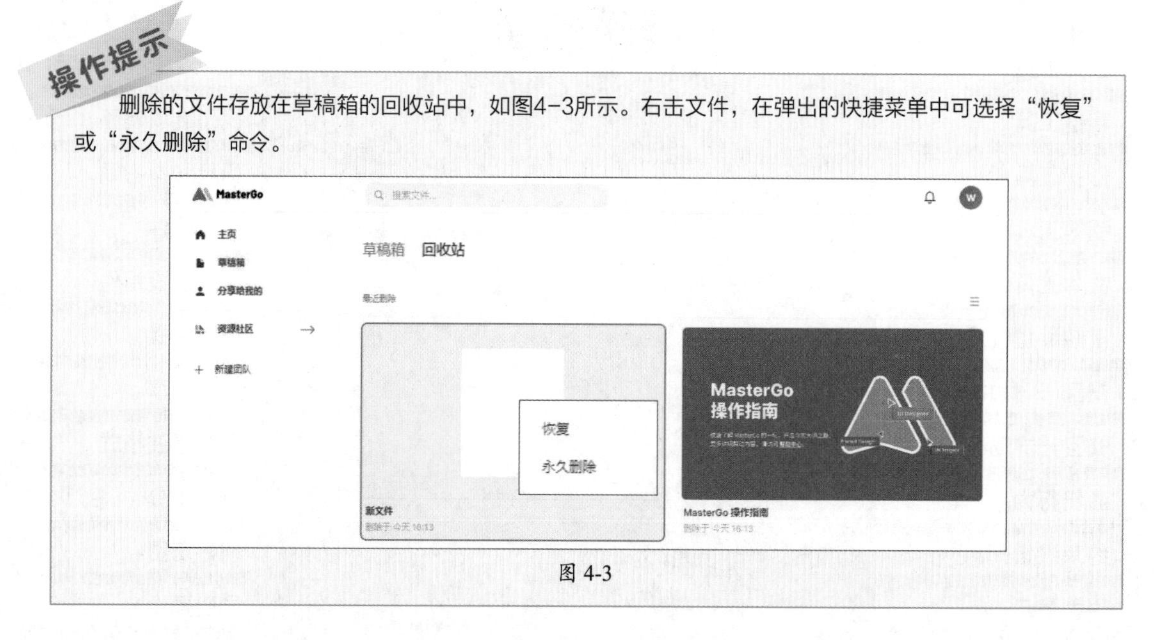

图 4-3

4.1.1 MasterGo工作界面

在工作台中单击“导入文件”按钮，弹出“导入文件”对话框，如图4-4所示。

图 4-4

该对话框中部分选项的作用如下。

- **文件导入：**可导入Figma、Sketch、XD以及图片文件。
- **链接导入：**复制并粘贴Figma文件的URL链接。
- **Axure导入：**将Axure（.rp）文件发布为HTML，再压缩成.zip格式后导入，修改后缀名或仅压缩部分内容均无法成功导入。

在工作台中单击“新建”按钮，进入工作界面，如图4-5所示。

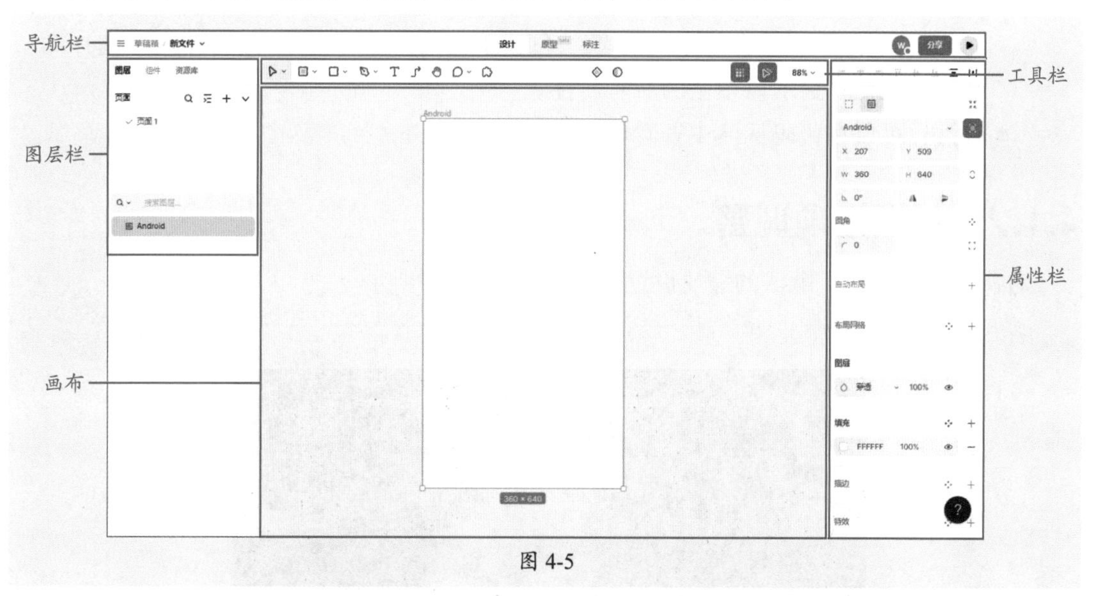

图 4-5

- **导航栏：**可以通过导航栏修改文件名称、切换设计/原型/标注、分享文件等。通过左上角的菜单按钮☰可返回到主页，以及进行文件、视图、图层等操作，如图4-6所示。单击“新文件”可修改文件名称，单击⌄按钮，在弹出的下拉菜单中可进行添加到历史版本、查看历史版本、创建文件副本、重命名和删除等操作，如图4-7所示。

图 4-6

图 4-7

- **图层栏：** 在编辑页面时，画布左侧默认为图层栏，可查看页面、图层类型与状态，也可以切换至组件或资源库。
- **工具栏：** 工具栏中包括平时需要的各种工具和功能，选中图像时，中间显示的工具取决于在画布上所选的内容。
- **画布：** 画布可以向任意方向无限延伸，若要在画布中设置一个固定的画框，只需新建一个容器即可。
- **属性栏：** 在画布右侧的属性栏中可以查看和调整任何图像的属性，还可以查看任何所选图像的代码标注。在导航栏中通过切换设计、原型和标注模式，可以切换对应的属性栏。
  - **设计：** 可以查看、添加、删除或更改设计中图像的属性。如果在画布中未选择任何内容，则可以更改画布的背景颜色，或查看该文件中包含的样式。选择图层后，属性栏将显示该图层的所有属性。
  - **标注：** 可以在代码标注中查看如何实现设计方案。

4.1.2 视图选项调整

首次打开文件时，默认的缩放设置为100%，如图4-8所示。

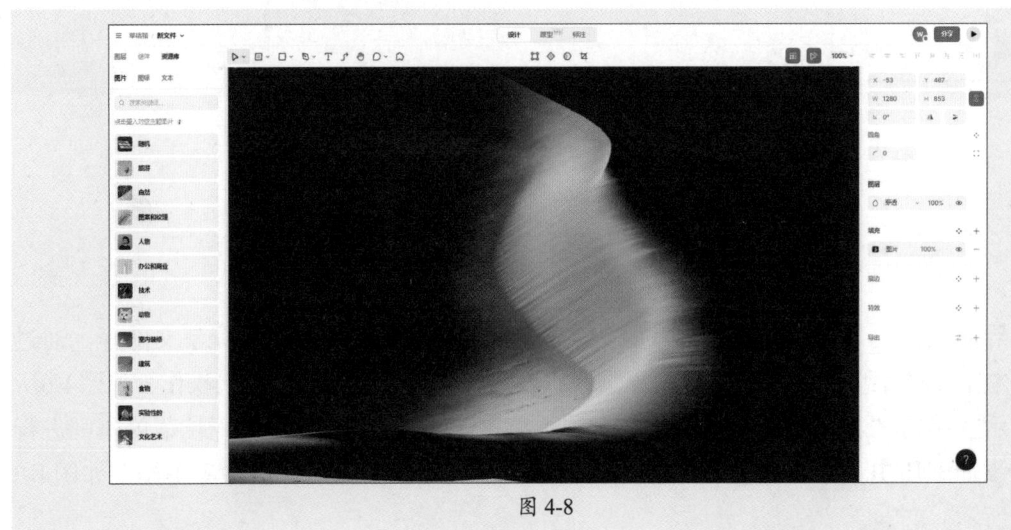

图 4-8

可以使用“+”和“-”的图标调整缩放大小，也可以在工具栏中设置缩放比例。图4-9所示为缩放比例为50%的效果。

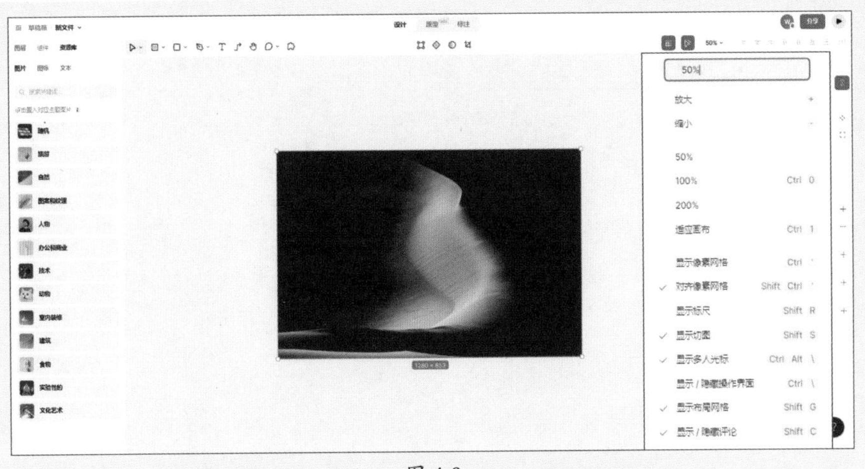

图 4-9

4.1.3 标尺和参考线

在做图时，经常需要测量图层的边距、间距，以及调整图层的X、Y值。MasterGo中的标尺与参考线功能，可以更直观、精准地定位及度量图层与元素，统一格式、高效对齐。

1. 标尺

显示/隐藏标尺的方法如下。

- 单击左上角菜单按钮☰，在弹出的下拉菜单中选择“视图”|“显示标尺”命令。
- 单击工具栏右侧的视图百分比，在弹出的下拉菜单中选择“显示标尺”命令。
- 按Ctrl+R组合键。

选中图层后，在标尺上会高亮显示图层在画布上投影的宽、高和坐标，可以更直观地查看图层的X、Y值。MasterGo可显示当前画布和根容器两种相对坐标尺。

- **当前画布：**以整个画布为绝对坐标系，当没有选中容器或者没有选中容器内元素时，仅显示画布标尺，如图4-10所示。

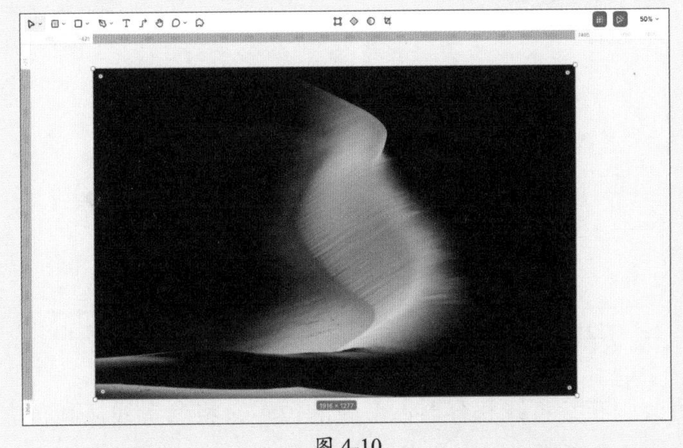

图 4-10

- **根容器：**以根容器左上角作为（0,0）的坐标系，当选中容器或容器内的元素时，显示容器标尺，如图4-11所示。

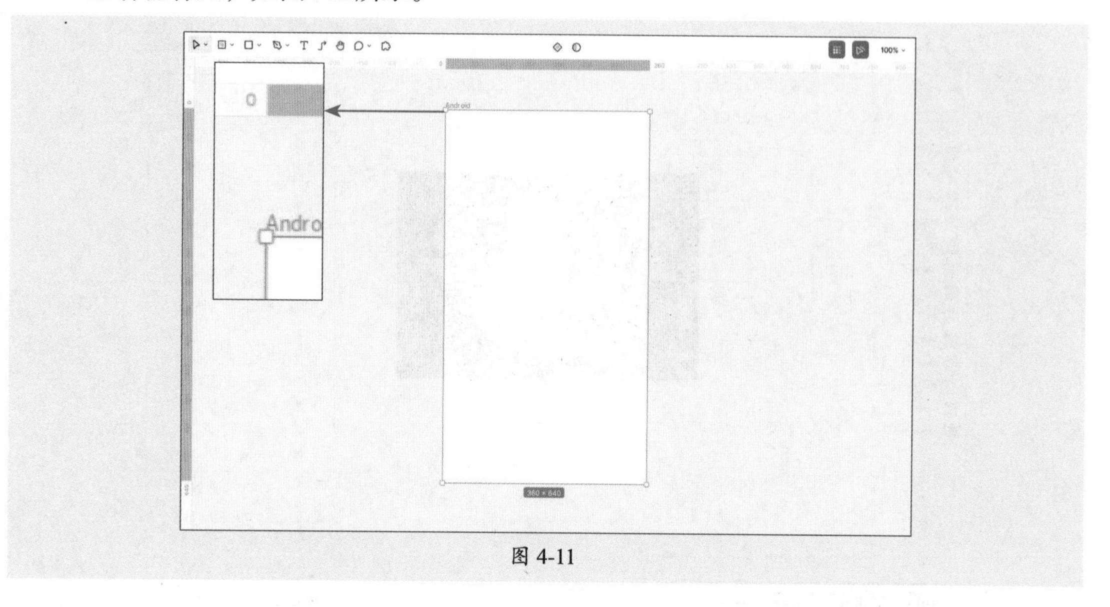

图 4-11

2. 参考线

参考线以浮动的状态显示在图像上方，常与标尺共同使用。和标尺一样，参考线也有画布和容器两种。参考线可以在设计过程中帮助设计师精确地定位图像或对齐元素。

在标尺显示时，用鼠标单击标尺区域，并向画布或容器中拖曳出一条参考线。

- 鼠标拖曳未进入容器时，释放鼠标可创建画布参考线，如图4-12所示。
- 鼠标拖曳进入容器时，释放鼠标可创建容器参考线，如图4-13所示。

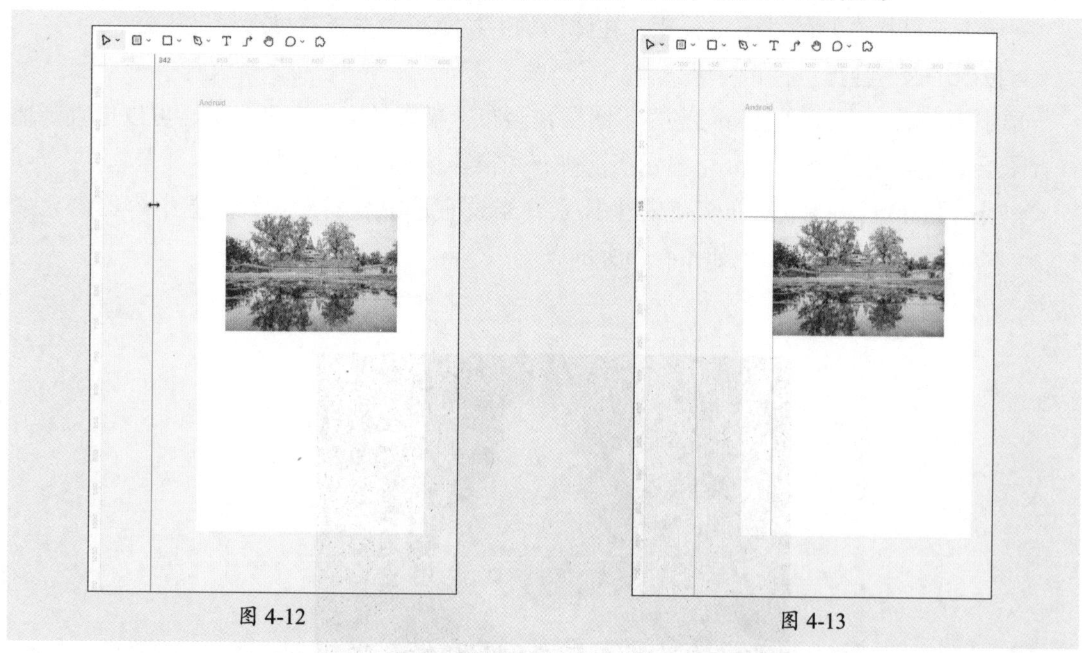

图 4-12　　图 4-13

可通过拖曳更改画布参考线和容器参考线的位置，将参考线从画布拖曳到标尺区域，释放鼠标即可删除该条参考线。选中参考线后按Delete键也可删除该参考线。

4.2 MasterGo基础工具

MasterGo的工具栏中包含设计时可能使用的各种工具和功能，左侧工具为向画布置入内容的操作，中间部分显示的工具取决于用户在画布上选择的内容，右侧为对视图内容进行操作的工具，如图4-14所示。

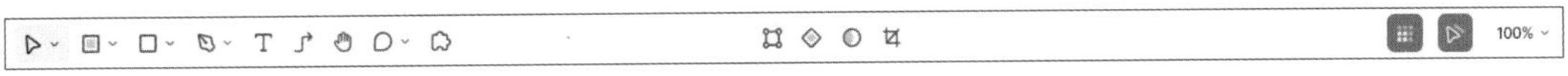

图 4-14

4.2.1 案例解析：绘制半圆效果

在学习MasterGo基础工具之前，可以跟随以下操作步骤了解并熟悉，使用圆工具绘制正圆，进入编辑模式后使用选择工具和钢笔工具将其调整为半圆。

步骤 01 在工具栏中选择“圆”，按住Shift+Alt组合键从中心等比例绘制正圆，如图4-15所示。

步骤 02 双击进入编辑模式，使用“选择工具”选择多个锚点，如图4-16所示。

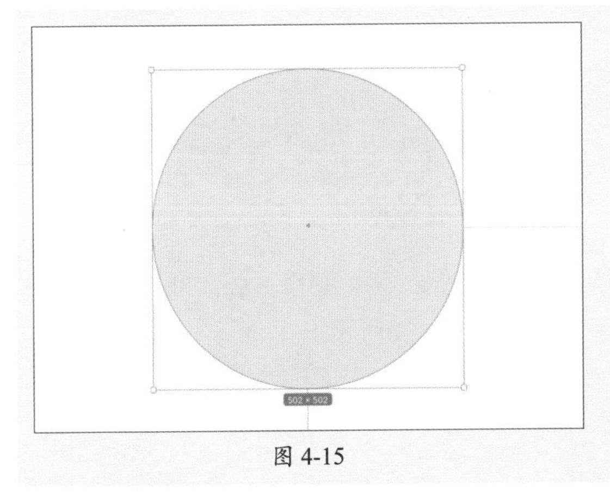

图 4-15

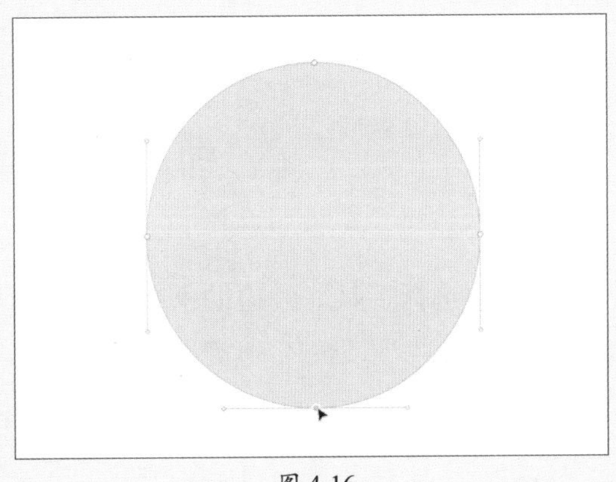

图 4-16

步骤 03 按Delete键删除，如图4-17所示。

步骤 04 选择“钢笔工具”，连接两个点，闭合路径，如图4-18所示。

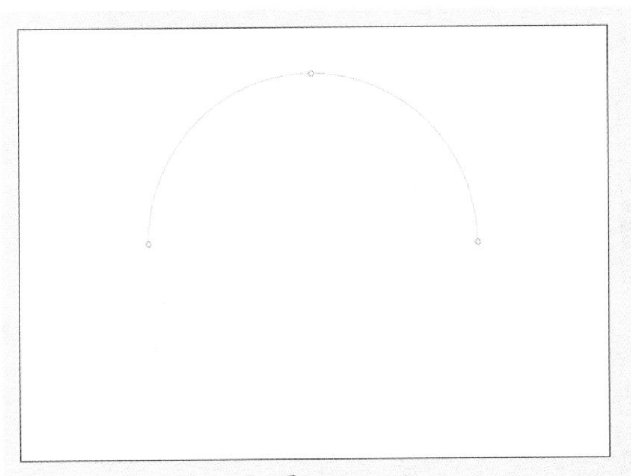

图 4-17

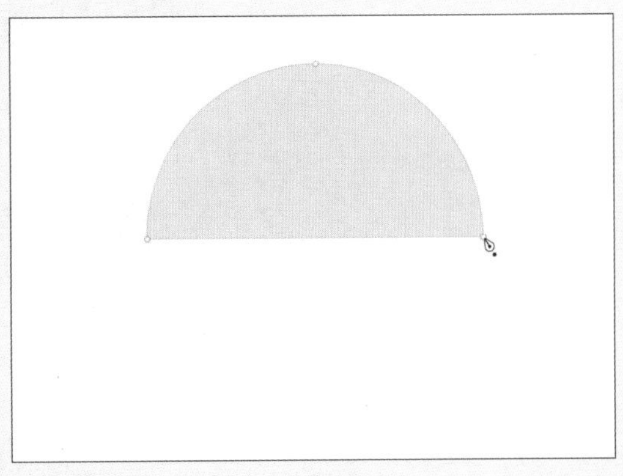

图 4-18

4.2.2 选择工具

当打开页面时，鼠标默认停留在“选择工具”，可以通过它选择画布上的任意内容并拖动。按住Alt键移动复制内容，如图4-19所示。

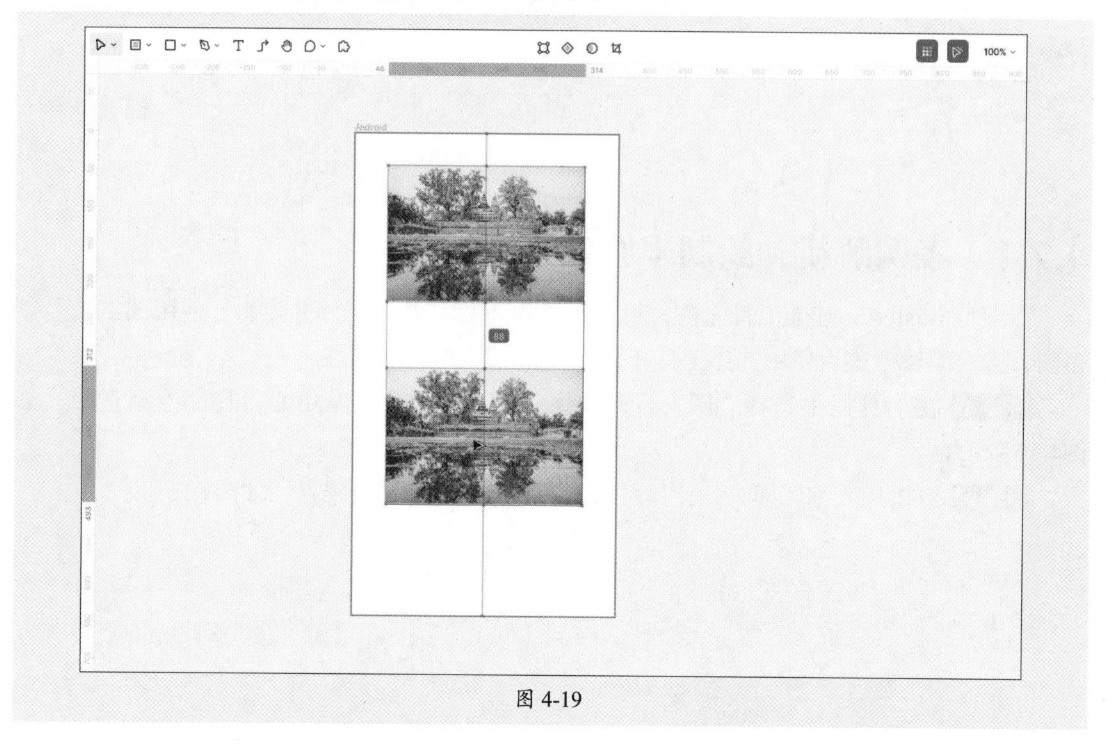

图 4-19

单击“选择工具”旁边的下拉箭头，从中选择“等比缩放工具”，可以按照原图比例缩放图形大小，按住Alt键可从中心等比例缩放，如图4-20所示。

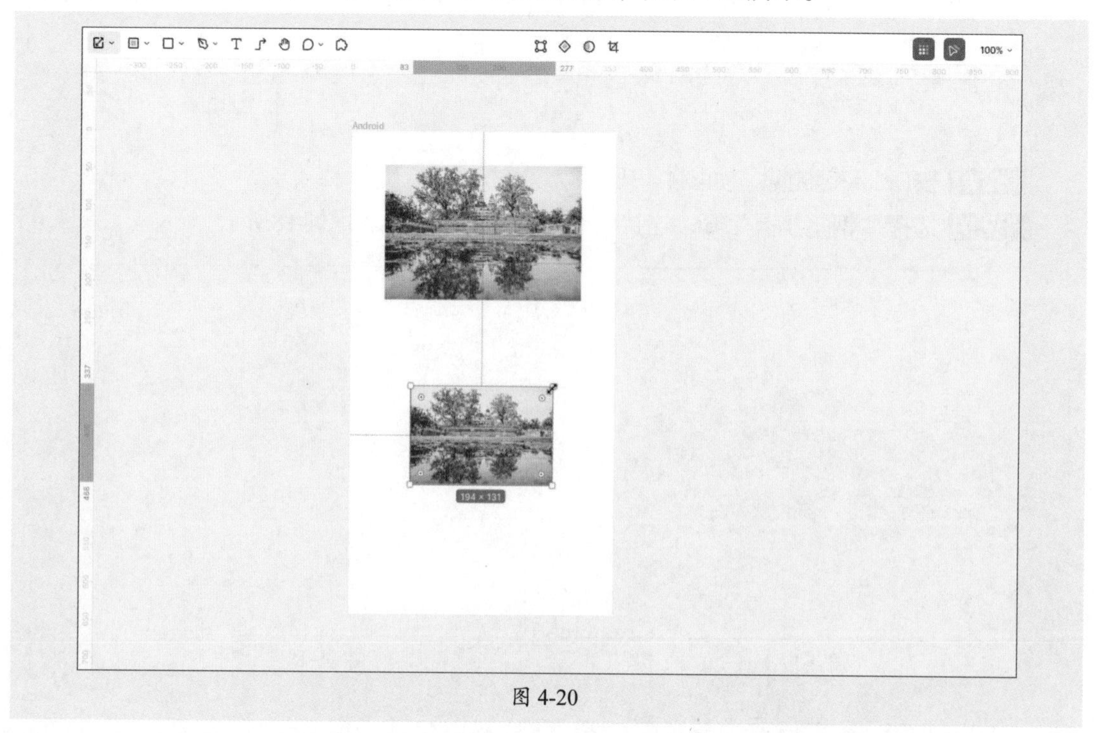

图 4-20

4.2.3 容器工具

容器通常用来表示创作界面的屏幕，MasterGo中的容器工具更加强大，除了可以像传统设计软件中的画板那样划定界面的范围，也可以为其添加布局网格、圆角填充等属性，还可以在容器中嵌套另一个容器。

选择“容器工具”▣，在画布中拖曳可创建自定义大小的容器，或单击画布创建默认大小的容器，如图4-21所示。

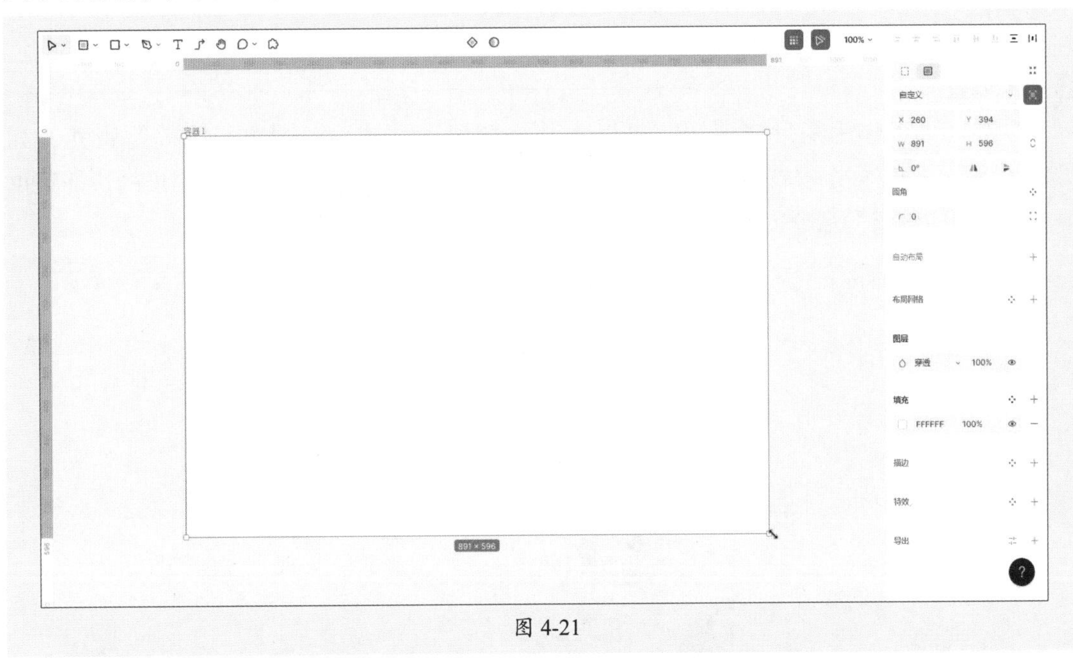

图 4-21

也可在属性栏中选择默认容器尺寸创建，可选择手机、平板、桌面、预览、手表、纸张以及社媒等类型。图4-22所示为选择手表“Apple Watch 42 mm 156 × 195”的容器大小。

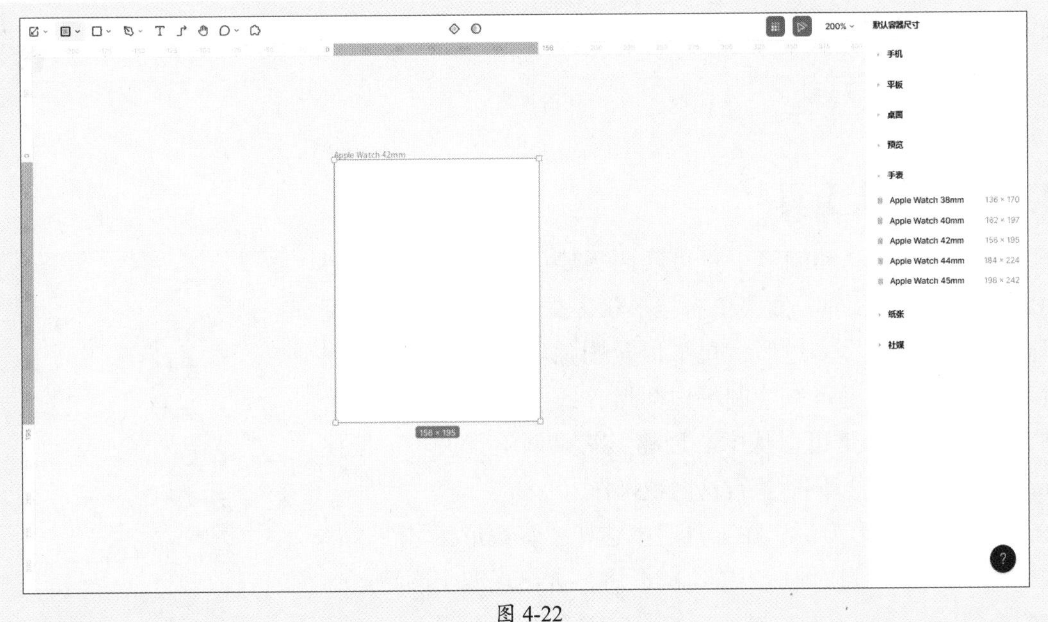

图 4-22

1. 移动容器

对于空容器，可以直接单击容器区域进行选择并移动；对于有内容的容器，需要单击容器标题选中容器来进行移动；也可以在右侧属性栏中更改X、Y的值来调整容器位置。

2. 编辑容器

使用“选择工具”拖曳容器可调整容器大小，在右侧属性栏中可更改容器的宽和高。选择容器后，按住Alt键可以移动复制容器，按Delete键可删除容器。删除容器后，容器内的所有图层都将被删除。

3. 其他属性

容器也可以作为矩形来使用，可以为其添加填充、描边、圆角和特效等属性，如图4-23所示。若有多个容器或图形元素，按Ctrl+G组合键，或右击鼠标，在弹出的快捷菜单中选择“创建编组”命令，可创建编组，按Shift+Ctrl+G组合键可取消编组。

图 4-23

4.2.4 形状工具

使用形状工具和钢笔工具可绘制需要的图形。在工具栏中默认为“矩形工具”▢，单击“形状工具”下拉按钮⌄，可以选择圆、直线、多边形、星形以及图片等形状，如图4-24所示。按住Shift键可以绘制等边图形，或者以45°角为轴绘制直线；按住Alt键可以从中心创建形状并调整其大小；按住Shift+Alt组合键可以同时执行这两项操作。

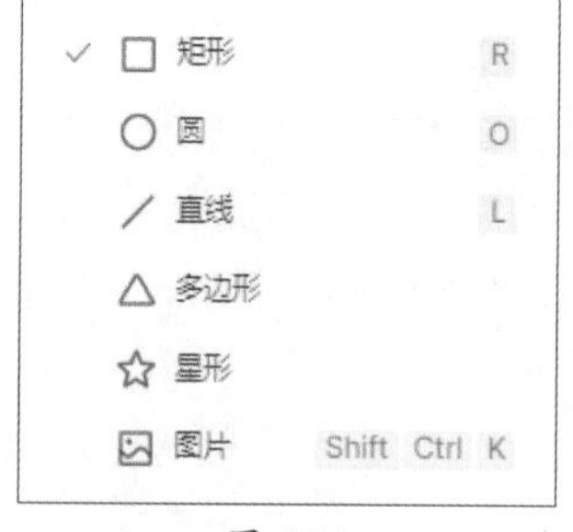

图 4-24

以绘制多边形为例，在工具栏中选择“多边形工具”△，按住Shift键绘制等边图形，单击图形后，会出现四个圆角点，向内拖动鼠标可调整圆角半径，如图4-25所示。

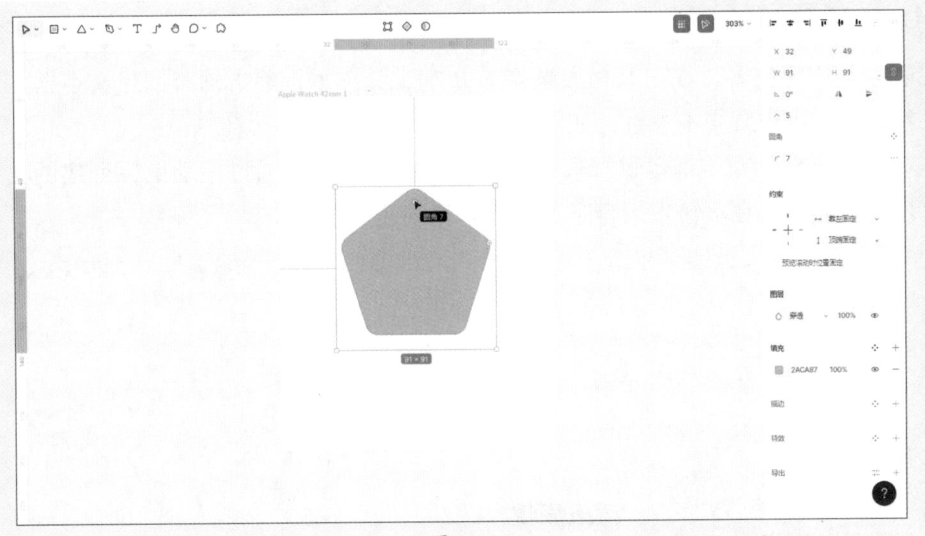

图 4-25

操作提示

图片工具支持 PNG、JPEG、WEBP、GIF 格式的图像。

4.2.5 钢笔工具

钢笔工具绘制的矢量图形是由点、线组成的，和位图不同，不记录像素信息。选择“钢笔工具”，在图像中单击新建一个锚点，在曲线需要转弯的地方单击鼠标并按住不放，拖动鼠标可调整曲线弯度，此时处于编辑模式，如图4-26所示。

在编辑模式下，可以对钢笔工具绘制的矢量图形进行再次编辑。也可以通过自由选择、调整矢量图形中的任意点或线来改变图像的形态，且不会失真。双击曲线终点，按Enter键完成曲线绘制，同时退出编辑模式。

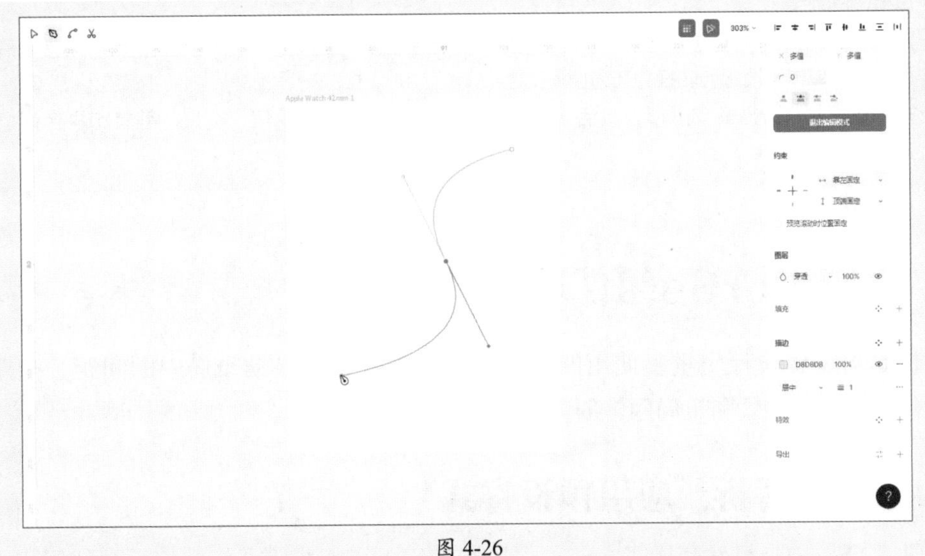

图 4-26

4.2.6 文本工具

想要添加文字内容，在工具栏上选择“文本工具”T，单击画布创建文本框，输入文字后，在属性栏中设置文本参数，如图4-27所示。

也可以通过在画布中拖动鼠标以创建固定宽高的文字。通过拖动鼠标创建的文字默认是没有填充内容的，在不输入内容时关闭会取消创建文字功能。

图 4-27

操作提示

除了以上常用的工具，还可以选择以下工具进行调整。

- **连接线**：可以快速在不同组件和页面之间创建连线并添加文字说明，从而直观展现其交互逻辑，让产品设计思路更可视化地呈现。连接线支持自动跟随页面/图层移动，无需手动调整。
- **移动视图**：任意拖动画布可查看所有的图像，而不会改变图像的位置。按住空格键拖动画布也会出现相同的效果。
- **蒙版**：使用形状作为蒙版，蒙版将应用于“图层”面板中同级的上方的图层。已经成为蒙版的图层，再次单击该图标会转换为普通图层。
- **布尔运算**：选择多个图形，激活该工具，可选择联集、减去顶层、交集、差集和拼合调整图形形状。

4.3 MasterGo组件和样式

组件是可以在设计中重复使用的元素。可以将圆角，自动布局中的间距、边距，文字，颜色，描边，特效和布局网格创建为样式。

4.2.1 案例解析：应用预设样式

在学习MasterGo组件和样式之前，可以跟随以下操作步骤了解并熟悉，使用文本工具输入文字，应用预设文字样式和颜色样式。

步骤 01 选择“文本工具”，拖动鼠标创建文本框，如图4-28所示。

步骤 02 在文本框中输入文字，如图4-29所示。

图 4-28

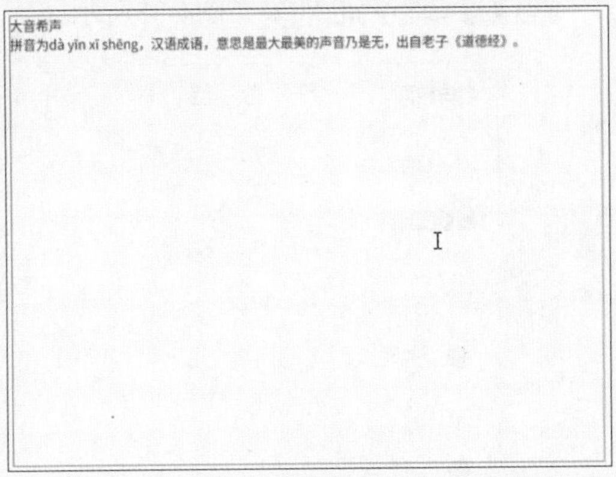

图 4-29

步骤 03 选中第一行文字，单击“创建或使用样式”按钮⊡，在弹出的“文字样式”菜单中选择“标题一”选项，如图4-30所示。

步骤 04 应用效果如图4-31所示。

图 4-30

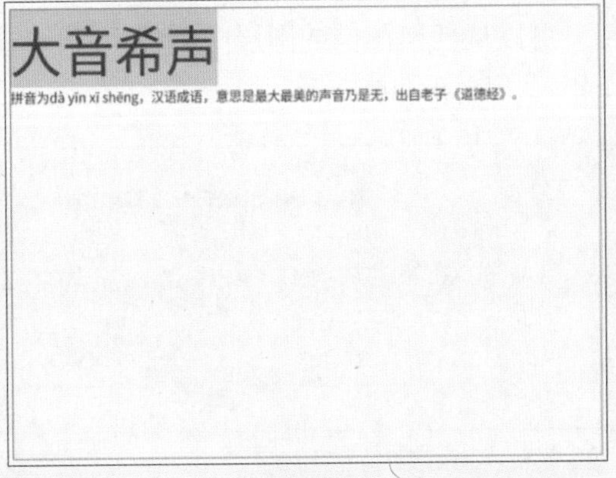

图 4-31

步骤 05 选择剩余的文字，在“文字样式”菜单中选择“正文文本加粗”选项，效果如图4-32所示。

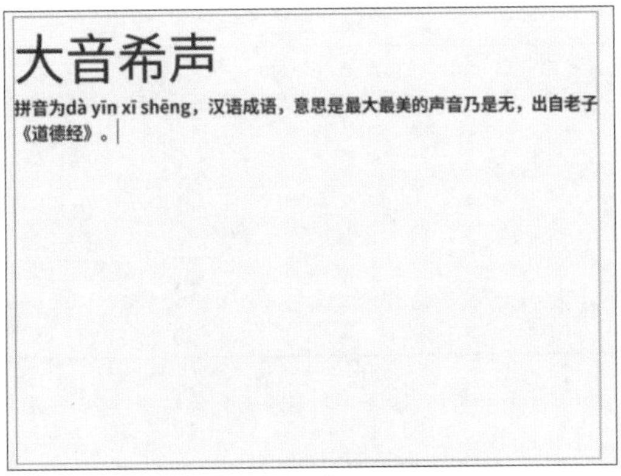

图 4-32

步骤 06 分别选择标题和正文，在“填充”选项的“颜色样式”菜单中选择“正文色”和“正文辅助色”选项，如图4-33所示。

步骤 07 使用“选择工具”调整文本框大小，如图4-34所示。

步骤 08 调整后的效果如图4-35所示。

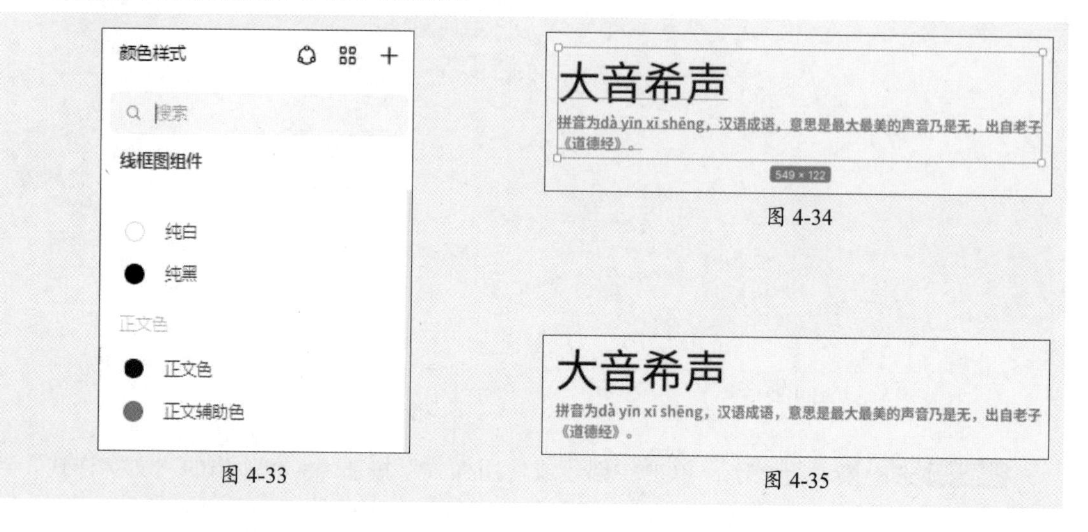

图 4-33

图 4-34

图 4-35

4.3.2 创建组件

可以从任何图像或图层中创建组件。选择“矩形工具”绘制两个矩形，选择绘制的两个矩形，如图4-36所示。

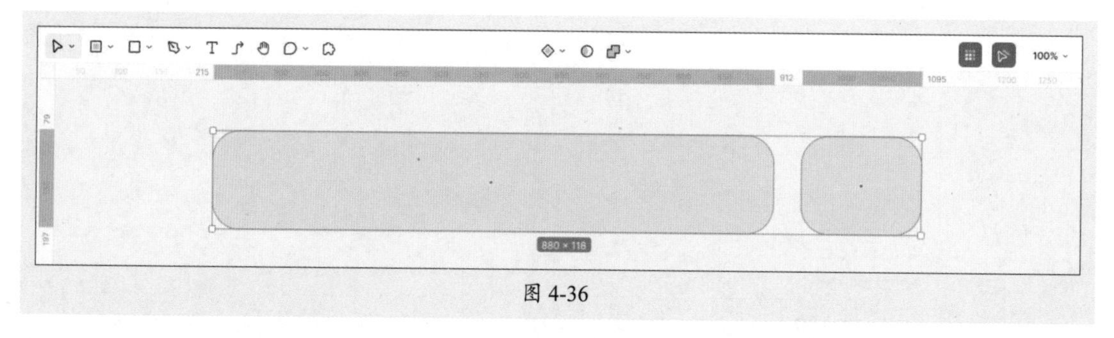

图 4-36

单击工具栏中的“创建组件”按钮即可创建组件，如图4-37所示。

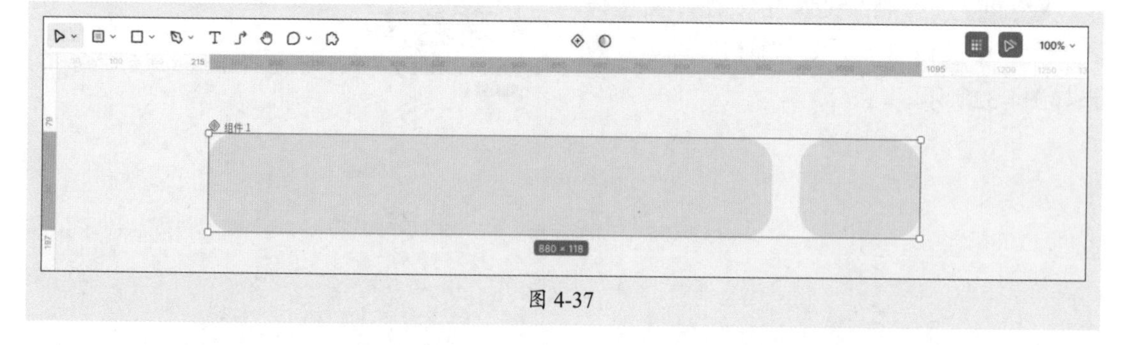

图 4-37

在左侧的图层栏中单击组件选项，通过拖曳可复制组件，如图4-38所示。

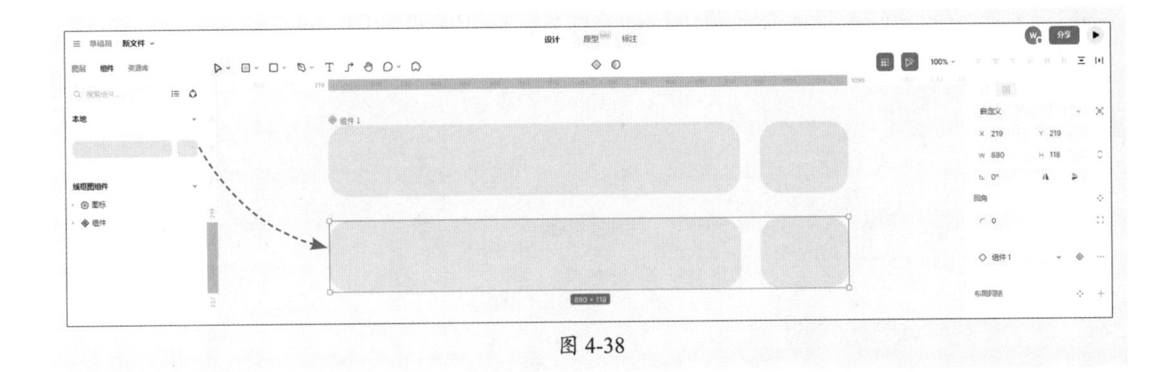

图 4-38

4.3.3 应用预设组件

单击选择“组件”选项，可在“线框图组件”选项组中选择“图标”和“组件”的预设模板。图4-39所示为应用“组件/卡片”模板的效果。双击组件模板可进入编辑模式更改内容。

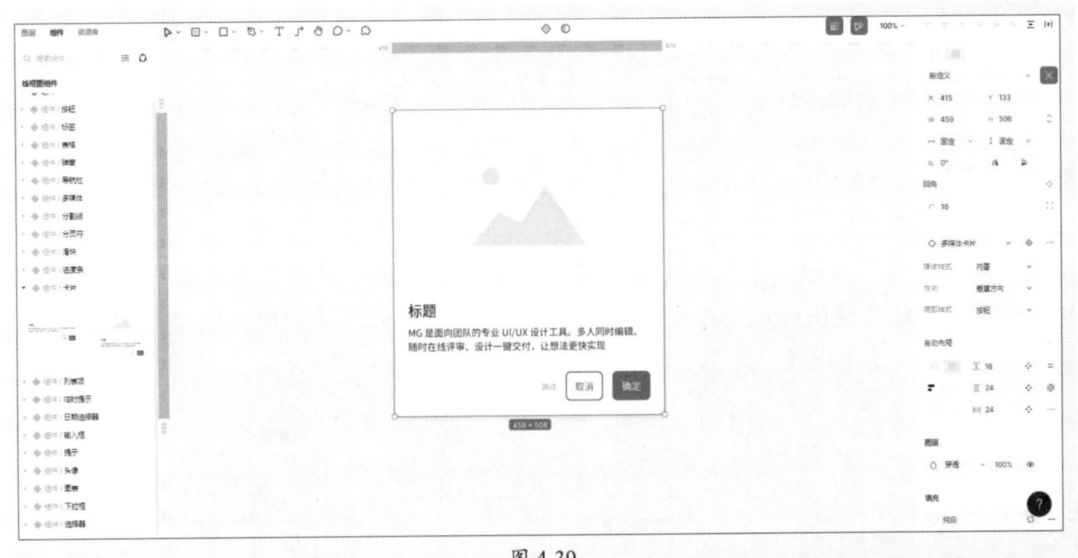

图 4-39

4.3.4 创建样式

通过创建样式，可以把图像的属性保存下来，并在其他图像上重复使用。

1. 圆角样式

选中图像，在右侧的属性栏中，单击“展开圆角”按钮，设置圆角参数，如图4-40所示。单击“创建或使用样式”按钮，在弹出的“圆角样式”菜单中可创建、搜索样式，如图4-41所示。单击“创建样式”按钮可添加样式名称，应用效果如图4-42所示。

2. 间距 / 边距样式

选择多个图形，可在“自动布局”选项组中设置间距、边距样式。以设置间距为例，可选择水平、垂直的方向对齐，设置分布间距，如图4-43所示。单击“创建或使用样式”

按钮⊡，在弹出的"间距样式"菜单中可创建样式，应用效果如图4-44所示。

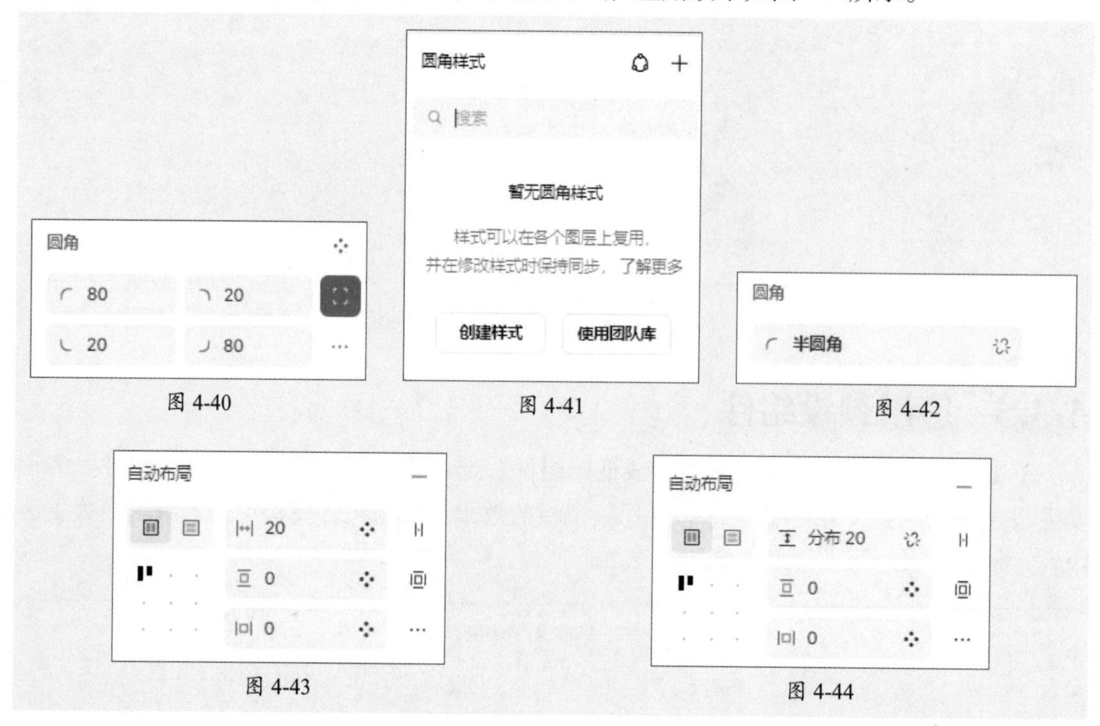

图 4-40　图 4-41　图 4-42

图 4-43　图 4-44

3. 文字样式

使用"文本工具"创建文本框输入文字，在属性栏中设置文字参数，如图4-45所示。单击"文字设置"按钮⊟，在弹出的"文字设置"对话框中设置文字参数，如图4-46所示。单击"创建或使用样式"按钮⊡，在弹出的"文字样式"菜单中可创建样式或应用预设样式，单击"创建样式"按钮⊞添加样式名称，效果如图4-47所示。

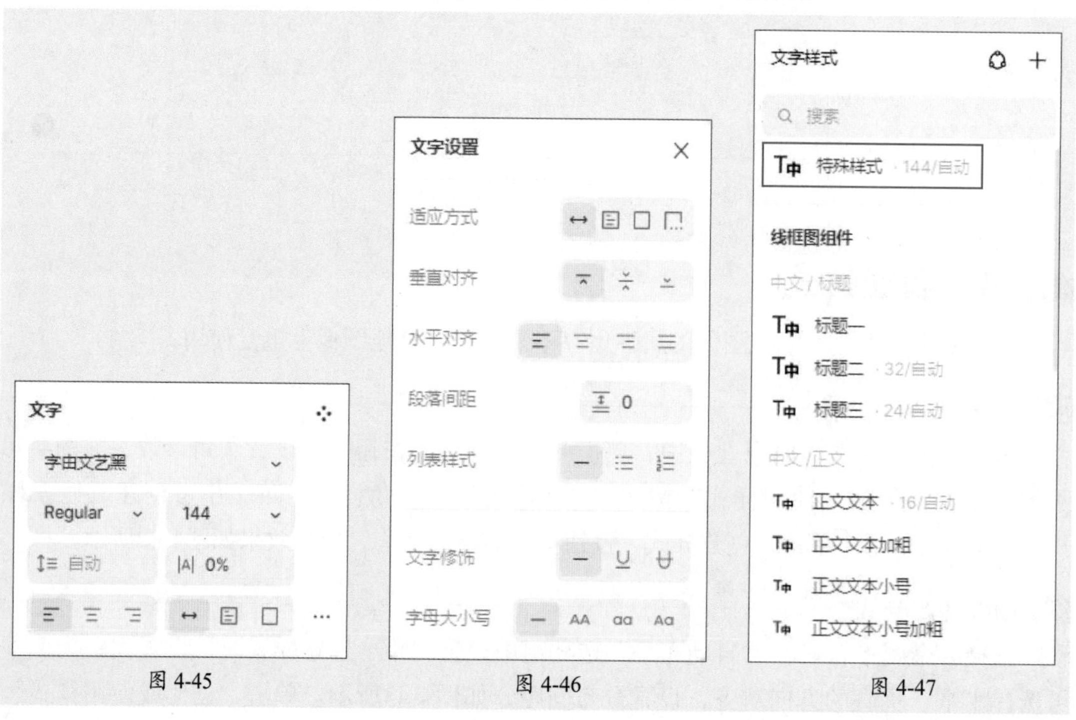

图 4-45　图 4-46　图 4-47

4. 颜色样式

颜色样式主要是用于填充文字或图形的颜色和渐变色。创建文本或图形后，在填充或描边选项中可单击颜色，在弹出的对话框中可设置纯色或渐变参数，如图4-48、图4-49所示。单击“创建或使用样式”按钮⁛，在弹出的“颜色样式”菜单中可创建样式或应用预设样式，如图4-50所示。

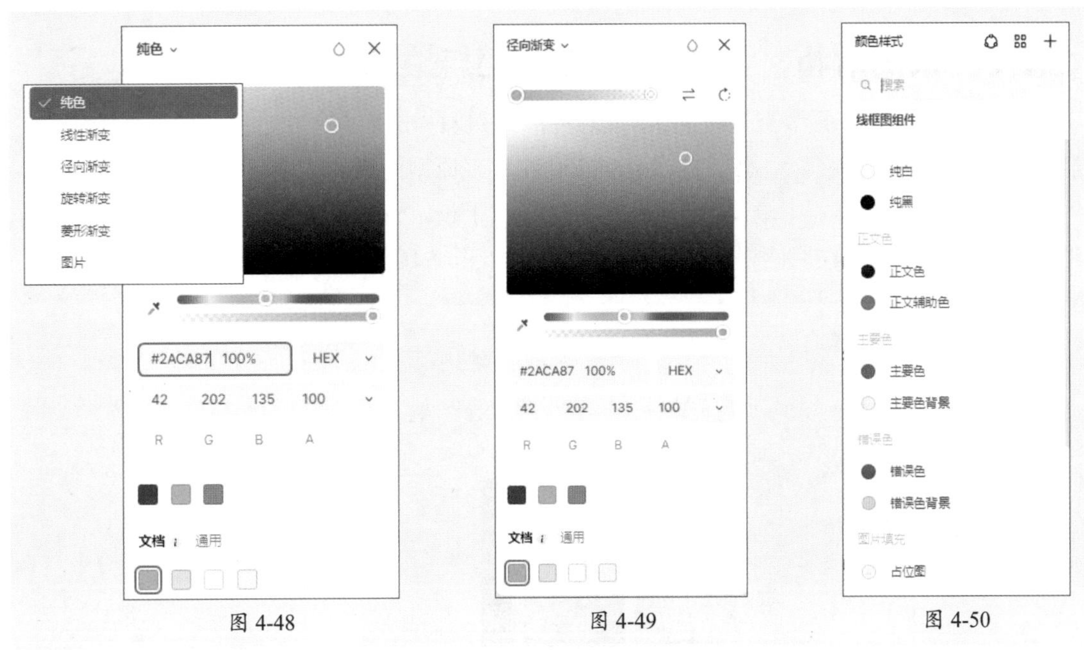

图 4-48　　图 4-49　　图 4-50

5. 特效样式

在属性栏中可以创建外阴影、内阴影、高斯模糊等特效样式，如图4-51所示。单击“创建或使用样式”按钮⁛，在弹出的“特效样式”菜单中可创建样式或应用预设样式，如图4-52所示。选择样式后单击“编辑样式”按钮⁛，在弹出的“编辑样式”对话框中可调整样式参数，如图4-53所示。

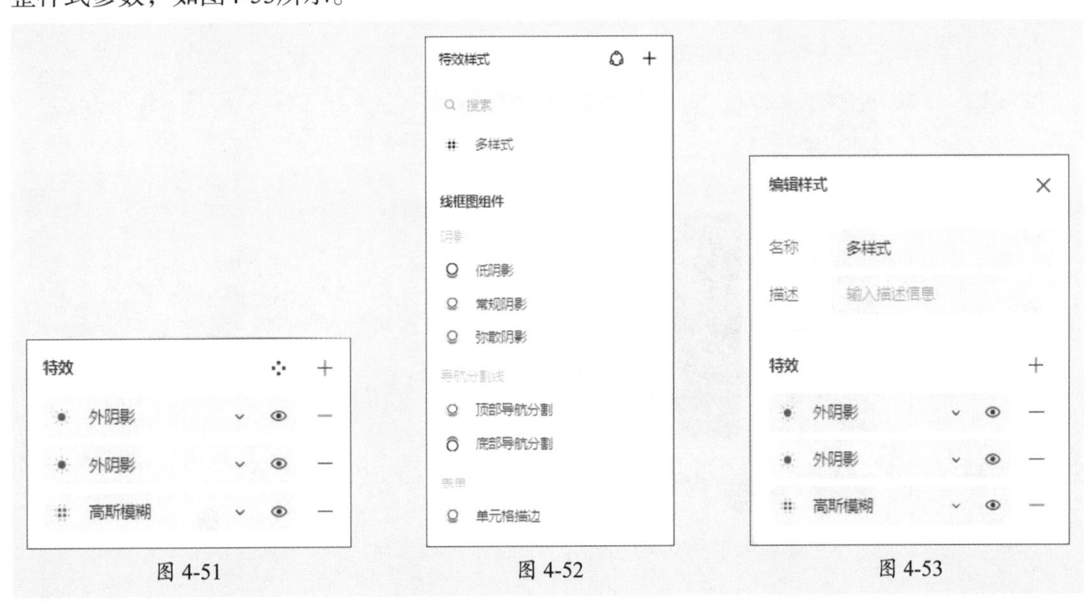

图 4-51　　图 4-52　　图 4-53

4.4 MasterGo原型交互

在 MasterGo中，可以放心使用原型模式快速创建种类丰富的交互效果。通过单击、悬停、按下、拖拽、延时等效果在容器与容器、容器与图层、图层与图层间创建交互流程，并进行演示。

4.4.1 案例解析：原型内容的固定与滚动

在学习MasterGo原型交互之前，可以跟随以下操作步骤了解并熟悉，使用矩形工具绘制矩形，通过设置约束、溢出行为以及交互动作实现原型内容的固定与滚动。

步骤 01 选择“容器工具”，在属性栏中选择“平板-iPad Air 10.5”创建容器。选择“矩形工具”绘制矩形，在属性栏中设置颜色参数，如图4-54所示。

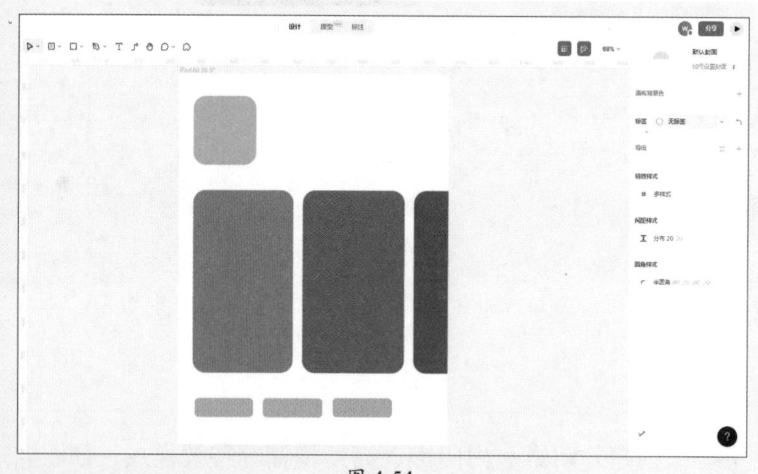

图 4-54

步骤 02 按住Shift键加选多个浅色矩形，在属性栏中选中“预览滚动时位置固定”复选框，如图4-55所示。

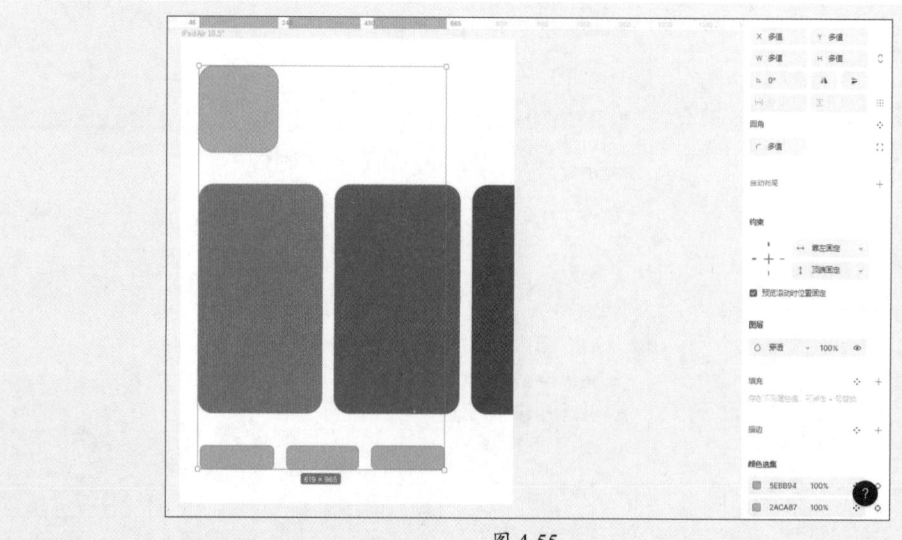

图 4-55

步骤 03 在导航栏中切换至原型模式，在属性栏中设置预览模型，如图4-56所示。

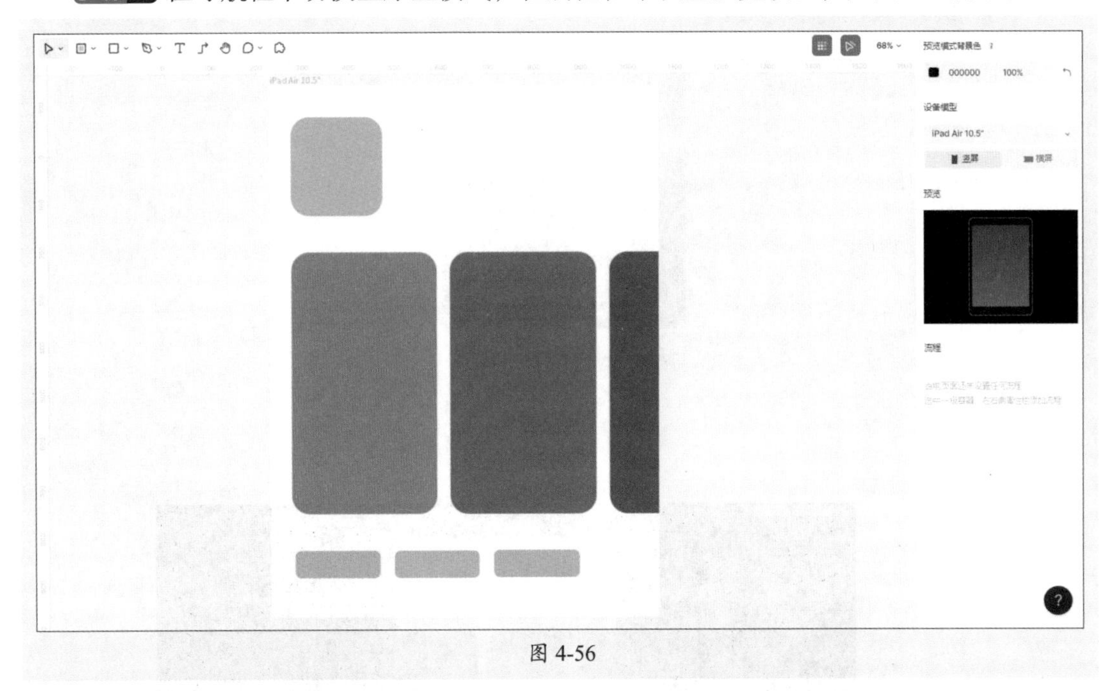

图 4-56

步骤 04 选择容器后，在属性栏中设置“溢出行为”为“水平滚动”，单击⊞按钮添加流程起始点，如图4-57所示。

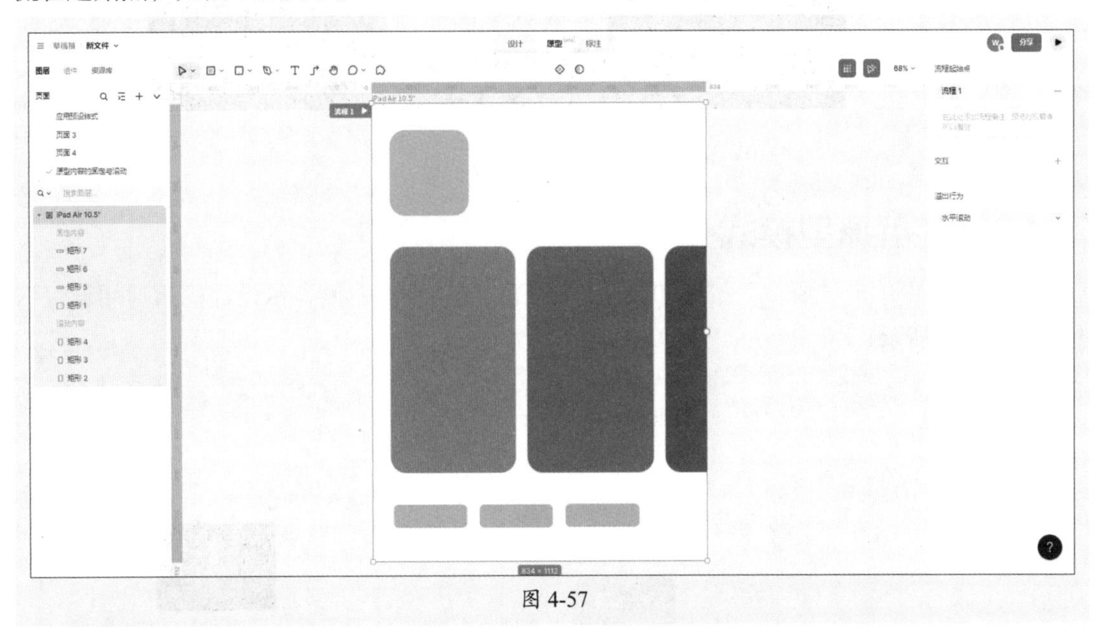

图 4-57

步骤 05 选择滚动的图层，在右侧设置动作，如图4-58所示。

步骤 06 单击界面右上角的“预览”按钮▶，查看演示效果，如图4-59所示。

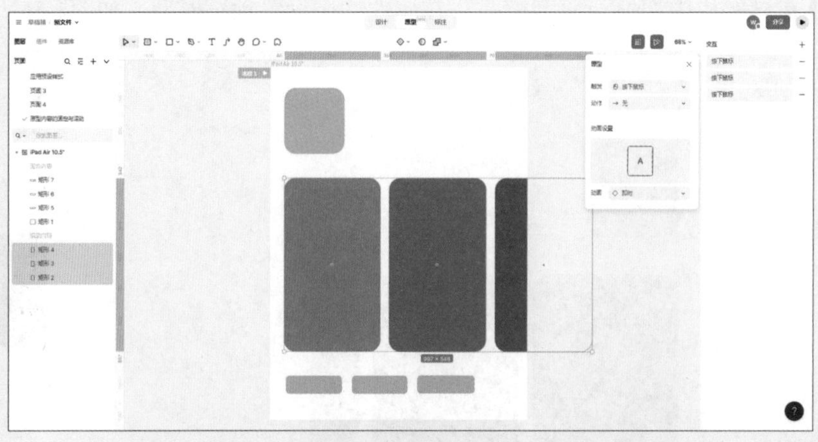

图 4-58

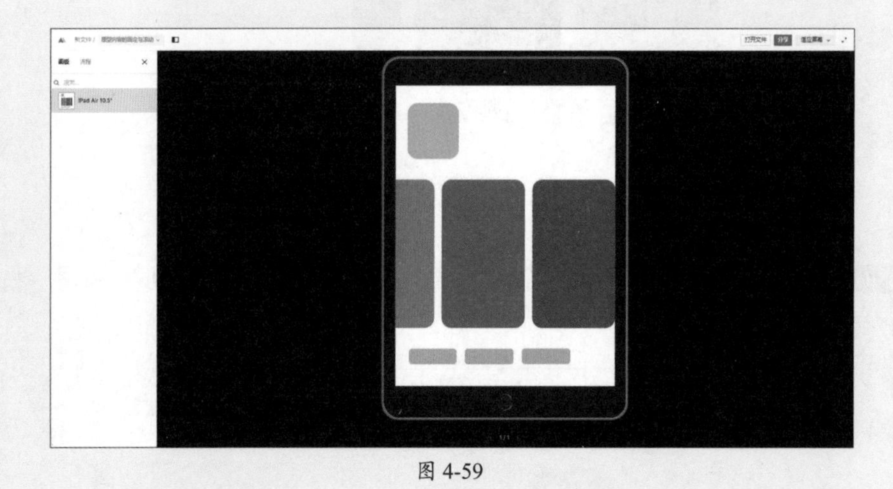

图 4-59

4.4.2 了解原型模式

在导航栏中单击“原型”按钮切换至原型模式，在画布右侧显示设计稿的通用设置信息，如图4-60所示。

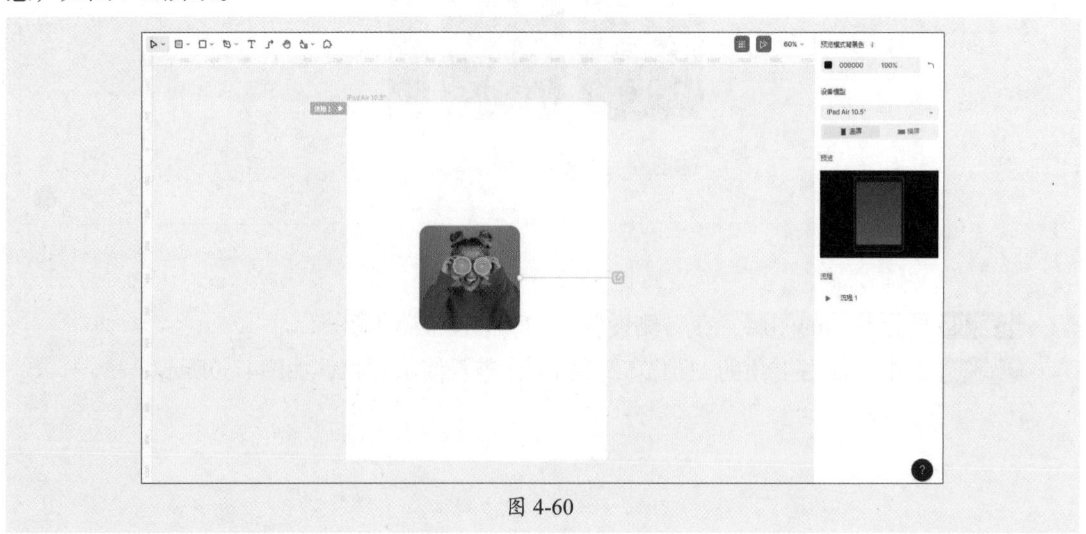

图 4-60

该界面中部分选项的作用如下。

- **背景色：**用于设置演示原型时的舞台背景。
- **设备模型：**用于选择设备模型，可以在“预览”中看到设备的正面样式，并在演示原型时模拟真机效果。
- **流程：**选中一级容器，在右侧的属性栏中添加流程。可以对该流程进行演示、定位起始页面、复制链接等操作，右击可以重命名或删除。

当选择了画布内的任何一个设计内容，右侧的属性栏中就会显示所选内容的交互设计信息，如图4-61所示。

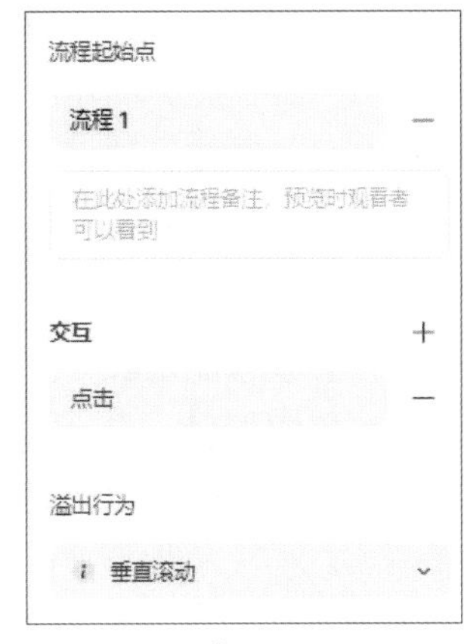

图 4-61

- **流程起始点：**为一级容器添加流程起始点，创建流程。
- **交互：**选中图层后，可在画布中拖曳连接器添加，也可在右侧属性栏的“交互”选项中单击按钮设置交互。
- **溢出行为：**用于设置无溢出行为、水平、垂直、水平和垂直方向的滚动效果。

4.4.3 交互——触发和动作

在“交互”选项中可以设置“触发”和“动作”选项。

1. 触发

MasterGo原型功能支持在设计稿中添加多种交互行为，可以更清晰地梳理页面逻辑，模拟用户的交互方式。在这个过程中，引起这些交互行为的动作叫作触发。在演示时，用户在指定区域做出设计的触发行为，会播放对应的交互动作。目前，MasterGo支持的触发种类有点击、悬停、按下、拖拽、按下鼠标、抬起鼠标、光标移入、光标移出、延时，如图4-62所示。

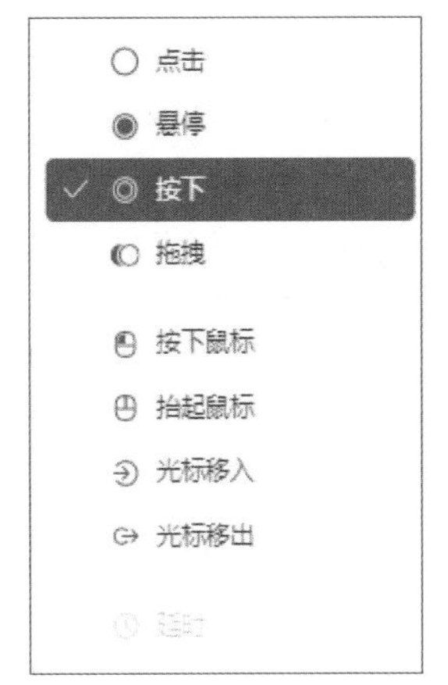

图 4-62

- **点击：**鼠标按下后抬起。
- **悬停：**鼠标停在目标容器或图层上。
- **按下：**持续按鼠标，按鼠标时触发生效，释放鼠标即恢复。
- **拖拽：**按下并拖动鼠标。
- **按下鼠标：**鼠标完成按下的动作。
- **抬起鼠标：**鼠标完成抬起的动作。
- **光标移入：**鼠标指针从目标容器或图层外部移入内部。
- **光标移出：**把鼠标指针移出目标容器或图层。
- **延时：**在该选项的右侧可以设置延时的时间，达到预设的时间即触发成功。注意，只能在一级容器上设置触发。

2. 动作

一个容器或图层在设置了触发之后，前往另一个容器、打开链接或返回到上一级的这种用户路径叫作动作。目前，MasterGo支持的动作种类有前往、返回上一级、容器内滚动、打开链接、显示组件状态、打开浮层、关闭浮层、替换浮层，如图4-63所示。

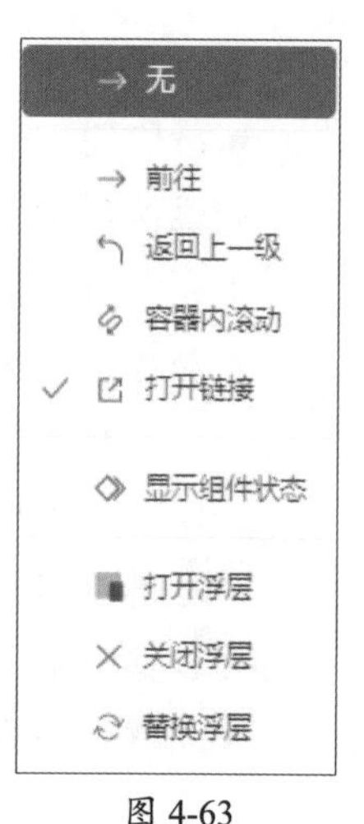

图 4-63

- **前往：** 可前往除自身所在的一级容器之外的所有一级容器。
- **返回上一级：** 可返回上一级。
- **容器内滚动：** 当容器区域大于原型演示区域时，该选项可实现同一容器内，演示界面区域从触发图层位置滚动到目标图层位置。
- **打开链接：** 选择该选项后在右侧可输入要打开的网址。
- **显示组件状态：** 可以在既有的组件状态之间设置跳转关系。
- **打开浮层：** 在任意容器或图层均可设置“打开浮层”，而浮层的对象只能是容器，不可以是图层。
- **关闭浮层：** 只生效于已经设置为浮层的容器。
- **替换浮层：** 在原来的浮层上做出相应的触发之后会替换为新的浮层。

浮层通常用于Dialog、Alert、Toast或“抽屉”等会悬浮在已有页面的通知或临时页态的设计中。

4.4.4 交互——动画和效果

动画是指在设计交互时，从一个页面到另一页面的过渡过程。MasterGo提供了多种动态过渡效果，可以满足更加灵活、多变的交互需求。MasterGo目前有即时、溶解、滑入、滑出、移入、移出、推入、智能动画共8种动画形式，如图4-64所示。选择任意一种动画形式，可在预览区域进行预览，方便添加合适的动画。

设置动画以后，可以在“效果”选项中为这个动画设置变化速度，MasterGo支持线性渐变、缓入、缓出、缓入缓出、后撤缓入、停滞缓出和弹性渐变共7种预设的过渡效果，同时支持自定义过渡效果，以增加更多样的视觉变化，如图4-65所示。

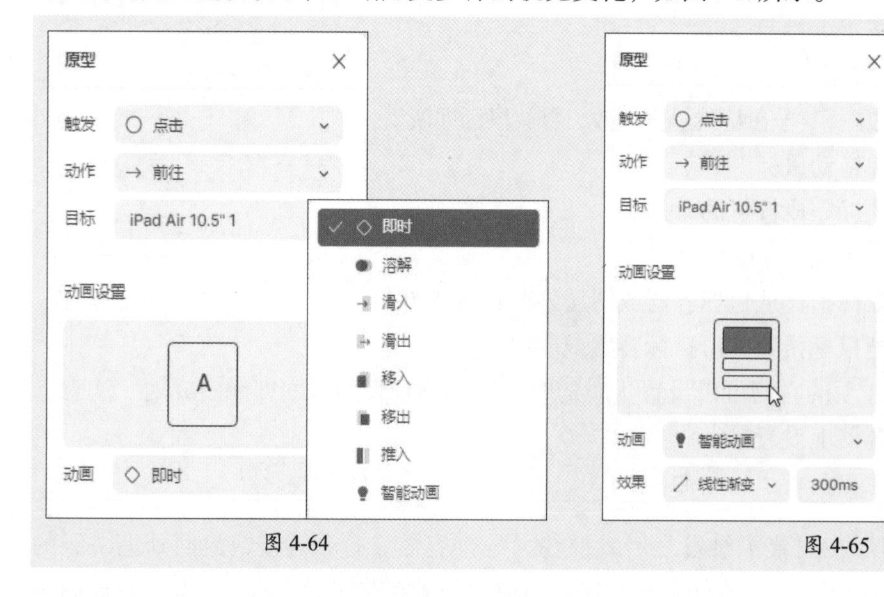

图 4-64　　图 4-65

操作提示

与其他动画不同的是，智能动画可以根据两个关键帧之间的位置、颜色、形状等因素的变化自动填充补间，形成一个渐变过程。

4.4.5 溢出行为

在制作原型时，可以通过为容器设置溢出行为来实现演示时的滚动效果。通过选取不同的滚动方式，可以实现纵向列表、横向列表、照片墙或互动地图等交互效果，构建出更复杂或更高保真度的原型。

当容器中有元素超出了容器所框选的范围时，在原型模式下选中该容器，则可在右侧属性栏的“溢出行为”选项中进行设置，以便展示滚动效果。该选项中包含“无滚动”“水平滚动”“垂直滚动”“水平&垂直滚动”4个选项，默认为“无滚动”。

- **无滚动：** 页面不会滚动展示，超出容器框选范围的元素不会在演示时被看到。
- **水平滚动：** 当有元素在水平方向超出了容器的框选范围时，设置该选项，可以在演示时水平滚动页面，以便展示所有内容。
- **垂直滚动：** 当有元素在垂直方向超出了容器的框选范围时，设置该选项，可以在演示时垂直滚动页面，以便展示所有内容。
- **水平&垂直滚动：** 当有元素在垂直方向和水平方向均超出了容器的框选范围时，设置该选项，可以在演示时在水平方向和垂直方向滚动页面，以便展示所有内容。

4.4.6 约束设置

在演示长设计稿时，使用“预览滚动时位置固定”的功能，可以规定某个元素在页面滚动时位置不跟随页面发生变化，来模拟“吸顶”或“吸底”效果。在设计模式下，选中要固定的元素，在确定了需要固定的元素的约束方向后，在右侧属性栏的“约束”选项组中，选中“预览滚动时位置固定”复选框即可，如图4-66所示。

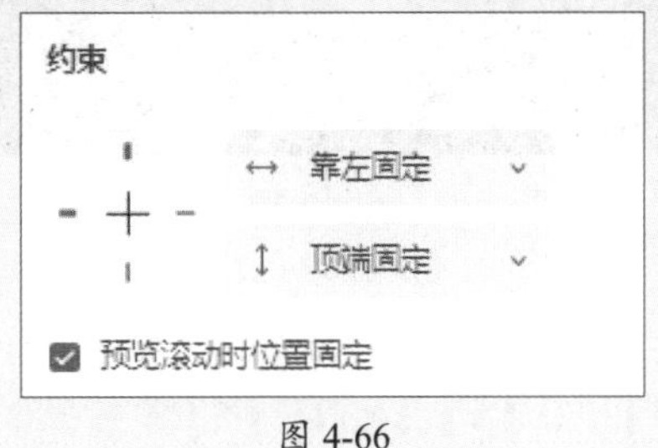

图 4-66

4.4.7 原型演示

在为原型设置好流程和交互之后，就可以进入演示原型的环节，观看和体验原型的设计效果。在原型模式下，可以在右侧的属性栏中设置演示背景色和设备模型，如图4-67所示。

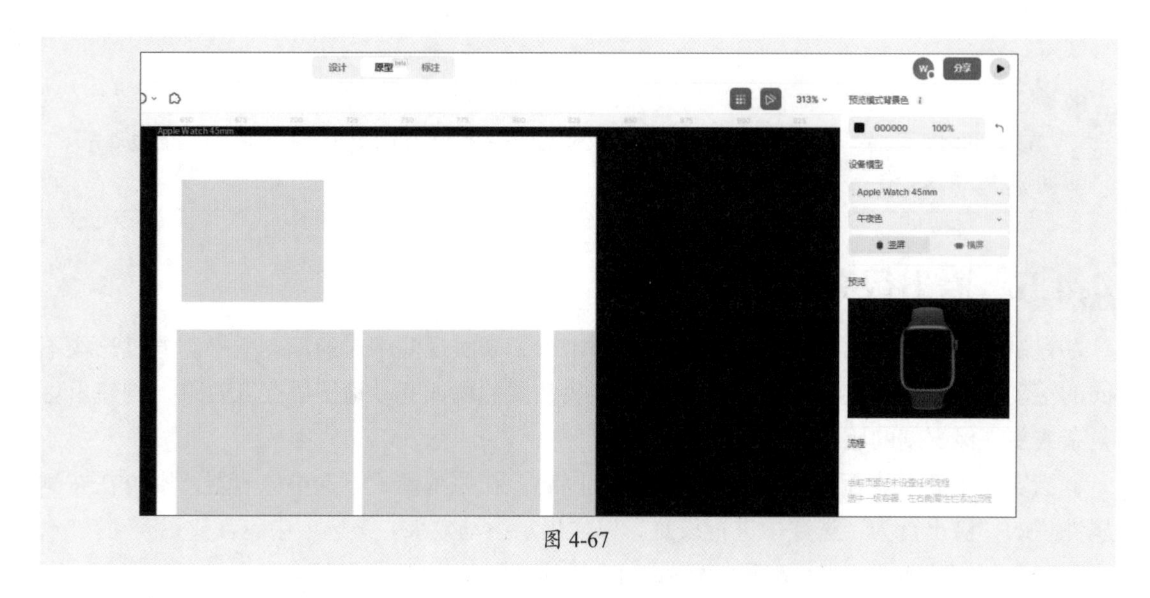

图 4-67

- **演示背景色：**是指在演示状态下画布的背景色。
- **设备模型：**用于选择合适的设备模型。在进行原型演示时，可以使用用户选择的设备模型演示，全真模拟实际场景。

单击界面右上角的“预览”按钮或单击画布中的“流程播放”按钮，进入演示界面，选择要演示的流程，如图4-68所示。

图 4-68

4.5 MasterGo协同评论

MasterGo只需分享一个链接即可与整个团队在同一个云端协作平台内沟通、协作，完成设计稿的修改与最终交付。

4.5.1 文件分享

单击界面右上角的“分享”按钮，在出现的弹窗中可选择分享个人文件和团队文件。

当通过链接共享文件时，任何具有该文件链接的人都可以查看该文件。在下拉列表框中可选择访问者的权限，如图4-69所示。

- **可查看：** 可以查看和添加评论，将文件复制到他们的个人草稿箱，可以与其他查看者共享文件，但不能更改文件名称、内容和删除文件。
- **可编辑：** 可以完全更改文件和项目，包括文件名称、内容和权限。

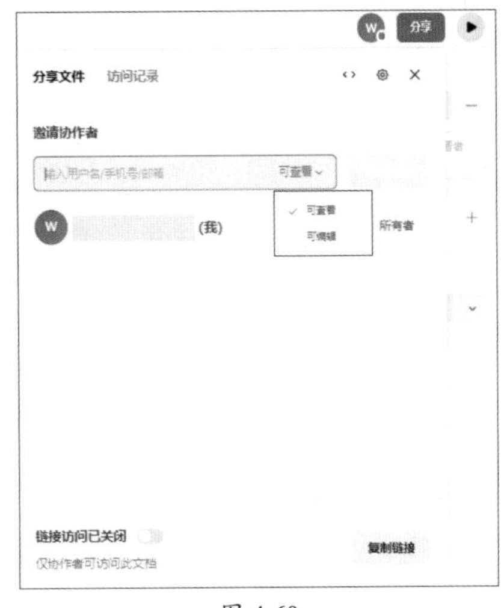

图 4-69

4.5.2 了解标注模式

拥有编辑权限的用户，进入界面后单击上方标签页的“标注”即可进入标注模式。

在标注模式下，可在画布内快速查找图层的尺寸、边距等信息，所有标注区域的属性均可通过单击实现一键复制。为满足不同项目的开发需求，MasterGo支持Web、iOS和Android代码的展示，查看者根据需要在画布右上方选择相应的代码即可，如图4-70所示。

可在画布左侧查看文件内所有页面，并在下方图层树中查看图层结构，如图4-71所示。

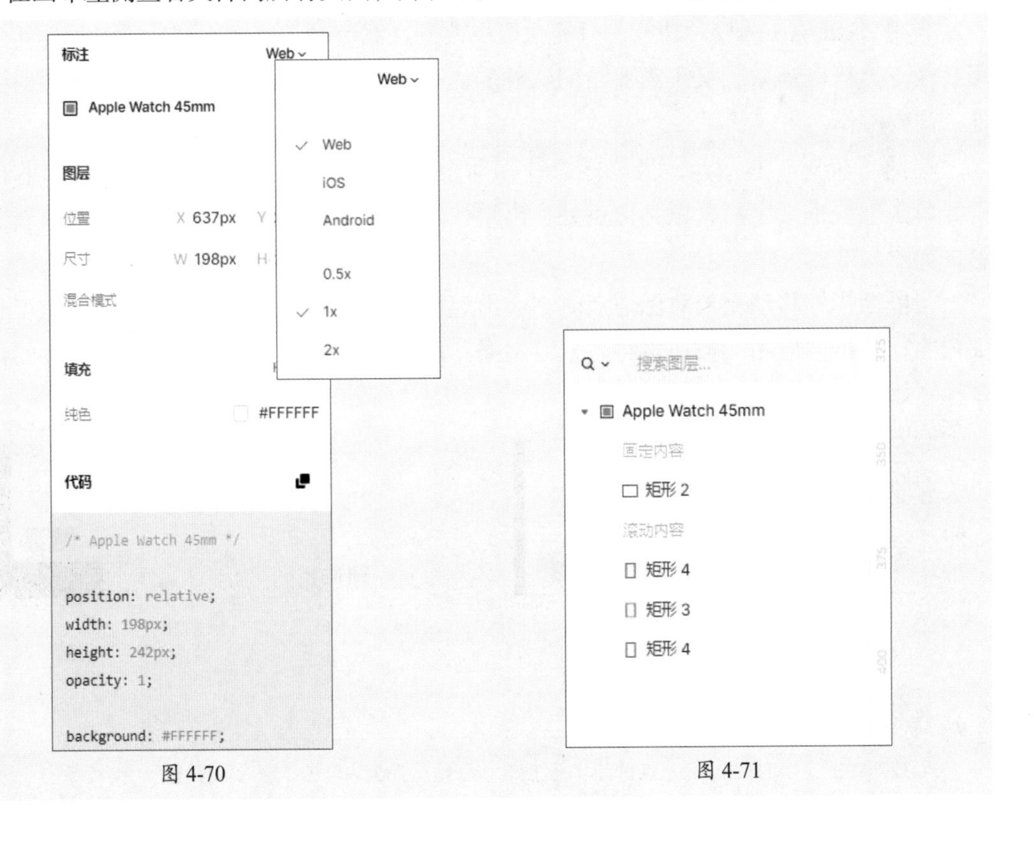

图 4-70　　图 4-71

4.5.3 评论工具

MasterGo中的评论工具组中包括评论工具、校对工具以及圈话工具。

1. 评论工具

一个项目的设计环节，往往需要各成员基于设计稿频繁沟通、分析研讨、审核校对。使用传统的沟通方式容易出现沟通不及时、信息不对称、追溯性差、项目状态不清晰等一系列协同问题。

选择“评论工具”，在任意位置单击，在弹出的评论框中可添加文字和表情动画，还可以@其他成员，如图4-72所示。

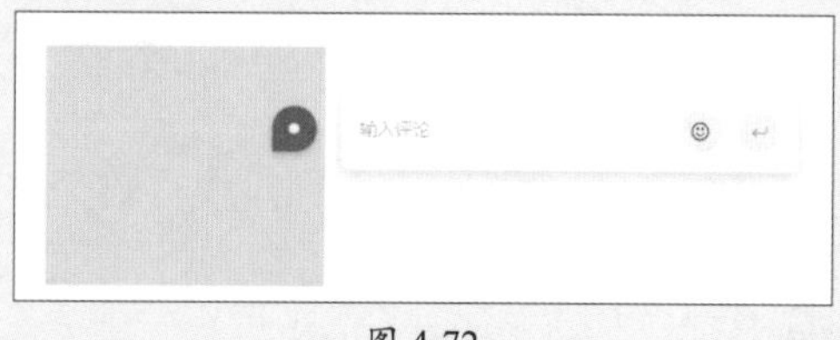

图 4-72

操作提示

在评论模式下，无法对画布中的对象进行任何更改操作，需要切换为另一个工具才可恢复编辑功能。

2. 校对工具

利用MasterGo 的校对功能，只需在要更改的文案旁标记新的文案，设计师即可一键应用替换。这样既高效，又不需要给团队外的人开通编辑权限，确保文件安全的同时又能与他人高效协作。

选择“校对工具”，当鼠标指针移动至文字图层上时，文字图层会显示蓝色虚线框，单击虚线框文字后，鼠标落点处会出现校对评论标识和弹窗，可以在此输入新文字内容，如图4-73所示。

当鼠标指针移动至校对标记点时，会出现校对预览弹窗，单击“查看”按钮可查看详细内容；单击“应用”按钮可将“校对文案”的内容应用到设计稿中，完成文案的修改或替换，如图4-74所示。

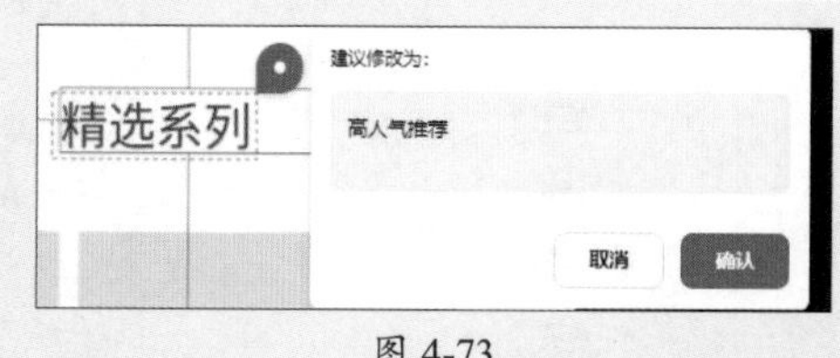

图 4-73

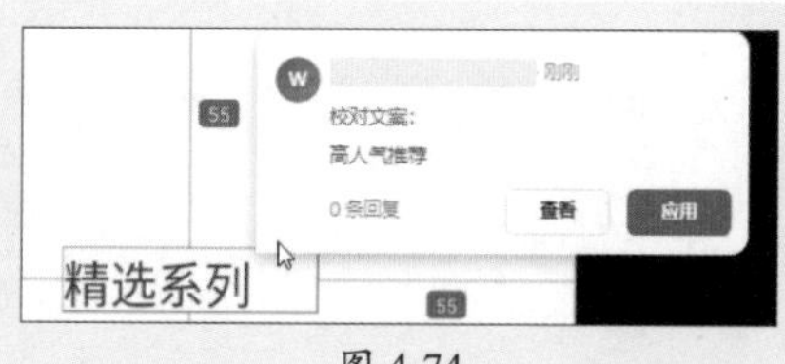

图 4-74

操作提示

若校对中的文字内容并不需要进行校对替换时，在预览弹窗中单击“查看”按钮后，继续单击“忽略”按钮即可忽略此校对评论内容，不进行文案校对。

3. 圈话工具

使用圈话功能可以通过录屏和语音让我们将想说的话实时地记录，想指出的问题快速标记，从而降低沟通成本，提高大家在沟通过程中的协同效率。

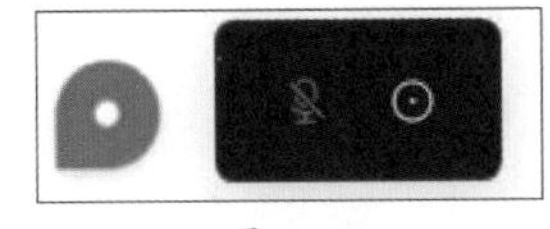

图 4-75

选择“圈话工具”，单击画布任意位置会出现标记点，标记点后面会出现圈话操作弹窗，如图4-75所示。

4.6 MasterGo切图和导出

通过将图层和切图导出为多种类型的图片，将设计素材流转到产品经理或开发工程师手中。

4.6.1 创建切图

切图工具可以圈出画布中的任何区域，将切中的区域变成一个特殊的图层，这样就可以通过设置倍率、前缀和后缀的方式生成和导出PNG、JPG、WEBP和PDF等不同类型的图片文件。

选择“切图工具”，可通过画框来控制需要切取的范围大小。画框可以随时修改宽高及层级位置，如图4-76所示。切图的范围显示为虚线效果，如图4-77所示。

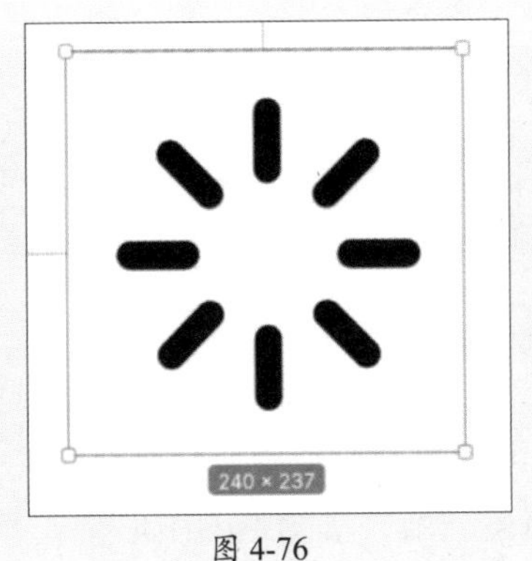

图 4-76

图 4-77

4.6.2 导出预设

用于交付开发工程师的图片，遵循一些特定的格式会提高图片的可读性，方便进入开发流程。在画布选择导出的图层后，在右侧的属性栏中单击按钮，选择需要的预设项，单击“导出”按钮即可，如图4-78所示。

图 4-78

- **iOS预设：** 苹果生态平台，如图4-79所示。
- **Android预设：** 安卓生态平台，如图4-80所示。
- **Flutter预设：** 越来越多的开发者正通过Flutter平台来打造各类应用，如图4-81所示。

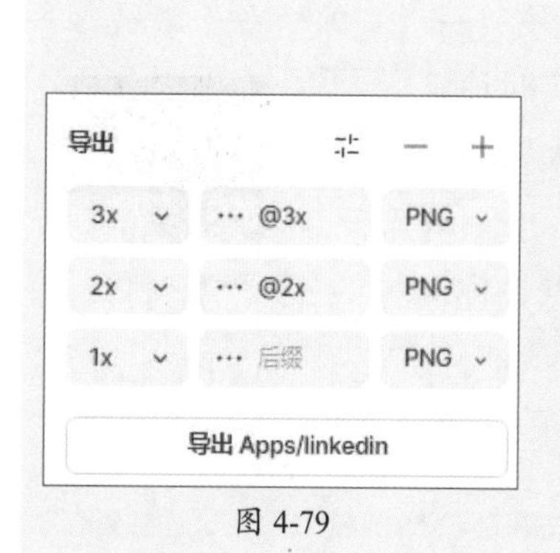

图 4-79

图 4-80

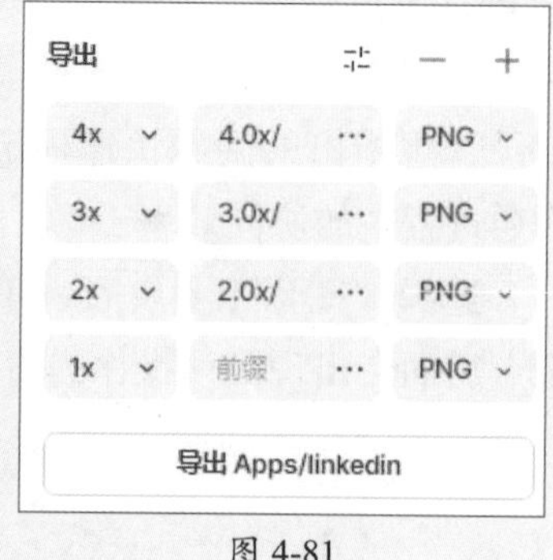

图 4-81

1. 导出倍率（x）

导出倍率是指导出图片的尺寸为图层实际尺寸的多少倍。比如选择2x时，则表示导出图片的尺寸为图层的2倍。

2. 设置导出图片的名称的前缀 / 后缀

通过单击···按钮来设置导出文件名的前缀和后缀，可以方便地命名导出图片的尺寸等信息，提高开发工程师查看的效率。

3. 导出格式

MasterGo支持多种格式的图片导出，包括PNG、JPG、PDF、WEBP以及SVG，方便地将各类图层快速地导出为图片。

- PNG：一种无损压缩的位图图片格式，一般用于 Java 、网页等，压缩比高，生成文件体积小。
- JPG：常见的位图图片格式，由于使用了有损压缩的方式，图片质量会受到一定的影响。
- PDF：常见的电子文件格式，以PostScript语言图像模型为基础。
- WEBP：常用于网页，同时提供有损压缩与无损压缩的图片格式，可让网页文档有效压缩又不影响图片格式的兼容性和清晰度，可让网页的整体加载速度变快。
- SVG：基于可扩展标记语言（XML），用于描述二维矢量图形的图形格式，支持无限缩放且不失真。

单击+按钮可增加导出设置，每一个设置对应一张图片。单击−按钮可删除导出设置选项。

4.6.3 导出Sketch格式

MasterGo 的文件可导出为 Sketch 格式，导出后可在Sketch中打开，以便作为本地备份或者向其他团队展示设计文件。

选中图层，在菜单栏中执行“文件”|“导出为Sketch”命令，在子菜单中可选择“默认格式”和“保留实例覆盖”两个选项，如图4-82所示。

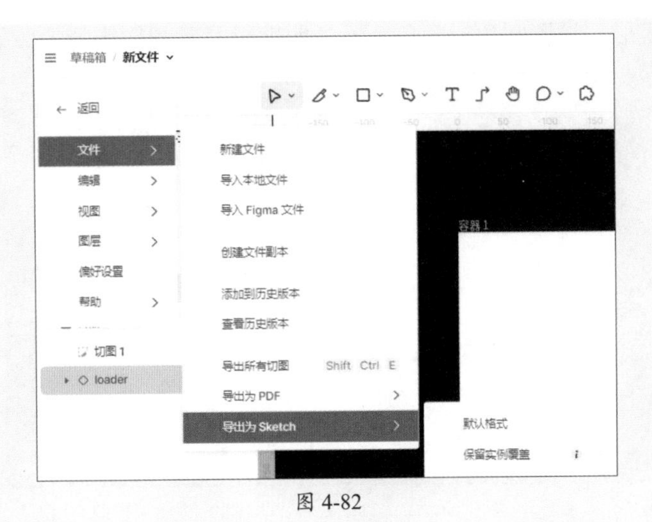

图 4-82

- **默认格式：** 选择该选项导出时，会保留组件实例的引用关联关系，但会丢失实例的覆盖（包括颜色、文字等）。当有较多实例具有覆盖时，会产生较明显的偏差。
- **保留实例覆盖：** 选择该选项导出时，会将具有覆盖的实例变成组导出，虽然会丢失和组件的关联关系，但是其覆盖则可以完整保留，因此具有更高的还原度。

操作提示

实例是组件的副本，当修改组件的属性时，实例也随其变化，即可达到"一处更改，多处生效"的效果。同时也可对实例进行单独修改，这种单独修改即为覆盖。

课堂实战 制作网站登录界面

本章课堂实战练习制作网站登录界面。综合练习本章的知识点，以熟练掌握和巩固图片工具、文本工具、矩形工具、直线工具的使用以及组件、颜色参数的设置。下面将介绍操作思路。

步骤 01 创建MacBook容器，导入图片创建蒙版图层，如图4-83所示。

图 4-83

步骤 02 绘制矩形，设置圆角、颜色、不透明度以及常规阴影特效，效果如图4-84所示。

图 4-84

步骤 03 在图层栏的“组件”选项中选择图标素材并调整部分参数，使用“文本工具”输入文本后调整参数，如图4-85所示。

图 4-85

步骤 04 继续绘制矩形，按住Alt键复制文字，更改文字内容、大小及颜色，效果如图4-86所示。

图 4-86

课后练习 制作App首页界面

下面将综合使用MasterGo中的工具制作App首页界面，效果如图4-87所示。

图 4-87

1. 技术要点

①使用“容器工具”“组件-图标”“矩形工具”绘制图标按钮。

②使用文字工具输入文字。

③使用“矩形工具”和“图片工具”创建蒙版图层，复制后进入编辑模式更改图片。

2. 分步演示

本实例的分步演示效果如图4-88所示。

图 4-88

拓展赏析

中国喜庆的装饰艺术：年画

年画始于古代的“门神画”，早期与驱凶避邪、祈福迎祥这两个主题有着密切联系。传统的民间年画多用木版水印制作。随着印刷术的兴起，年画的内容已不限于门神之类的主题，变得丰富多彩。经过几千年的发展，年画逐渐发展为年节装饰艺术，主要在新年时张贴，用于装饰环境，含有祝福新年、吉祥喜庆之意，如图4-89所示。

图 4-89

年画的题材包罗万象，总计画样有两千多种，堪称一部民间生活百科全书。它大致可分为以下四个方面。

1. 神仙与吉祥物

神仙与吉祥物是基础年画题材，神仙是早期年画的主要表现内容，它在年画中占有很大的比重。吉祥物包括狮、虎、鹿、鹤、凤凰等瑞兽祥禽，莲花、牡丹等花卉，摇钱树、聚宝盆等虚构品，通过隐喻、象征或谐音等手法表达吉利祥瑞的意义，表达辟邪禳灾、迎福纳祥的主题。

2. 世俗生活

民间艺术家通过自身的观察与感受，表现现实生活。这类题材在年画中少于其他题材。世俗生活的题材主要包括人们的生息劳作、节令风俗、时事趣闻等。

3. 娃娃美人

这类题材的年画在民间年画中占有很大比例，表达了人们早生贵子、夫妻和美的良好愿望。

4. 故事传说

这类题材的年画大多取材于历史事件、民间故事、神话传说、笔记小说以及戏曲等，其中戏曲题材的比重最大。这类年画常见的有《三国演义》《西游记》《水浒传》《红楼梦》《白蛇传》《牛郎织女》等。人们往往通过这类题材增长了知识，并接受了传统的道德教育。

第5章

组件与图标设计

内容导读

组件和图标是UI界面设计中非常重要的一部分，是营造产品体验的关键一环。本章将对UI的控件组件、按钮设计和图标设计进行讲解，包括UI控件、组件的构成，按钮的组成、设计类型、设计风格，图标的类型、设计风格以及设计规范。

思维导图

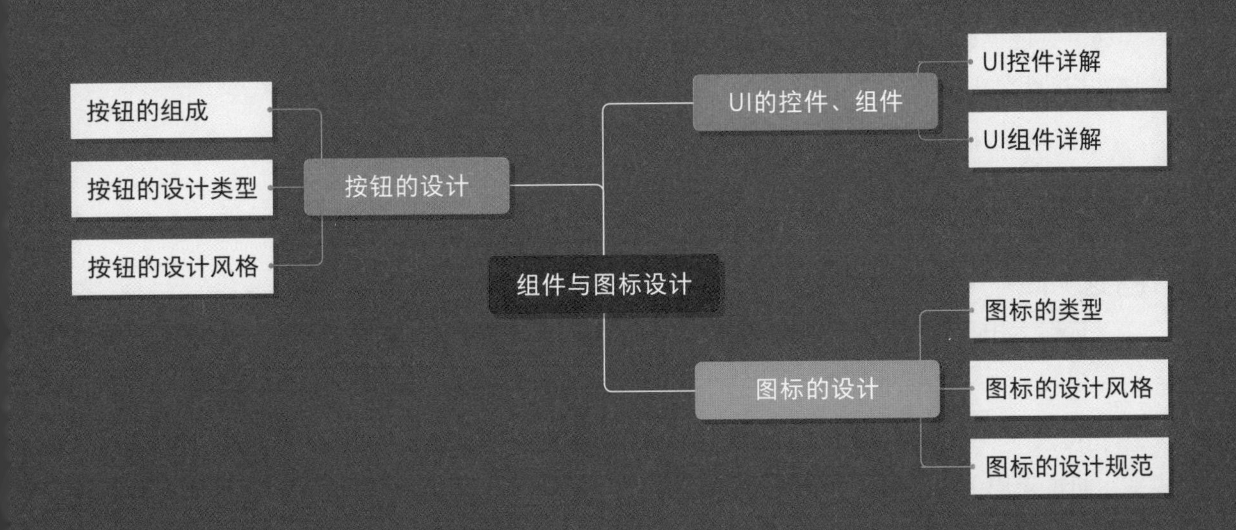

5.1 UI的控件、组件

UI控件是操作系统界面的单位元件，UI组件即用户界面组件，组件比控件涵盖的范围更广，控件是组件的一种。

5.1.1 UI控件详解

控件是由单一元素组合而成，所有的图标都需要做成控件，以方便切图。常用的UI控件有按钮、输入框、下拉列表框、下拉菜单、单选按钮、复选框、选项卡、搜索框、分页、切换按钮、进度条、角标等。下面对部分控件进行介绍。

1. 按钮

按钮有4种状态：正常、点击、悬停、禁用，如图5-1所示。正常状态的按钮为页面中的显示效果。点击状态是被点击或按压后的效果，颜色通常增加/减少20%的暗度。悬停状态只会在使用鼠标时出现，在移动端无作用，颜色增加/减少10%的黑色。禁用状态下的按钮不可点击，常用的颜色为#CCCCCC或#999999。

图 5-1

2. 输入框

用于单行信息录入文字，上下居中显示，支持键盘录入和剪贴板输入文本，对特定格式的文本进行处理：密码隐藏显示，身份证、卡号分段显示。图5-2所示为输入时的输入框。

图 5-2

3. 选择

选择可分为单选与多选，并且也有5种不同状态，即未选中、已选中、未选悬停、已选失效、未选失效，其中悬停状态只会在使用鼠标时出现，在移动端无作用。图5-3所示为单选按钮的状态。

图 5-3

4. 选项卡

选项卡用于让用户在不同的视图中进行切换。标签数量一般是2～5个，标签中的文案需要精简，一般是2～4个字，如图5-4所示。

5. 进度条

进度条用于向用户展示步骤的步数以及当前所处的进程。图5-5所示为订单详情进度条。

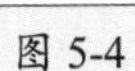

图 5-4

图 5-5

6. 角标

角标用于聚合型的消息提示，一般出现在通知图标或头像的右上角，通过醒目的视觉形式吸引用户眼球，如图5-6所示。

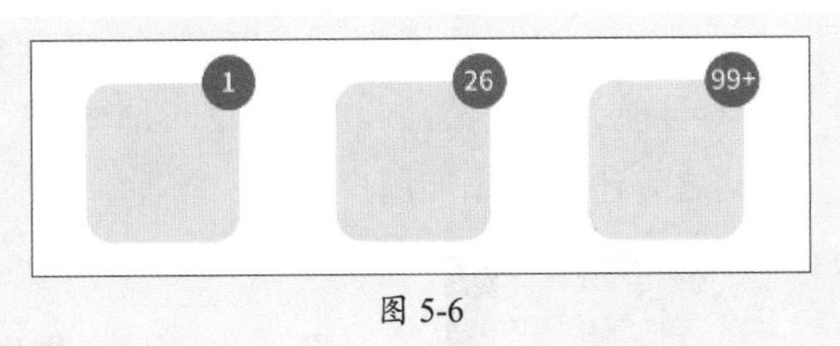

图 5-6

5.1.2 UI组件详解

常用的UI组件包括警告框、操作表、导航栏、标签栏、工具栏、面包屑、卡片滑块、注册登录、复选框组、选择器、图表、弹窗、开关、加载、上传、反馈等。下面对部分组件进行介绍。

1. 警告框

警告框是一种操作上的确认，只有当用户单击按钮后才算真的完成，才可以有其他操作，主要作用是警告或提示用户的。警告框一般由三部分组成，即标题、正文和按钮，如图5-7所示，有些简单的警告框只有正文和按钮，如图5-8所示。

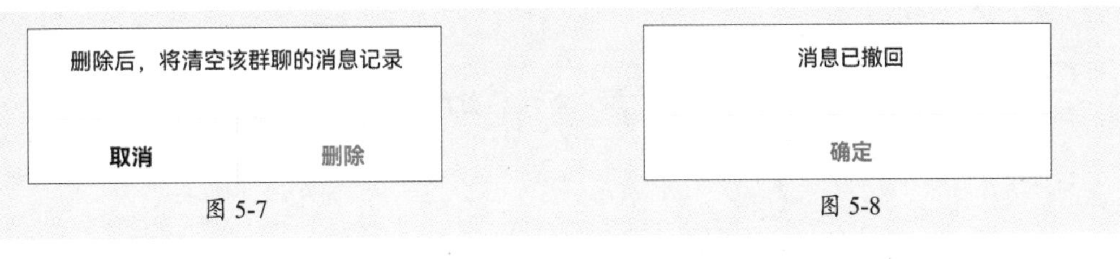

图 5-7　　图 5-8

2. 操作表

通常会从屏幕底部边缘向上弹出一个面板，可提供两个以上的选择。呈现给用户的是简单、清晰、无须解释的一组操作，没有正文的描述内容（大部分），如图5-9所示。另外，重要的功能操作也会用红色文字显示，如图5-10所示。

图 5-9　　图 5-10

3. 导航栏

导航栏位于屏幕顶部，一般情况下左侧为返回到上级的图标，中间是标题，右侧放置功能按钮，背景多为白色或主题色，如图5-11所示。

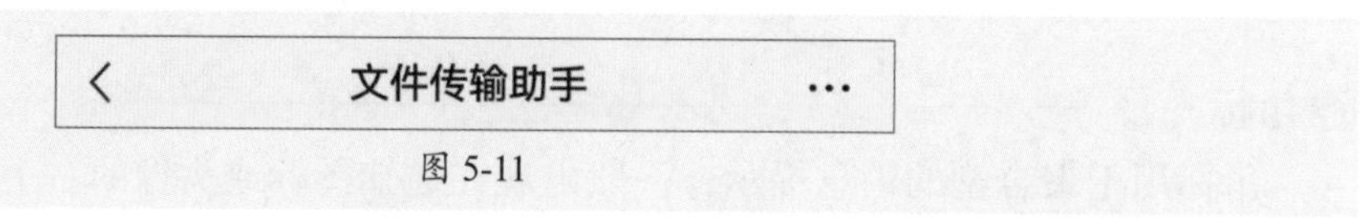

图 5-11

根据搜索框的权重，会在常规导航栏中添加一个搜索框并替代标题显示，如图5-12所示。或者添加分段控件和标签导航，分段控件一般包含2～4个标签，直接点击可进行内容的切换，如图5-13所示，除此之外还可以添加用户头像、图标、分割线、通栏导航栏等。

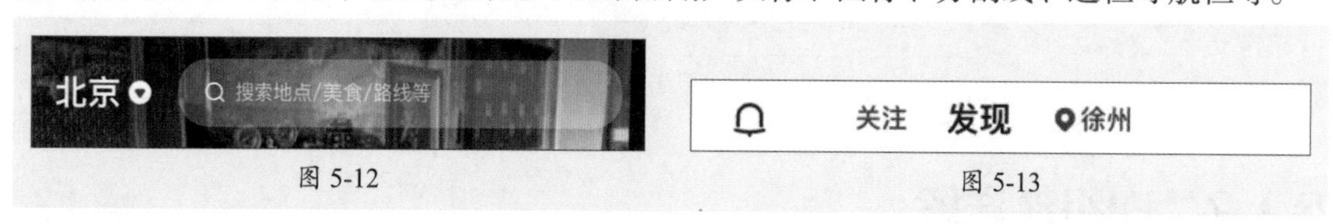

图 5-12　　图 5-13

4. 标签栏

标签栏位于屏幕底部，它是悬浮在当前页面之上的，并且会一直存在，只有当用户点击跳转到二级菜单后才会消失。用户可以在不同的子任务、视图和模式中进行切换，并且切换按钮间都属于不同的内容。标签栏常见的组合方式有以下三种。

- **图标+文字：** 最常见的方式，可以降低用户的理解成本和记忆负担，提高操作体验，如图5-14所示。
- **纯文字：** 方便直观地进行操作，适合用户群体跨度较大的产品，如图5-15所示。
- **纯图标：** 样式较为简洁，适合小众的产品。

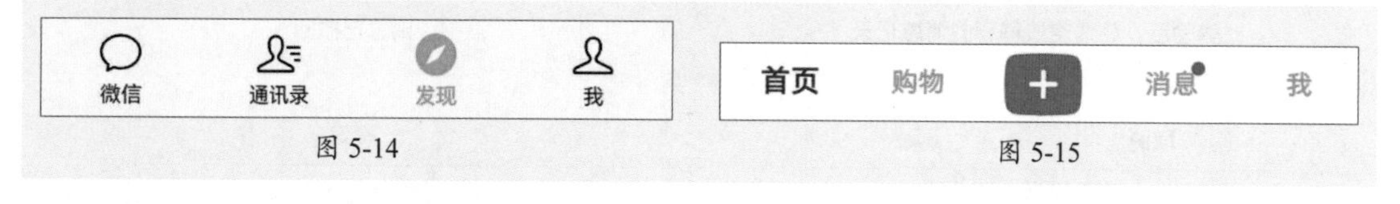

图 5-14　　图 5-15

5. 选择器

选择器组件有很多，例如级联选择器、日期选择器、时间选择器、日期时间选择器、颜色选择器等。下面以级联选择器为例进行介绍。

当一个数据集合有清晰的层级结构时，可通过级联选择器逐级查看并选择。一级需要从一组相关联的数据集合中进行选择，例如省市区、公司层级、事物分类等。二级从一个较大的数据集合中进行选择时，用多级分类进行分隔，方便选择。三级可以在同一个浮层中完成选择，有较好的体验，如图5-16所示。

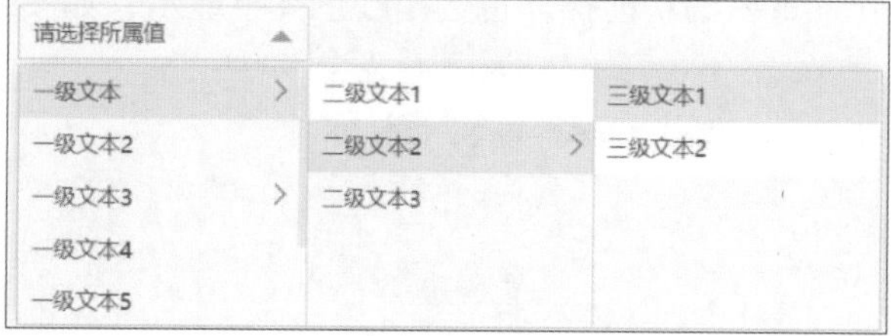

图 5-16

5.2 按钮的设计

按钮是一个交互式元素，可以吸引用户的注意力并引导用户。例如，进入、返回、购买、下载、发送等。

5.2.1 按钮的组成

按钮是由容器、圆角、图标、边框、文案、背景所组成，部分按钮还会添加投影效果，如图5-17所示。

图 5-17

- **容器**：整个按钮的载体，容纳文案、图标等元素。
- **圆角**：传达出按钮的气质，决定用户的视觉感受。最常见的为小圆角，也有较为严谨、力量型的全直角，卡通可爱、年轻化风格的全圆角。
- **图标**：用于按钮含义的图形化抽象表达，例如"加载中""编辑"。
- **边框**：确定按钮的边界，常用于次级按钮描边。
- **文案**：用文字表达按钮的含义。要精简文案。
- **背景**：表达按钮的当前状态。对按钮合理地使用主体色能有效传播品牌气质。
- **投影**：让按钮具有层次感，配合渐变背景能体现出微质感的效果。

操作提示

按钮的常用尺寸为24 px、32 px、40 px、48 px，超出48 px的按钮属于特殊按钮。按钮的圆角弧度=1/6容器的高度，取最近的整数。按钮的高度是文字的2.4～3倍，左右间距可以是按钮高度，上下边距则为左右间距的一半。

5.2.2 按钮的设计类型

UI按钮非常多样化，可以满足各种用途。典型且经常使用的按钮，其呈现的交互部分一般显示为可见性并具有特定的几何图形，同时有副本支持说明通过该按钮将执行的操作。下面将介绍几种常用的按钮类型。

1. CAT 按钮

CTA按钮是Web和移动端最常用的交互元素，主要作用是引导用户进行特定的行为，如购买、联系、订阅等。它与页面或屏幕上的所有其他按钮的不同之处在于其引人注目的特性：它必须引起注意并刺激用户执行所需的操作，例如，按钮足够大、颜色足够醒目、异形按钮等。图5-18、图5-19所示分别为移动端和PC端CTA按钮。

图 5-18

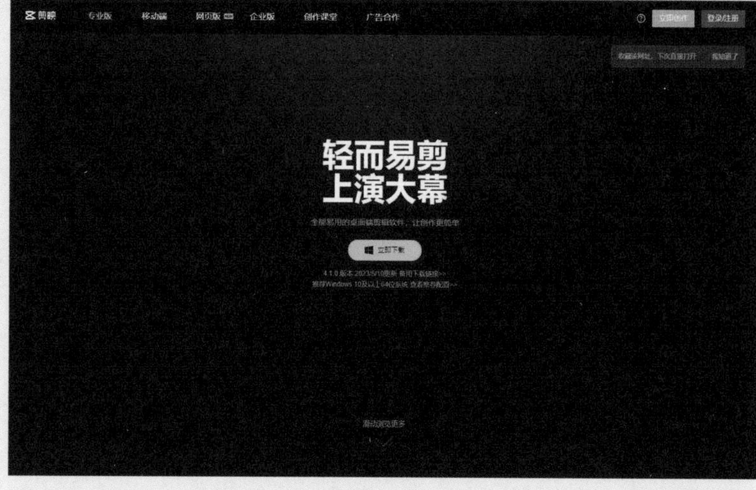

图 5-19

2. 文字按钮

纯文字按钮的周围没有任何形状、色块填充等，当鼠标指针悬停时，文字的颜色会改变，或出现下划线。此外，网站的标题也是没有任何标记，只有文字，如图5-20所示。文字按钮通常用于创建辅助交互式区域，而不会分散主要控件或CTA元素的注意力。

图 5-20

3. 下拉按钮

单击下拉按钮时，将显示项目的下拉列表。当用户选择列表中的一个选项时，该选项呈激活状态，显示其他颜色，如图5-21、图5-22所示。

图 5-21

图 5-22

4. 汉堡按钮

汉堡按钮是隐藏的菜单按钮，它的名称源于其形状，通常由三条水平线组成，看起来像汉堡。单击该按钮，将展开所有选项。汉堡按钮被广泛应用在移动端和PC端，如图5-23所示。

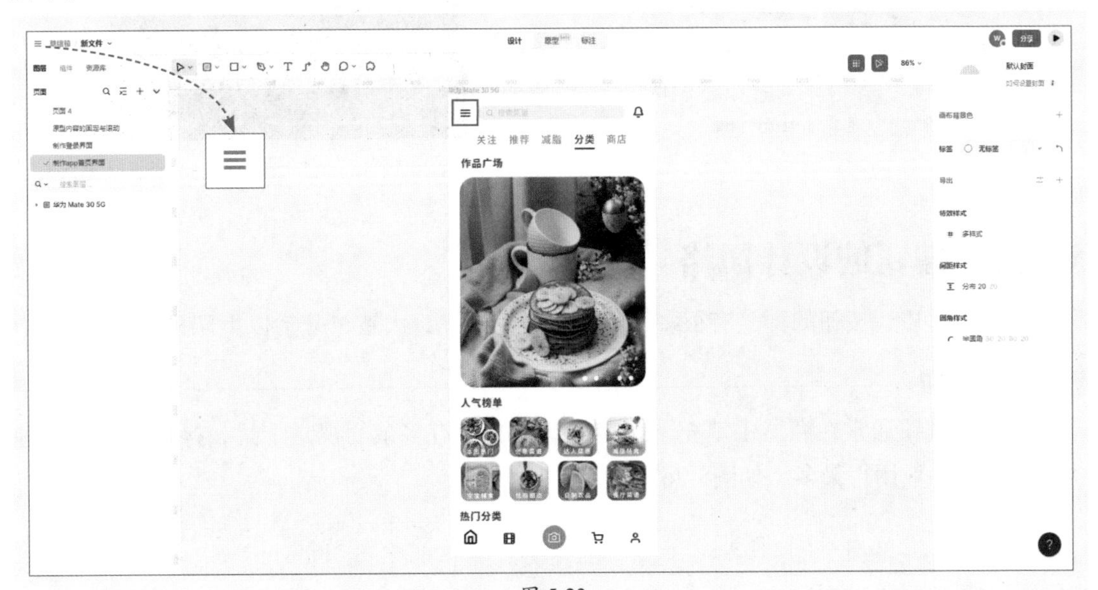

图 5-23

操作提示

汉堡按钮不再是指单纯三条线组成的按钮样式，而是变成了一类导航形式的统称，即单击该按钮则打开侧边抽屉式菜单导航形式。

5. 加号按钮

通过单击加号按钮，向系统添加一些新内容。根据应用的类型，它可以是列表中的新帖子、联系人、位置、项目等。图5-24、图5-25所示为单击加号按钮前后的效果。

图 5-24

图 5-25

5.2.3　按钮的设计风格

在UI设计中，按钮的种类有很多，但风格逐渐统一，大致可分为以下四种类型。

1. 扁平化按钮

扁平化按钮通常在容器中填充一个纯色即可，没有多余的视觉干扰，操作简便，这种类型的按钮一般用得最多，如图5-26所示。

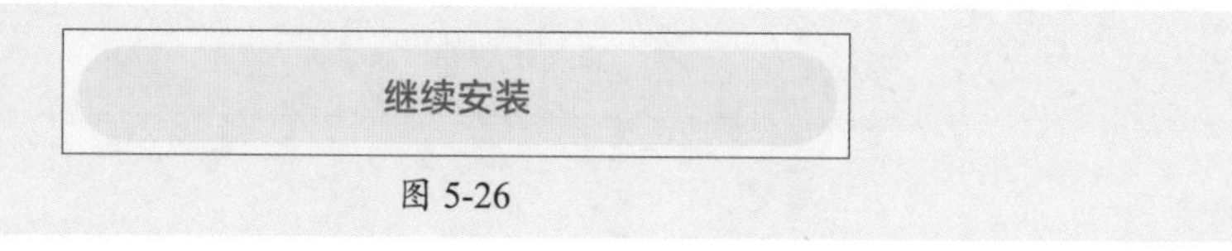

图 5-26

2. 微质感按钮

微质感按钮相比扁平化按钮，在颜色和效果的应用上更加有质感，例如填充渐变色再加上浅浅的投影，不仅能保持信息内容的简洁、让用户产生更强的操作欲望，还能让页面具有品质感，更加耐看，如图5-27所示。

图 5-27

3. 拟物化按钮

拟物化按钮的3D质感较强，属性样式丰富。这种按钮通常用于游戏界面，可以增加页面的真实感，如图5-28所示。

4. 新拟态按钮

新拟态按钮介于扁平化与3D之间，类似于浮雕的一种设计风格，利用高光和阴影使元素与背景间富有柔和的层次感，具体体现为有凸出和下凹的立体效果，如图5-29所示。

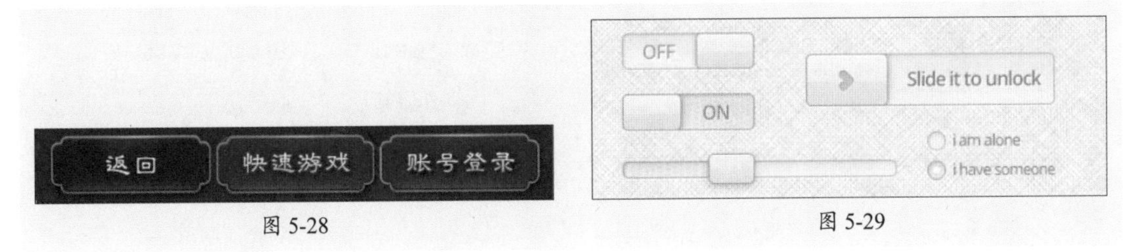

图 5-28　　图 5-29

5.3 图标的设计

图标是具有明确的指代意义的计算机符号，从广义上讲，图标具有高度浓缩并快速传达信息的特性。

5.3.1 图标的类型

在UI界面中，具有标识性质的图形就是图标。作为UI设计中重要的设计模块，产品的每个页面中都有可能存在图标。在设计规范中，图标一般分为以下三大类。

1. 功能图标

功能图标，顾名思义是具有一定功能的图标，也叫工具图标。其作用是替代文字或者辅助文字来指导用户的行为。功能图标要做到比文字更加直观、易懂易记，符合用户的认知习惯，有助于提高易用性。图5-30、图5-31所示分别为移动端和PC端Photoshop的功能图标。

图 5-30

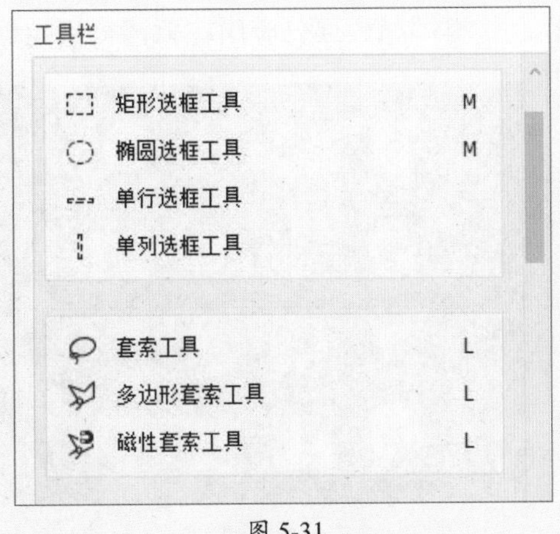

图 5-31

2. 装饰图标

装饰图标通常用来提升整个用户界面的美感，它不一定具备明显的功能性，但它们同样是重要的。在设计风格上迎合了目标受众的偏好和期望，具有独特的外观，提升了整个设计的可靠性和友好度。图5-32、图5-33所示分别为移动端装饰图标和PC网页端装饰图标。

美食团购
酒店民宿
休闲玩乐
景点门票
电影演出
1毛抢
美团优选
饮品小吃
降
特价团购
充
手机充值
火车票机票
按肩颈
骑车
按摩足疗
¥30
全民种菜
¥100
天天红包
周边旅游

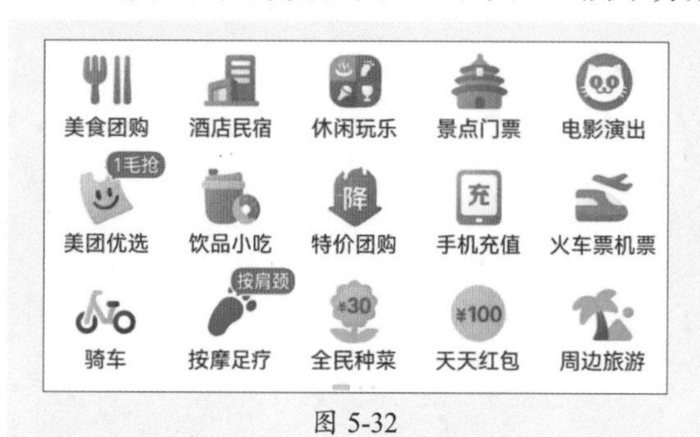

图 5-32

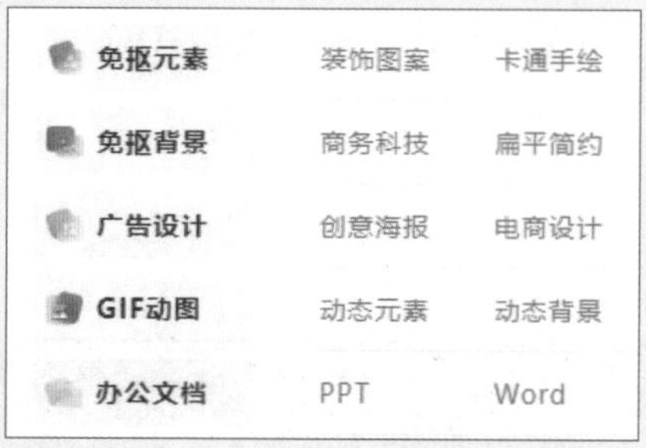

免抠元素
装饰图案
卡通手绘
免抠背景
商务科技
扁平简约
广告设计
创意海报
电商设计
GIF动图
动态元素
动态背景
办公文档
PPT
Word

图 5-33

3. 应用图标

应用图标也称为Logo，是能够在各个平台展示用的标识，是产品的身份象征。通常产品的Logo会融入产品的品牌色以及产品文化来设计，也有的标识会采用具有象征意义的动物与视觉元素来组合设计，如图5-34所示。

知乎
小红书
头条

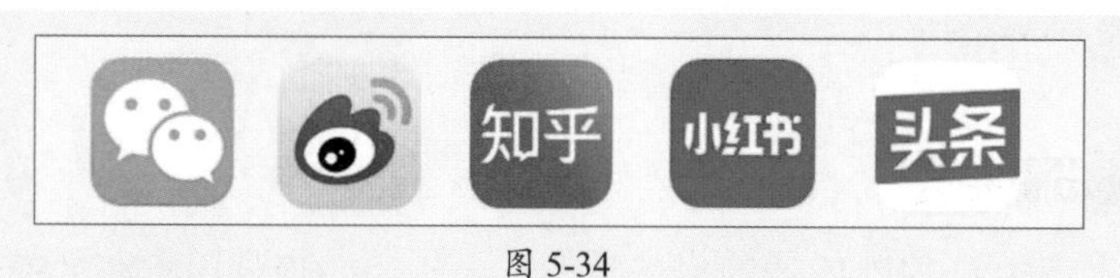

图 5-34

5.3.2 图标的设计风格

图标可以理解为图形的语言，不同的项目需要对应不同风格的图标，下面将介绍常用的拟物图标和扁平图标。

1. 拟物图标

拟物图标也称写实图标，通过细节和光影还原显示物品的造型以及质感，具有强烈的识别性。这类图标大部分应用在营销类型的界面以及游戏类应用中，如图5-35、图5-36所示。

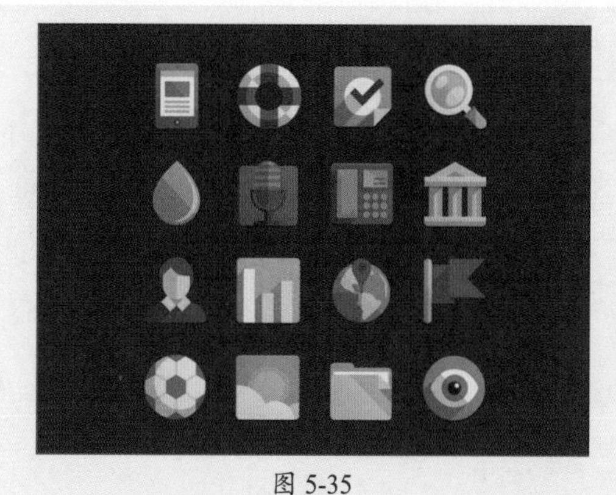

图 5-35

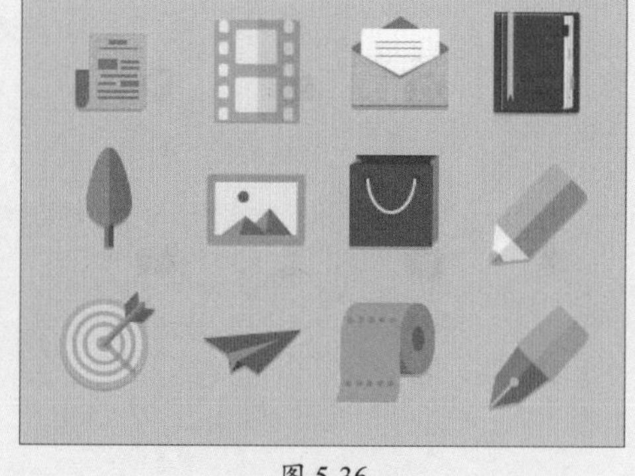

图 5-36

2. 扁平图标

扁平图标是在拟物图标设计的基础上进行简化，它摒弃高光、阴影、渐变、浮雕等视觉效果，通过抽象、简化、符号化的设计来表现一种干净整洁、扁平的UI图标设计。扁平图标在颜色上可以分为单色、双色、多色以及渐变色四种，在类型上可以分为线性图标、面性图标以及线面混合图标。

1）线性图标

线性图标，顾名思义就是以线为设计主体形式绘制而成的图标。它以2 px、3 px为主流，通过同色的、渐变的、叠加的、断线的等风格去表达设计思想。线性图标的设计并非一种设计形态，最常用的是极简风格，通过线条还原图形的本质，如图5-37所示，还可以使用一笔成型和断点的形式，如图5-38所示。

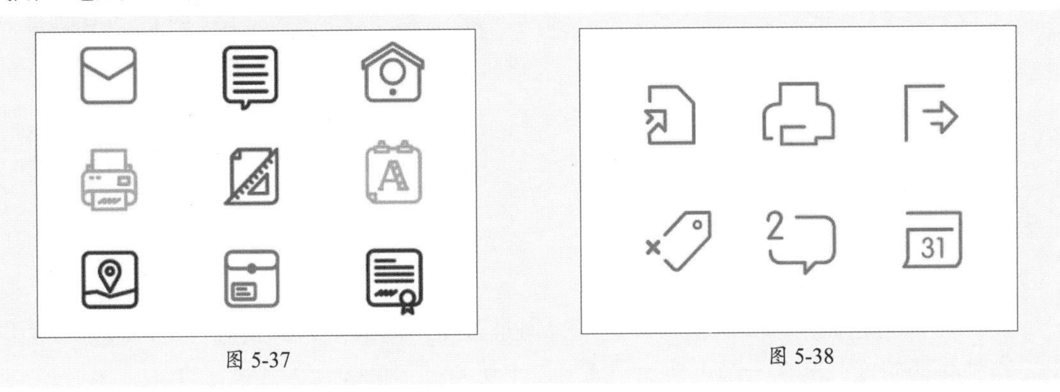

图 5-37　　图 5-38

2）面性图标

面性图标是以真实事物抽象成的象形剪影图形，相较于线性图标，它更能表达出图标的力量感和重量感，在一定程度上可以吸引用户的注意力。面性图标在设计时也可以结合各种不同的表达方式，来提升图标的质感和创意，而非只是简单地填充颜色，例如单色+点缀色、多彩双色、透明度/灰度变化、透明度变化+渐变、透明叠加+渐变背景、颜色叠加穿透等，如图5-39、图5-40所示。

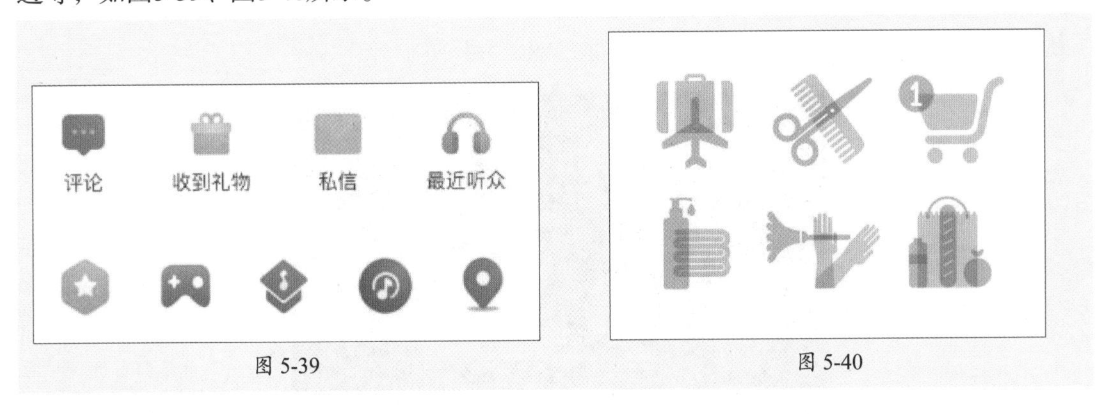

图 5-39　　图 5-40

操作提示

在该类型图标中，可细分为单色、双色、不透明度、磨砂玻璃、轻质感、卡通、像素、渐变、轻拟态、抽象等风格类型。

3）线面混合图标

线面混合图标采用线和面搭配，使形式感更丰富，视觉层次强于纯线，能产生不同的设计形式感，统一中有变化，又可区分出层次。风格偏活泼、年轻化。线面混合图标在设计上可以使用黑白线+面性品牌色、线面双色、线面结合-阴阳、线面双色+错位、线面错位+渐变、线面透明度变化、线面结合-插画、面性-扁平写实等，如图5-41、图5-42所示。

图 5-41　　图 5-42

图标的种类远不止本文所提到的这些，但是万变不离其宗，都是线性、面性、线面结合，再结合透明度、渐变、颜色叠加、质感、多维空间等的表达方式进行设计。

5.3.3 图标的设计规范

在进行图标设计之前，需熟知各平台的图标尺寸规范。本节将针对常用的iOS系统和安卓系统进行讲解。

1. iOS系统

每个应用程序都必须提供小图标，以便在主屏幕上显示，并在安装应用程序时在整个系统中显示，以及在应用商店中显示大图标，如图5-43所示。

图 5-43

在苹果官网的开发者文档中详细描述了不同设备的应用程序图标尺寸标准，详情如表5-1所示。

表 5-1

设备	应用图标
iPhone	180 px × 180 px（60 pt × 60 pt@3X）
	120 px × 120 px（60 pt × 60 pt@2X）
iPad Pro	167 px × 167 px（83.5 pt × 83.5 pt@2X）
iPad、iPad mimi	152 px × 152 px（76 pt × 76 pt@2X）
App Store	1024 px × 1024 px（1024 pt × 1024 pt@1X）

操作提示

iOS系统会自动切割圆角，在设计图标时只需根据App图标的尺寸输出直角图片即可。

此外，每一个应用程序的大图标还应该对应有一个小图标，后者在外观上与前者相匹配，视觉效果上更微妙、更丰富，如图5-44、图5-45所示。

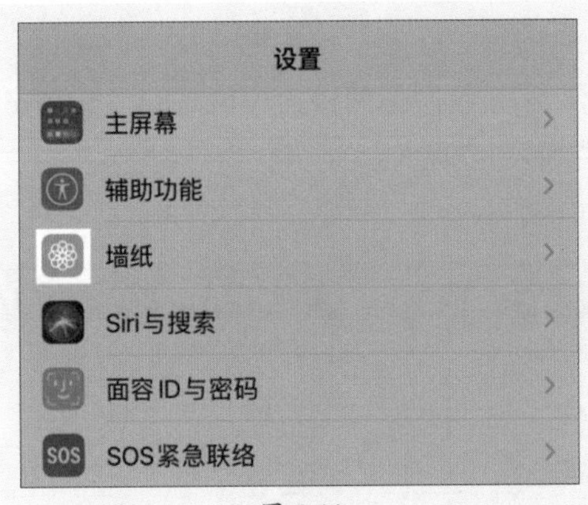

图 5-44

图 5-45

在iOS系统中其他图标尺寸的详情如表5-2所示。

表 5-2

设备	搜索图标	设置图标	通知图标
iPhone	120 px × 120 px （40 pt × 40 pt@3X）	87 px × 87 px （29 pt × 29 pt@3X）	60 px × 60 px （20 pt × 20 pt@3X）
	80 px × 80 px （40 pt × 40 pt@2X）	58 px × 58 px （29 pt × 29 pt@2X）	40 px × 40 px （20 pt × 20 pt@2X）
iPad Pro iPad iPad mimi	80 px × 80 px （40 pt × 40 pt@2X）	58 px × 58 px （29 pt × 29 pt@2X）	40 px × 40 px （20 pt × 20 pt@2X）

除了尺寸大小以外，iOS中所有应用程序图标还应遵守以下规范。

- PNG格式。
- 显示P3（广色域颜色）、sRGB（彩色）或 Gray Gamma 2.2（灰度）。
- 没有透明度的扁平化。
- 没有圆角的正方形。

操作提示

iOS系统图标的栅格系统，是严格按照黄金分割比例进行设计的，如图5-46所示。设计师在绘制iOS系统图标时，为了规范图标的绘制，保证整套图标在视觉占比上达到相对的平衡，需要借助iOS系统图标的栅格系统。图标的最小单位为8，图标尺寸是8的倍数，且尺寸跨度不易过大，例如16、24、32、48。

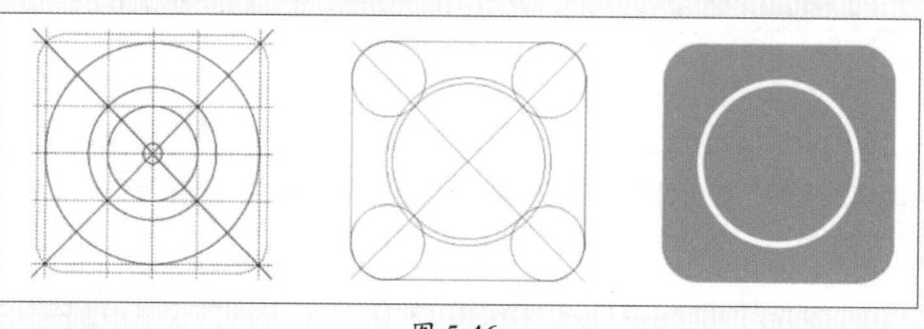

图 5-46

2. 安卓系统

在安卓Android系统中，图标主要分为应用图标和系统图标两种，单位是dp。dp是安装设备上的基本单位，等同于苹果设备上的pt，详情如表5-3所示。

表 5-3

分辨率	应用图标	系统图标
mdpi(160 dpi)	48 px × 48 px（24 dp × 24 dp）	24 px × 24 px（12 dp × 12 dp）
hdpi(240 dpi)	72 px × 72 px（36 dp × 36 dp）	36 px × 36 px（18 dp × 18 dp）
xhdpi(320 dpi)	96 px × 96 px（48 dp × 48 dp）	48 px × 48 px（24 dp × 24 dp）
xxhdpi(480 dpi)	114 px × 114 px（72 dp × 72 dp）	72 px × 72 px（36 dp × 36 dp）
xxxhdpi(640 dpi)	192 px × 192 px（96 dp × 96 dp）	24 px × 24 px（48 dp × 48 dp）

操作提示

基于48 px × 48 px画板进行绘制，不同形状图标的大小如表5-4所示。

表 5-4

形状	宽	高
方形	36 px	36 px
圆形	40 px	40 px
横向-长方形	40 px	32 px
纵向-长方形	32 px	40 px

3. 设计注意事项

无论哪一种图标，在设计时都要注意以下几点。

- **简洁美观、易于识别：** 尽量减少不必要的细节，降低图标复杂度，来帮助用户快速识别。
- **细节统一：** 在表现风格、描边粗细、端点类型、圆角大小、斜角角度、配色、投影参数等细节中，应保持一致。
- **像素对齐：** 尽量避免坐标位置（x,y）或宽高参数出现小数点，以此保证最终导出的图标是清晰的。
- **视觉大小统一：** 图标大小需要在视觉上给人大小一致的感觉。
- **饱满统一：** 在形成风格的同时，简化能影响识别度的关键笔画，通过调节笔画大小、长短、位置使图标达到一个最佳平衡状态。
- **融入品牌基因：** 融入品牌基因可以有效提升品牌感，例如，颜色、设计语言、Logo轮廓等。

课堂实战 音乐应用图标设计

学习了关于组件与图标的知识，下面将其应用到实际，本章课堂实战练习制作音乐类应用图标。

1. 案例解析

黑猫手机将推出一款针对年轻群体的音乐软件——悦享音乐，现需要一个应用图标，请根据以下要求设计软件的应用图标。

- **尺寸要求：** 48 px × 48 px。
- **设计要求：** 色调为暖色系，要求简洁、易识别、原创。
- **内容说明：** 可搭配宣传语“全世界的好音乐，尽在你耳边”进行设计。

2. 设计理念

针对客户提出的要求进行分析，该图标选择红橙渐变的暖色。以软件的宣传语为灵感，采用耳机为主视觉进行设计。

3. 操作步骤

本案例用到的软件主要是Illustrator。在整个设计中用到的知识点有新建文档、参考线和网格、椭圆工具、变形、渐变、钢笔工具、矩形工具以及路径查找器等。最终效果如图5-47所示。

图 5-47

步骤 01 启动Illustrator软件，新建48 px × 48 px大小的空白文档，如图5-48、图5-49所示。

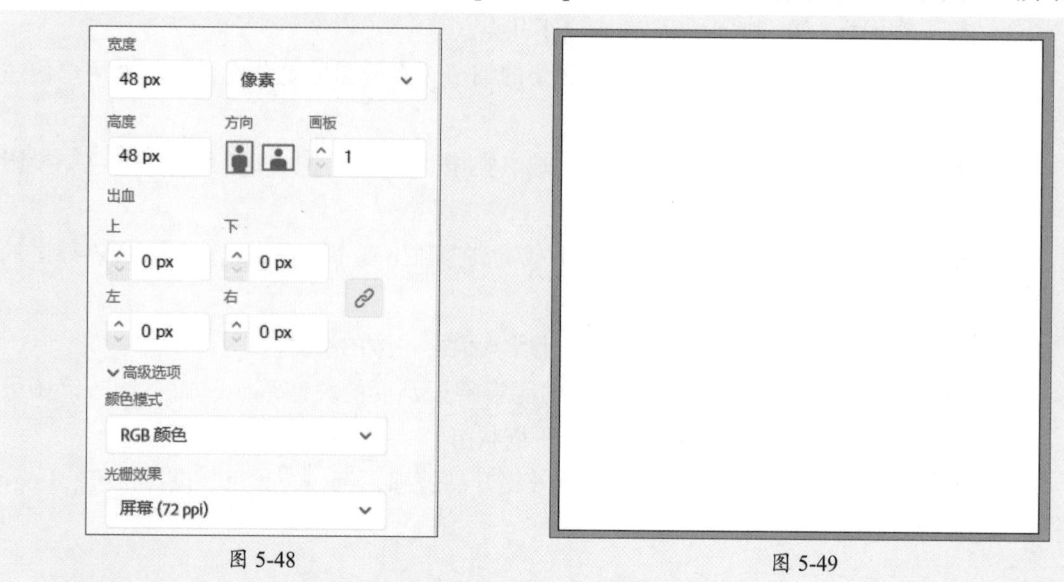

图 5-48　　图 5-49

步骤 02 按Ctrl+K组合键，在弹出的“首选项”对话框中，选择“参考线和网格”选项，设置网格线间隔和次分割线参数，如图5-50所示。

步骤 03 右击鼠标，在弹出的快捷菜单中选择“显示网格”命令，效果如图5-51所示。

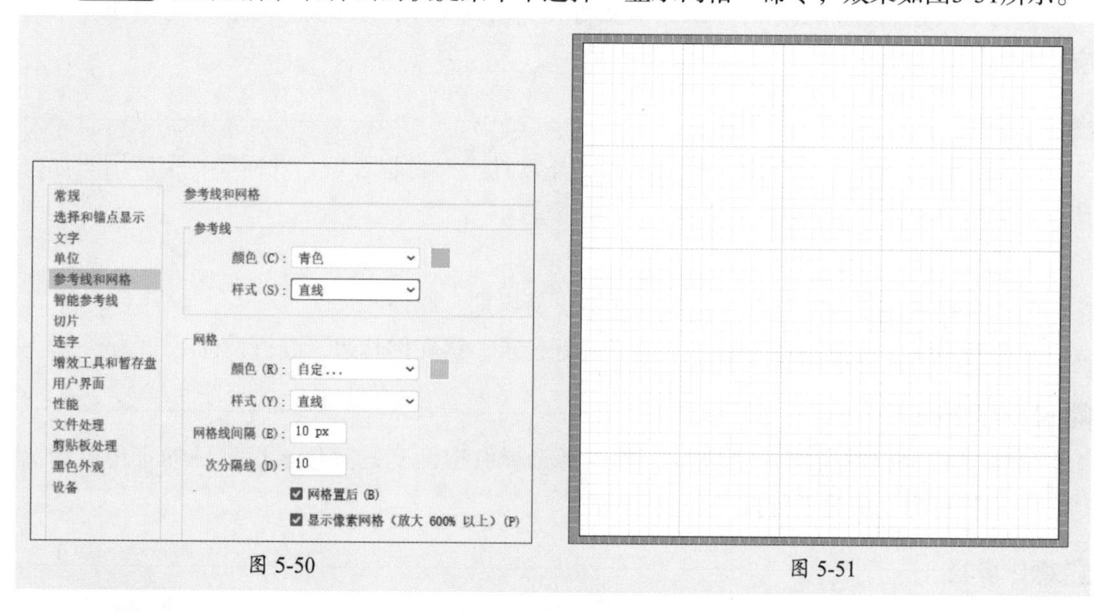

图 5-50　　图 5-51

步骤 04 分别执行“视图”|“对齐网格/对齐像素”命令，如图5-52所示。

步骤 05 按Ctrl+R组合键显示标尺，创建参考线，如图5-53所示。

步骤 06 选择“椭圆工具”，按住Shift键绘制正圆，如图5-54所示。

步骤 07 执行“效果”|“变形”|“膨胀”命令，在弹出的“变形选项”对话框中设置参数，如图5-55所示。

步骤 08 应用膨胀的效果如图5-56所示。

步骤 09 执行“对象”|“扩展外观”命令，效果如图5-57所示。

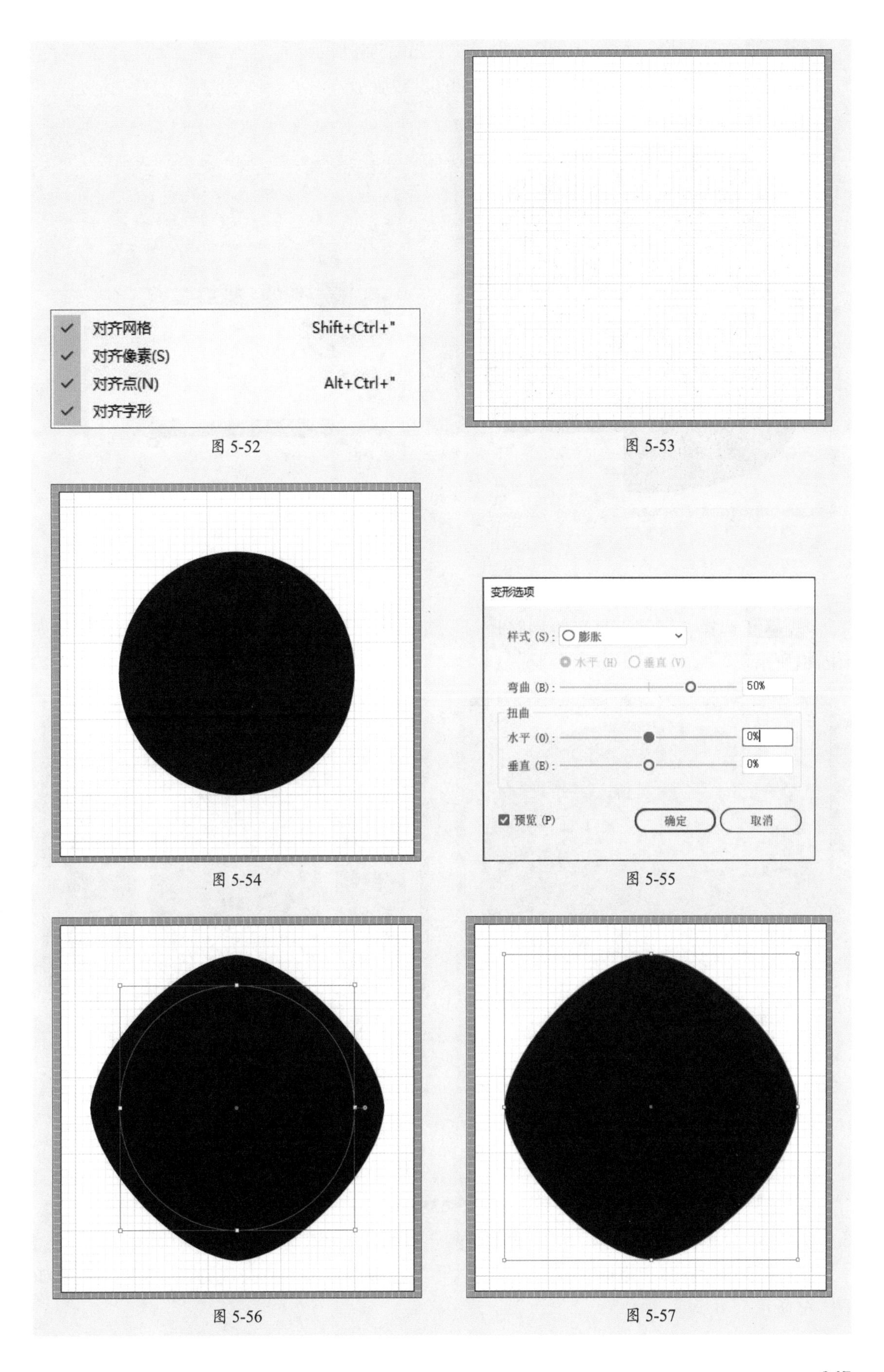

图 5-52

图 5-53

图 5-54

图 5-55

图 5-56

图 5-57

步骤 10 在“变换”面板中设置参数，效果如图5-58所示。

步骤 11 在“渐变”面板中设置参数，如图5-59所示。

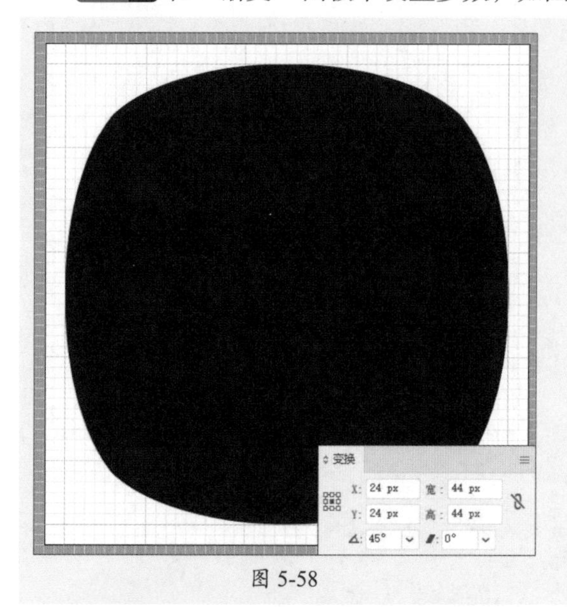

图 5-58

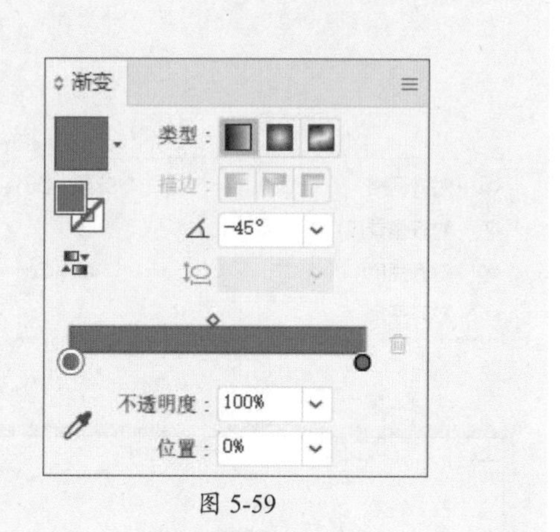

图 5-59

步骤 12 应用渐变的效果如图5-60所示。

步骤 13 选择“钢笔工具”绘制路径，设置“描边”为白色，“粗细”为2 pt，效果如图5-61所示。

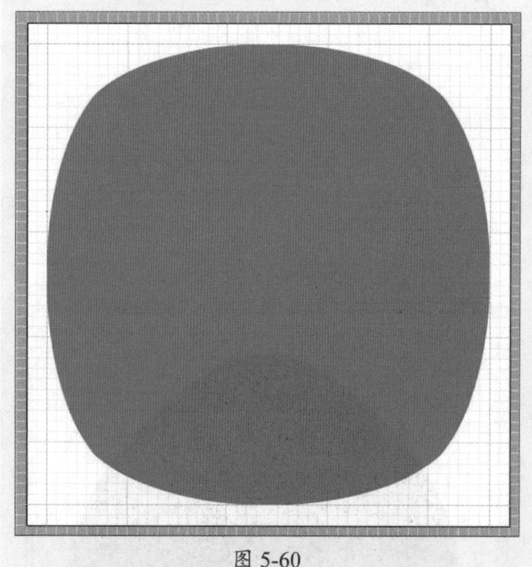

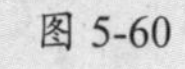

图 5-60

图 5-61

步骤 14 选择“矩形工具”绘制矩形，在“变换”面板中设置参数，如图5-62所示。

步骤 15 按住Alt键移动复制矩形，如图5-63所示。

步骤 16 分别使用“椭圆工具”“矩形工具”绘制椭圆和矩形，如图5-64所示。

步骤 17 选择椭圆和矩形，在“路径查找器”面板中单击“减去顶层”按钮，效果如图5-65所示。

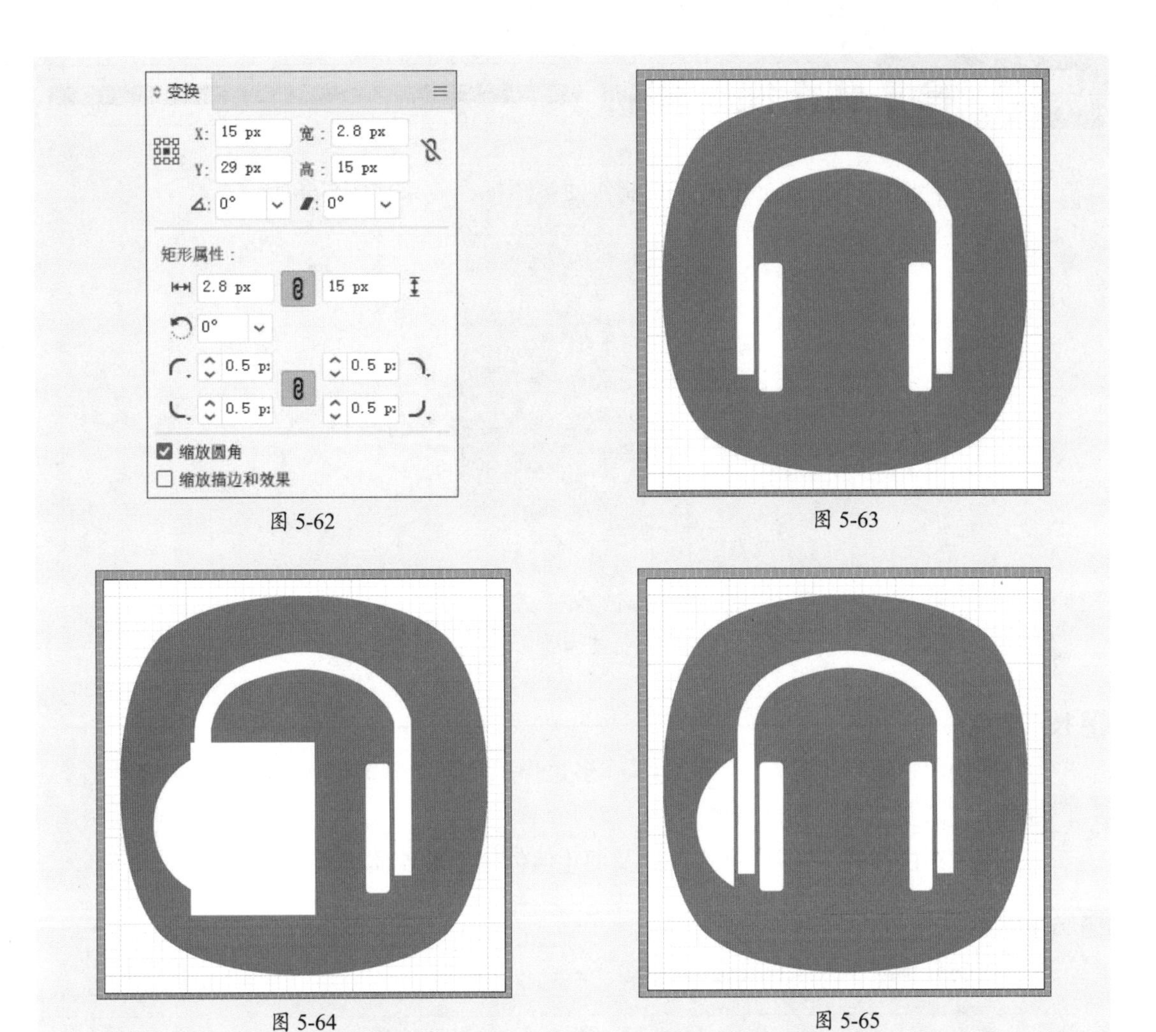

图 5-62

图 5-63

图 5-64

图 5-65

步骤 18 按住Alt键移动复制图形，右击鼠标，在弹出的快捷菜单中选择“变换”|“镜像”|“垂直”命令，选中耳机部分，按Ctrl+G组合键，使其水平、垂直居中对齐（对齐画板），如图5-66所示。

步骤 19 导出为PNG格式，效果如图5-67所示。

图 5-66

图 5-67

课后练习 制作便签图标

下面将综合使用Photoshop中的工具制作便签图标，效果如图5-68所示。

图 5-68

1. 技术要点

①分别使用“矩形工具”“椭圆工具”“多边形工具”绘制矩形、正圆以及多边形。

②使用“渐变工具”创建渐变。

③使用“图层样式”“混合模式”以及羽化值创建毛玻璃质感效果。

2. 分步演示

本实例的分步演示效果如图5-69所示。

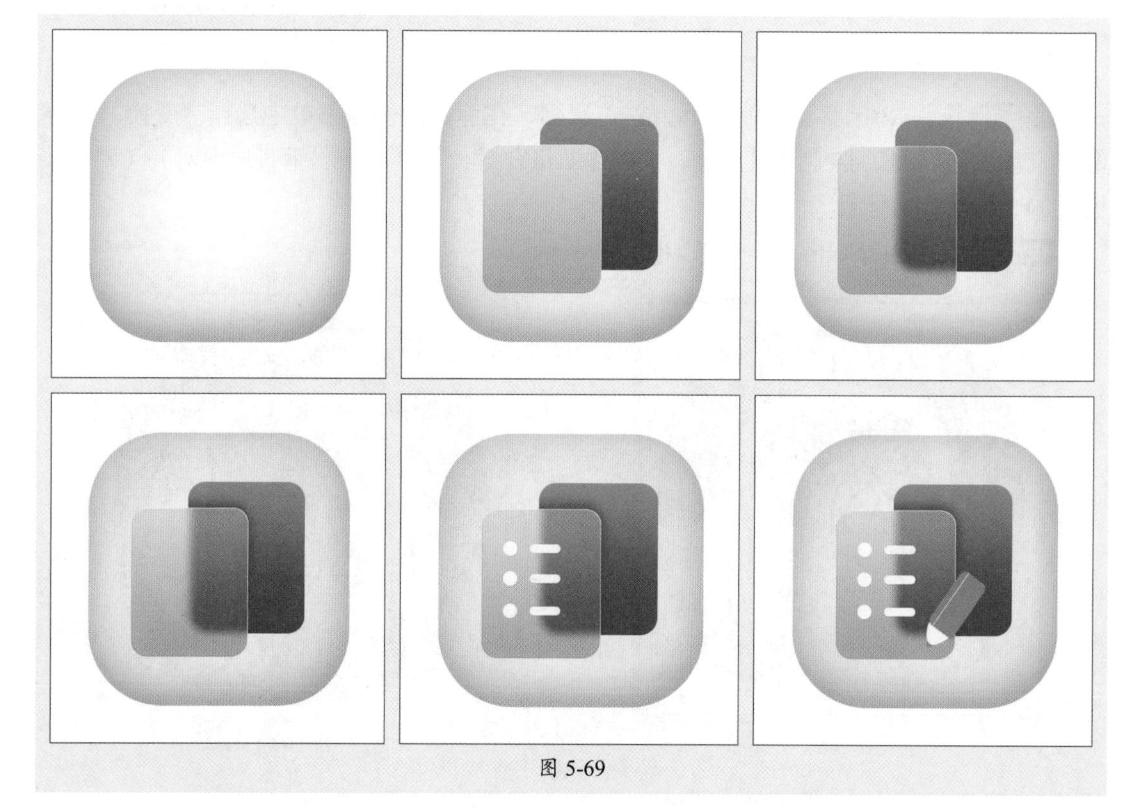

图 5-69

拓展赏析

中国古代三大印花工艺

蜡染、扎染以及镂空印花并称为中国古代三大印花技艺。

1. 蜡染

蜡染是中国古老的少数民族民间传统纺织印染手工艺，古称蜡缬。蜡染是用蜡刀蘸熔蜡绘花于布后以蓝靛浸染，既染去蜡，布面就呈现出蓝底白花或白底蓝花的多种图案。在浸染中，蜡会自然龟裂，使布面呈现特殊的“冰纹”。由于蜡染图案丰富，色调素雅，风格独特，用于制作服装服饰和各种日常生活用品，显得朴实大方、清新悦目，如图5-70所示。

图 5-70

2. 扎染

扎染古称扎缬、绞缬和染缬，是中国民间传统而独特的染色工艺。据记载，扎结防染的绞缬绸起源于东晋，它是通过纱、线、绳等工具，对织物进行扎、缝、缚、缀等多种形式组合后进行染色，其工艺特点是用线在被印染的织物打绞成结后，再进行印染，然后把打绞成结的线拆除的一种印染技术，如图5-71所示。

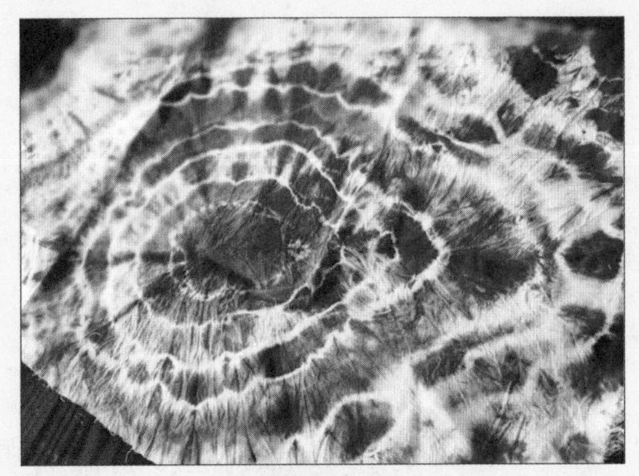

图 5-71

3. 镂空印花

镂空印花古称夹缬，是一种镂空型双面防染印花技术。在秦汉时，造纸术还未发明，棉花种植尚未引进，人们只能在木板的两面阴刻成花纹，然后把麻、丝织物等夹持于镂空板之间加以紧固，将夹紧织物的刻板浸入染缸，刻板上留有让染料流入的沟槽会使布料染色，被夹紧的部分则保留本色，如图5-72所示。

图 5-72

思政课堂

App界面设计

内容导读

App，全称是Application，意思是应用程序，即安装在智能手机里的各类软件。App和移动操作系统（iOS、Android等）共同构成智能手机的软件部分。本章将对App的界面类型、界面视觉设计，iOS系统和Android系统手机设计规范进行讲解。

思维导图

6.1 App常用界面类型

界面设计在产品用户体验中占有重要地位。在App中，常见的UI界面有闪屏页、引导页、注册登录页、空白页、首页、个人中心页等。

6.1.1 闪屏页

闪屏页又被称为启动页，是用户单击App图标后，预先加载的一张图片。闪屏页可以传达很多内容，如产品的基本信息和活动内容等。这是用户对产品的第一印象，是情感化设计的重要组成部分，其类型可分为品牌宣传型、节假关怀型、活动推广型等。

- **品牌宣传型：** 该类型的闪屏页基本采用“产品名称+产品名形象+宣传语”的简洁化设计形式，如图6-1所示。
- **节假关怀型：** 该类型的闪屏页是为了营造节假日氛围，同时凸显产品品牌进行设计，大多采用“Logo+内容插画”的设计形式，使用户感受到节日的关怀与祝福，如图6-2所示。
- **活动推广型：** 该类型的闪屏页多以插画形式表现，着重体现的是活动主题及时间节点，营造热闹的活动氛围。在设计时一定要抓住主次，避免因为烦琐的场景影响到主题的体现，如图6-3所示。

图 6-1

图 6-2

图 6-3

6.1.2 引导页

引导页是用户第一次安装软件或是更新之后打开看到的第一张图片，一般是由3～5页界面组成，无需设计太多。引导页可以帮助用户快速了解产品的功能以及特点，可以细分为功能介绍型、情感带入型、搞笑幽默型等。

- **功能介绍型：** 最基础的一种引导页，需要把简洁明了、通俗易懂的文案和界面呈现给用户。该类型引导页可分为带按钮和不带按钮两种类型。一般社交类的产品会强制引导用户去登录，所以会在引导页中加入登录的入口。
- **情感带入型：** 该类型引导页通过文案和配图，把用户需求通过某种形式表现出来，引导用户去思考这个App的价值，在设计上要求形象化、生动化、立体化，能够增强产品的预热效果。
- **搞笑幽默型：** 搞笑幽默型引导页是以用户的角度介绍App的特点与功能。这种类型的引导页采用夸张的拟人手法，让用户产生身临其境的感觉。

图6-4～图6-7所示分别为QQ邮箱的功能型引导页。

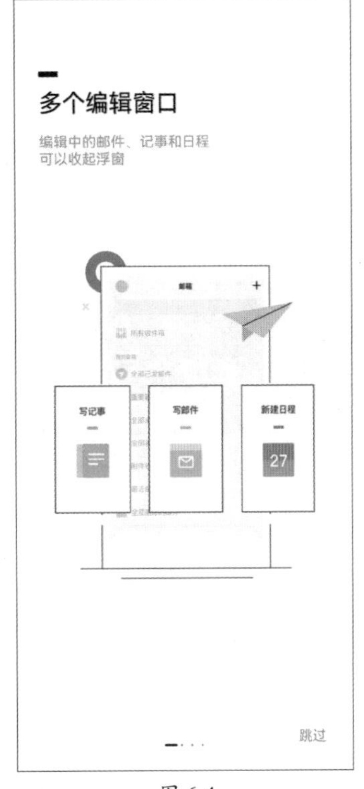

图 6-4

图 6-5

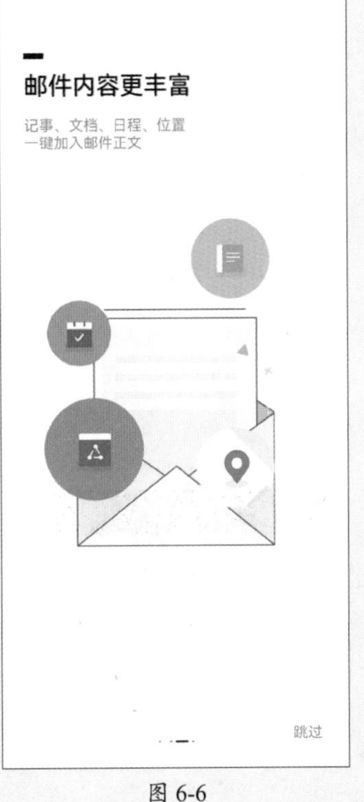

图 6-6

图 6-7

操作提示

引导页还有一种情况为浮层引导页，一般出现在功能操作提示中，是为了能够让用户在使用过程中更好地解决问题而提前设计的用户指引。一般以文字、手绘、标签表现形式为主，搭配箭头和圆圈，并使用高亮的颜色进行醒目的突出提示，同时采用蒙版方式来加强突出功能，如图6-8、图6-9所示。

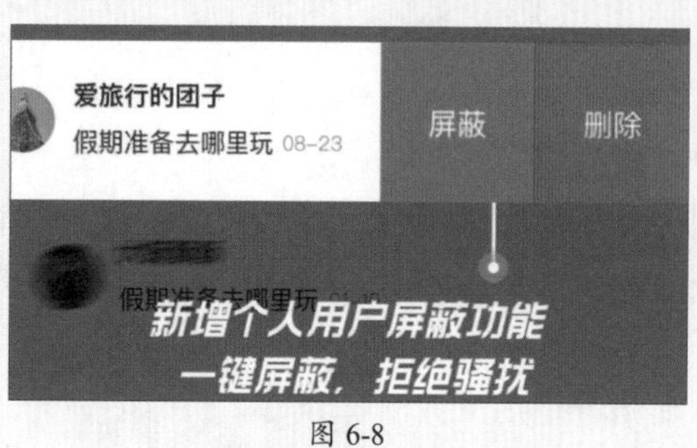

图 6-8

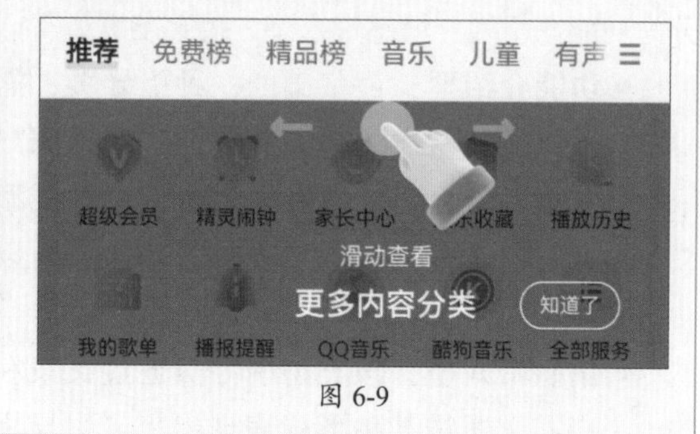

图 6-9

6.1.3 注册登录页

注册登录页是产品中登录个人账号、建立个人账号的页面。每个产品都会有登录/注册页，是用户的必需页面，例如社交类、电商类、运动健身类、招聘类、影音类等App。注册登录页的样式一般分为纯白背景、品牌色背景、品牌Logo、图片视频背景等。图6-10～图6-12所示分别为不同类型的注册登录页。

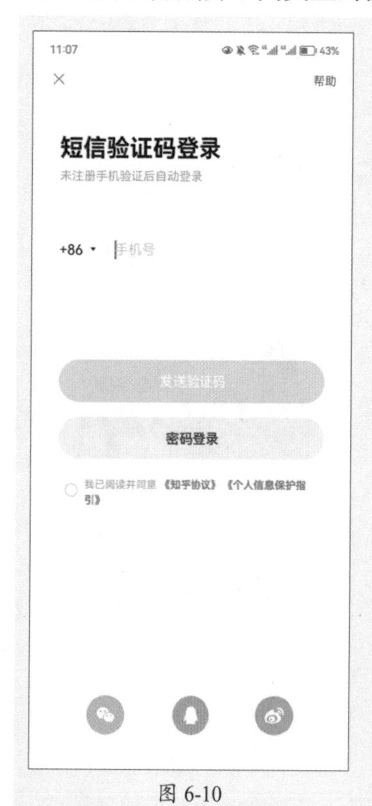

图 6-10

图 6-11

图 6-12

6.1.4 空白页

空白页就是由于网络问题造成的页面或者是没有内容的页面，例如页面中显示“没有信息”“列表为空”“错误”和“无网络”等内容的页面就属于空白页，如图6-13～图6-15所示。

图 6-13

图 6-14

图 6-15

6.1.5 首页

不同功能的App有着不一样的首页模块，选择一种适合产品本身的首页展示方式非常重要。首页最常见的四种表现形式，分别是列表型首页、图标型首页、卡片型首页和综合型首页。

- **列表型首页：** 列表型首页是指在一个页面上展示同一个级别的分类模块。模块由标题、文案和图像组成，图像可以是照片，也可以是图标。列表型的首页更方便点击操作，上下滑动也可以查看更多的内容，如图6-16所示。
- **图标型首页：** 当首页分类为几个主要的功能时，可以以矩形模块进行展示。通过矩形模块的设计形式来刺激用户点击，如图6-17所示。
- **卡片型首页：** 卡片型首页可以将图形、图标、操作按钮、文案等元素全部放置在同一张卡片中，再将卡片进行有规律的分类摆放，形成统一的界面排版风格，让用户一目了然，同时还能有效地提高内容的点击率，如图6-18所示。
- **综合型首页：** 综合型的首页设计要注意分割线和背景颜色的设计，为保证页面模块的整体性，可以选择比较淡的分割线和背景色来区分模块，如图6-19所示。电商类产品模块的表现方式比较多，有图标形式也有卡片形式等。

图 6-16

图 6-17

图 6-18

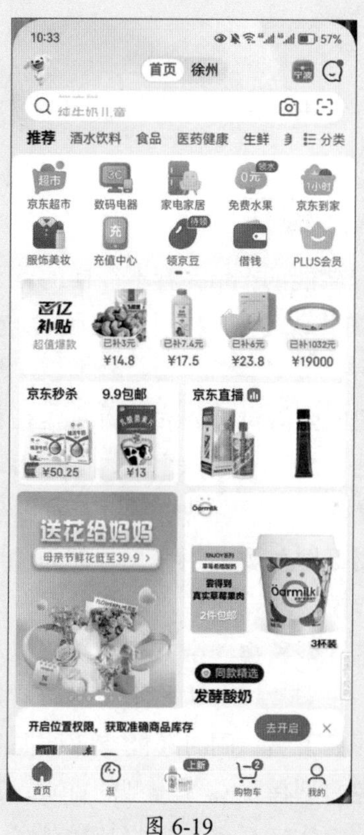

图 6-19

6.1.6 个人中心页

个人中心页又称为“我的”页面，通常设计在底部菜单栏的最右侧。个人中心页常用的设计方法有四种，无背景、固定背景、自定义以及根据等级变化。

- **无背景：**页面干净整洁，弱化了头部的用户信息，突出其他功能。
- **固定背景：**使用主题色，让品牌概念在个人中心再一次得到强化，提高用户对于品牌的辨识度，如图6-20所示。或是使用独立卡片的效果，强化个人信息区域和功能区域的对比，如图6-21所示。
- **自定义：**根据自己的喜好上传背景，提升了用户的参与度，有个人特色，如图6-22所示。
- **根据等级变化：**提高消费用户和付费用户的尊贵感，同时为会员营造更优质的环境和更贴心的服务，如图6-23所示。

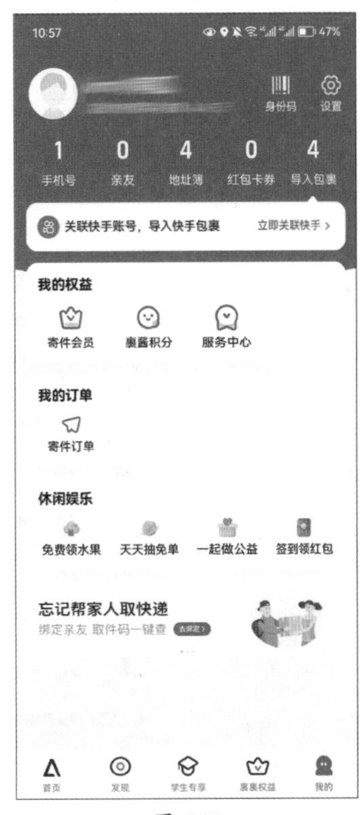

图 6-20

图 6-21

图 6-22

图 6-23

除了以上的页面类型，还有菜单导航页、搜索页、播放页、列表页、设置页、详情页、关于我们页、意见反馈页等。图6-24～图6-27分别为列表页、详情页、关于我们页以及意见反馈页。

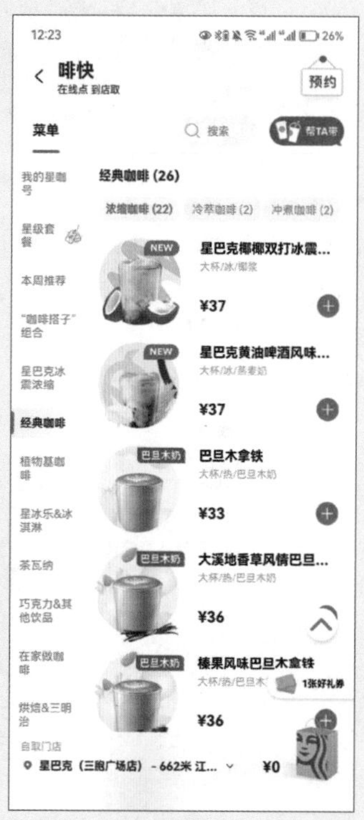

图 6-24

图 6-26

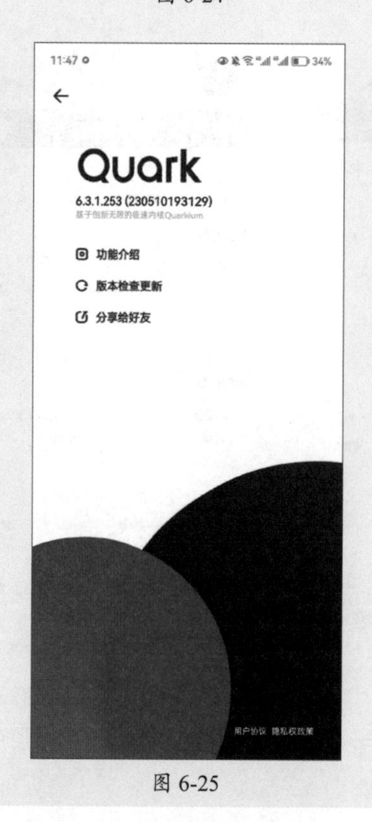

图 6-25

图 6-27

6.2 App界面视觉设计

以App首页为例，该界面一般由四个部分组成，分别是状态栏、导航栏、内容区以及标签栏，如图6-28所示。

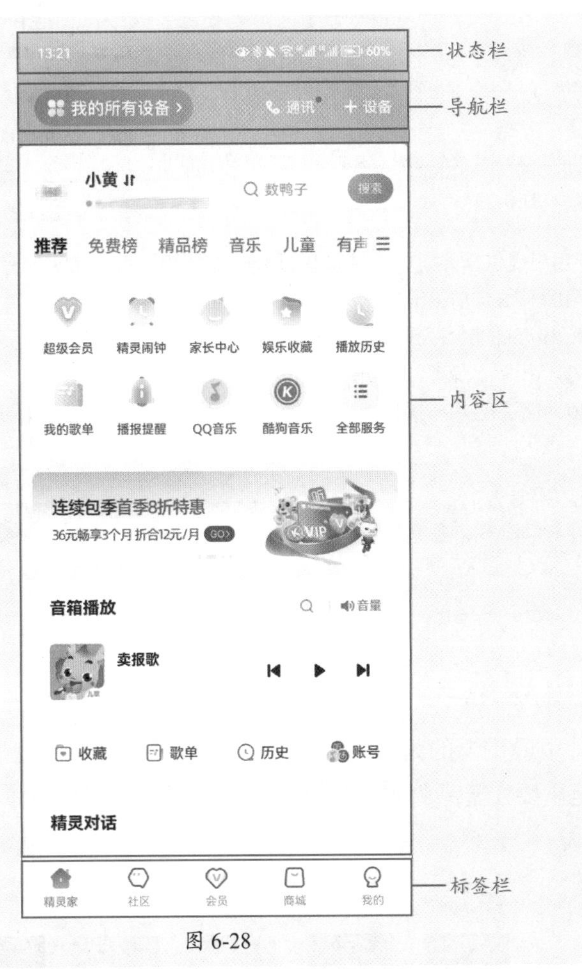

图 6-28

- **状态栏：** 一般用来呈现信号、运营商、时间、电量等信息，位于界面顶部。
- **导航栏：** 通常包含分类、搜索框、扫一扫、消息中心、范围选项等，一般位于状态栏下方。
- **内容区：** 通常包括Banner图、快速通道、金刚区、胶囊Banner、海报、悬浮按钮、临时视图等。根据App的功能不同，内容区域差异也较大。
- **标签栏：** 标签栏主要包括App的几大主要板块，通常由3～5个图标以及文案组成。标签栏通常位于界面底部，也有少部分位于状态栏之下、导航栏之上。

操作提示

金刚区是页面的核心功能区域和各类子板块的入口，为各个子板块分发内容。一般位于页面头部位置，展示样式为多行排列的宫格图标。一般为2～3行，每行4～5个，内容多的时候可以左右滑动，如图6-29、图6-30所示。

图 6-29

图 6-30

临时视图向用户提供重要信息，或提供额外的功能和选项，常见的有警告框、操作表、模态视图、toast。（警告框和操作表详情见5.1.2节）

- **模态视图：** 模态视图会打断用户的正常操作，要求用户必须对其进行回应，否则不能继续其他操作，例如全屏模态视图、弹窗、通知、对话框等。
- **toast：** toast不需要用户操作，一般维持的时间是1 s到1.5 s，如图6-31所示。

图 6-31

6.2.1 颜色规范

颜色是设计中最重要的元素，颜色的运用与搭配决定了设计的品质感。在UI设计中，颜色的使用规范主要在于品牌主色、文本颜色、界面颜色（背景色、线框色）等，如图6-32所示。

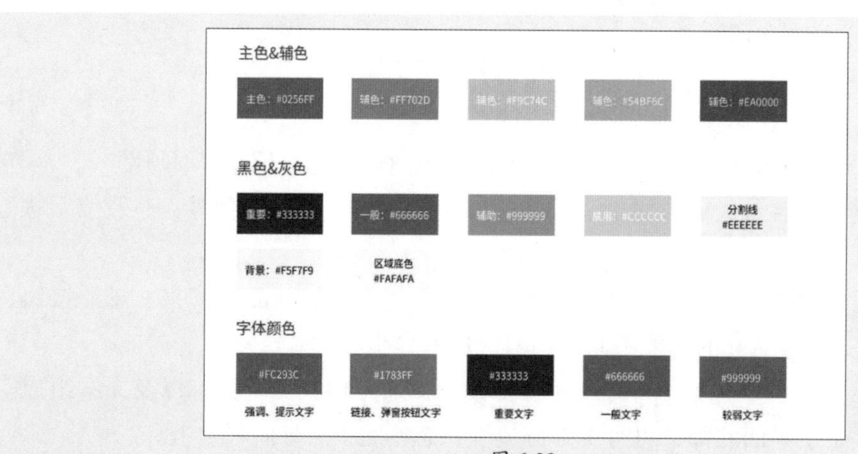

图 6-32

操作提示

主色一般根据行业、产品、用户群体等来确定，一般采用品牌色。主色饱和度建议不低于70。辅助色是为配合主色而设计的颜色，可起到传递不同信号、分割内容、强调不同内容的重要程度等作用。

6.2.2 图片规范

UI设计中常用的图片尺寸和版式需按照统一的图片尺寸进行排版和设计，这样不仅会让整体界面中功能的实现有序规范，而且便于后期精准调整。根据App的定位与风格，图片可以横置或竖置，不同的图片尺寸也可以同时使用，以增强画面的丰富性。常用的图片尺寸比例为1：1、3：4、2：3、16：9、16：10等，如图6-33所示。

图 6-33

6.2.3 边距和间距

边距与间距设计得是否合理，会直接影响用户的使用体验。如果间距过大，会导致用户阅读不流畅，文字板块失去连贯的视觉引导，识别内容的效率降低；相反，如果间距过小，页面整体内容会显得过于拥挤，难以体现清晰的功能分类，影响用户体验。

1. 全局边距

全局边距是指页面板块内容到页面边缘之间的距离，iOS系统的通用边距为30 px，例如设置页面、备忘录等。不同的App其全局边距也有所区别，常用的边距有20 px、24 px、30 px、32 px。全局边距通常是偶数，倍率为@2X时常用24 px，倍率为@3X时常用32 px。图6-34、图6-35所示分别为iOS系统设置界面和支付宝界面边距示意图。

图 6-34

图 6-35

2. 卡片边距

在界面设计中，卡片式设计是一种常用的形式，其特点是用色块背景将信息分组、分类，从而清晰地区分不同组别的内容，使页面空间得到更好的利用。页面中的卡片边距根据承载信息内容的多少来界定，通常不小于16 px，使用最多的边距是20 px、24 px、30 px、40 px。边距的颜色多为20%左右的灰度，或是白色，如图6-36、图6-37所示。卡片边距的设置灵活多变，可根据需要进行设置。

图 6-36

图 6-37

3. 内容间距

在UI设计中主要使用格式塔原理确定界面中的内容分布及内容之间的间距，根据接近法则，每个图标所对应的图形与名称之间的间距要明显小于与另一个图标之间的间距，图标之间自然分组。

6.3 iOS设计规范指南

iOS的原名为iPhoneOS，是由苹果公司为其移动设备开发的移动操作系统，支持设备包括iPhone、iPad、iPod touch。本节将介绍iPhone界面设计规范。

6.3.1 界面尺寸

iOS常见设备尺寸如表6-1所示。

表 6-1

设备名称	屏幕尺寸	像素	分辨率	倍率
iPhone 14 Pro Max	6.7 in	1290 px × 2796 px	430 pt × 932 pt	@3X
iPhone 14 Plus	6.7 in	1284 px × 2778 px	428 pt × 926 pt	@3X
iPhone 14 Pro	6.1 in	1179 px × 2556 px	393 pt × 852 pt	@3X
iPhone 14/13 pro	6.1 in	1170 px × 2532 px	390 pt × 844 pt	@3X
iPhone 13 Pro Max	6.7 in	1284 px × 2778 px	428 pt × 926 pt	@3X
iPhone 13 mini	5.4 in	1080 px × 2340 px	375 pt × 812 pt	@3X
iPhone 11 Pro Max	6.5 in	1242 px × 2688 px	414 pt × 896 pt	@3X
iPhone 11	6.1 in	828 px × 1972 px	414 pt × 896 pt	@2X
iPhone X/XS	5.8 in	1125 px × 2436 px	375 pt × 812 pt	@3X
iPhone SE	4.0 in	640 px × 1136 px	320 pt × 568 pt	@2X
iPhone 8 Plus	5.5 in	1242 px × 2208 px	414 pt × 736 pt	@3X
iPhone 8/7/6	4.7 in	750 px × 1334 px	375 pt × 667 pt	@2X

除了界面尺寸与显示规格，iOS的界面中对状态栏、导航栏、标签栏也有严格的尺寸要求，遵循相关的设计规范可有效提高最终界面设计的适配度。

在iOS 14系统之前，iPhone的状态栏高度只有两种：刘海屏132 px/44 pt和非刘海屏40 px/20 pt，如图6-38所示。

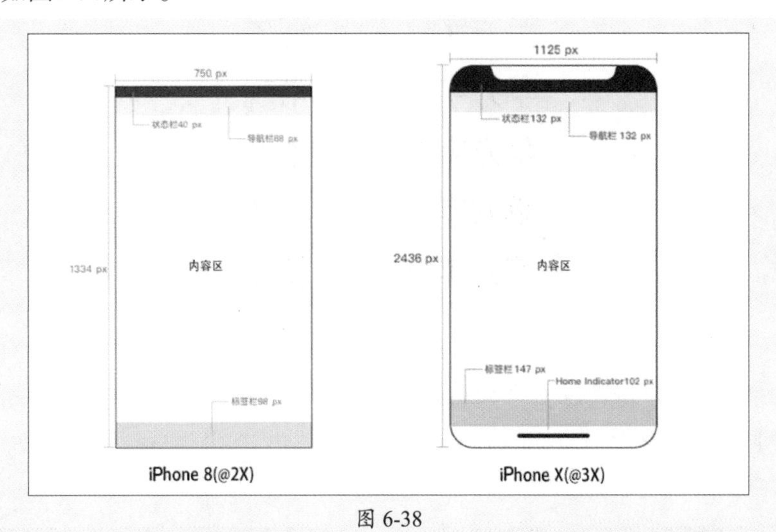

图 6-38

iOS 14系统之后，不再是固定的132 px/44 pt，详情如表6-2所示。

表 6-2

设备名称	状态栏高度	导航栏高度	标签栏高度	指示器高度	倍率
iPhone 14 Pro/14 Pro Max	162 px/54 pt	132 px/44 pt	147 px/49 pt	102 px/34 pt	@3X

续表

设备名称	状态栏高度	导航栏高度	标签栏高度	指示器高度	倍率
iPhone 12/12 Pro/13/13 Pro/14	141 px/47 pt	132 px/44 pt	147 px/49 pt	102 px/34 pt	@3X
iPhone 11	144 px/48 pt	132 px/44 pt	147 px/49 pt	102 px/34 pt	@3X
其他刘海屏	132 px/44 pt	132 px/44 pt	147 px/49 pt	102 px/34 pt	@3X
非刘海屏	40 px/20 pt	88 px/44 pt	147 px/49 pt		@2X

6.3.2 文字规范

在iOS中，英文使用的是San Francisco（SF）和New York（NY）字体，如图6-39所示。

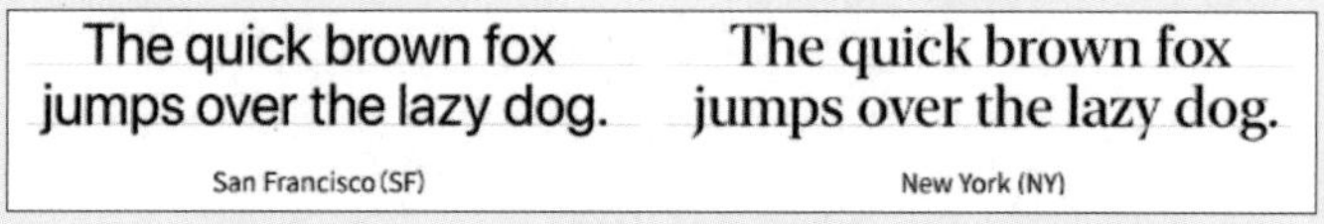

The quick brown fox jumps over the lazy dog. San Francisco (SF)

The quick brown fox jumps over the lazy dog. New York (NY)

图 6-39

- San Francisco（SF）：是一个无衬线类型的字体，与用户界面的视觉清晰度相匹配。使用此字体的文字信息清晰易懂。
- New York（NY）：是一种衬线字体，旨在补充 SF 字体。

中文使用的是PingFang SC字体，又叫苹方黑体，如图6-40所示。

苹方字体	特细
苹方字体	细体
苹方字体	常规
苹方字体	中等
苹方字体	粗体
苹方字体	特粗

图 6-40

在iOS中，用户可自行选择文本大小，从而提高文本的灵活性。以San Francisco（SF）字体为例，不同层级的字体大小如表6-3所示。

表 6-3

信息层级	字重	字号	行距	字间距
大标题	Regular	34 pt	41 pt	11 pt
标题一	Regular	28 pt	34 pt	13 pt
标题二	Regular	22 pt	28 pt	16 pt
标题三	Regular	20 pt	25 pt	19 pt

续表

信息层级	字重	字号	行距	字间距
头条	Semi-Bold	17 pt	22 pt	-24 pt
正文	Regular	17 pt	22 pt	-24 pt
标注	Regular	16 pt	21 pt	-20 pt
副标题	Regular	15 pt	20 pt	-16 pt
注解	Regular	13 pt	18 pt	-6 pt
注释一	Regular	12 pt	16 pt	6 pt
注释二	Regular	11 pt	13 pt	6 pt

6.4 Android设计规范指南

Android手机尺寸众多，在设计上不需要根据每个屏幕去适配，只需根据固定密度去设计制作，手机会自行进行适配。

6.4.1 界面尺寸

Android手机界面的尺寸详情如表6-4所示。

表 6-4

密度	密度数	分辨率	倍数关系	Px、dp的关系
xxxhdpi	640	2160 px × 3840 px	4X	1 dp=4 px
xxhdpi	480	1080 px × 1920 px	3X	1 dp=3 px
xhdpi	320	720 px × 1280 px	2X	1 dp=2 px
hdpi	240	480 px × 800 px	1.5X	1 dp=1.5 px
mdpi	160	320 px × 480 px	1X	1 dp=1 px

操作提示

px为像素，主要针对设计师。sp主要是文字单位大小，dp主要是间距大小。以1080 px × 1920 px尺寸为例，1 dp=3 px,1sp=3 px，其比例为1：3。

Android界面主要由状态栏、导航栏、标签栏和内容区四部分组成，其中三栏的尺寸详情如表6-5所示。

表 6-5

密度	分辨率	状态栏高度	导航栏高度	标签栏高度
xxxhdpi	2160 px × 3840 px	96 px	192 px	192 px

续表

密度	分辨率	状态栏高度	导航栏高度	标签栏高度
xxhdpi	1080 px × 1920 px	72 px	144 px	144 px
xhdpi	720 px × 1280 px	50 px	96 px	96 px
hdpi	480 px × 800 px	32 px	64 px	64 px
mdpi	320 px × 480 px	24 px	48 px	48 px

下面以720 px × 1280 px和1080 px × 1920 px为例，其结构图如图6-41所示。

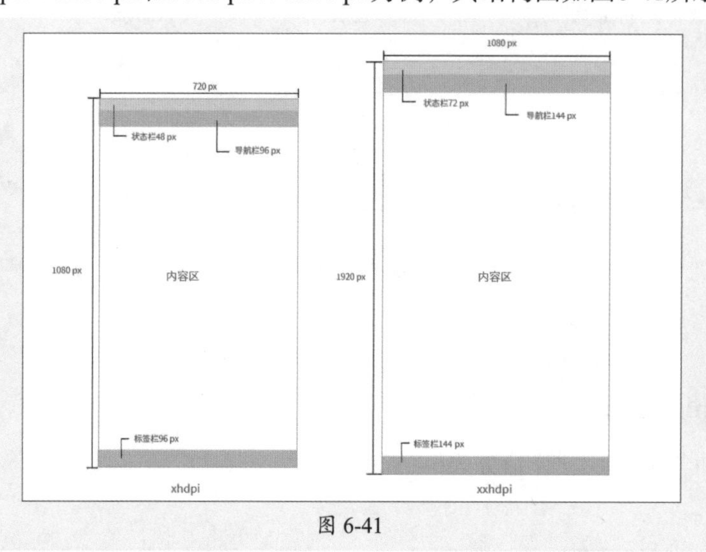

图 6-41

6.4.2 文字规范

在Android中，中文使用的是思源黑体（Noto Sans Han），英文使用的是Roboto字体，如图6-42所示。

图 6-42

安卓的字号单位为sp，以720 px × 1280 px为例，常见的字体大小如表6-6所示。

表 6-6

信息层级	字重	字号	行距	字间距
应用程序	Medium	20 sp		
按钮	Medium	15 sp		10
头条	Regular	24 sp	34 dp	0
标题	Medium	21 sp		5
副标题	Regular	17 sp	30 dp	10
正文一	Regular	15 sp	23 dp	10
正文二	Bold	15 sp	26 dp	10
标题	Regular	13 sp		20

操作提示

安卓相较于iOS系统，文字大小可以根据界面的美观进行设定，但规定字号必须是偶数，最小字号为20 px。表6-6以720 px × 1280 px为例，倍数是2，所以1 sp=2 px，标题13 sp=26 px。

课堂实战 音乐App界面设计

学习了关于App界面的知识，下面将其应用到实际中，本章课堂实战练习制作音乐App中闪屏页、注册页以及首页界面。

1. 案例解析

黑猫手机将推出一款针对年轻群体的音乐软件——悦享音乐，现需要设计App界面，请根据以下要求设计软件的界面。

- **尺寸要求：** 1080 px × 1920 px（360 pt × 640 pt）。
- **设计要求：** 色调以图标颜色为主。
- **内容说明：** 设计App界面中的闪屏页、登录页以及首页。

2. 设计理念

针对客户提出的要求进行分析，App界面中主要按钮部分使用图标色。

- **闪屏页：** 使用简洁化的品牌宣传型闪屏页设计——应用图标+宣传语。
- **注册登录页：** 使用同色系的插画为主视觉，醒目的手机号按钮登录，在下端配备了不同的登录方式。
- **首页：** 首页为综合型，标签栏使用“图标+文字”的形式，选择的部分色调为主色调，未选择的部分色调为灰色调。

3. 操作步骤

本案例用到的软件主要是MasterGo。在整个设计中用到的知识点有图片工具、文本工具、矩形工具、组件、资源库以及颜色参数。最终效果如图6-43～图6-45所示。

图 6-43

图 6-44

图 6-45

1）制作闪屏页

步骤 01 打开MasterGo官网，新建文件，选择“容器工具”，在右侧的属性栏中选择Android创建容器，如图6-46所示。

步骤 02 选择“图片工具”置入icon，并使其左右居中对齐，如图6-47所示。

步骤 03 选择“文本工具”输入文字，在右侧设置文字参数，并使其左右居中对齐，如图6-48所示。

图 6-46

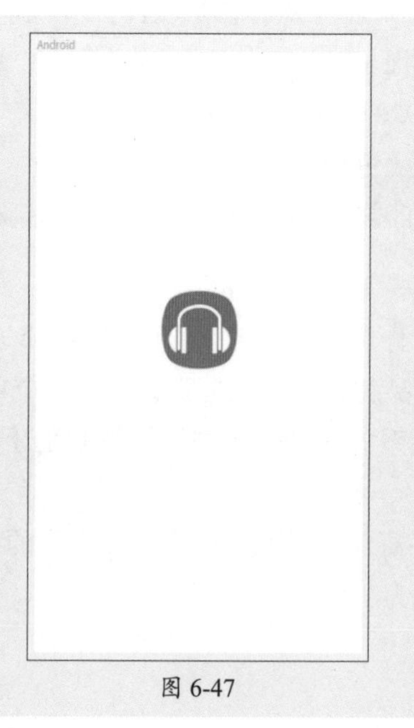

图 6-47

图 6-48

2）制作注册登录页

步骤01 选择“容器工具”，在右侧的属性栏中选择Android创建容器，从Y轴拖动创建水平参考线，值为24，如图6-49所示。

步骤02 选择“文本工具”输入文字，在右侧设置文字参数，如图6-50所示。

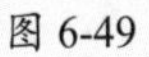

图 6-49

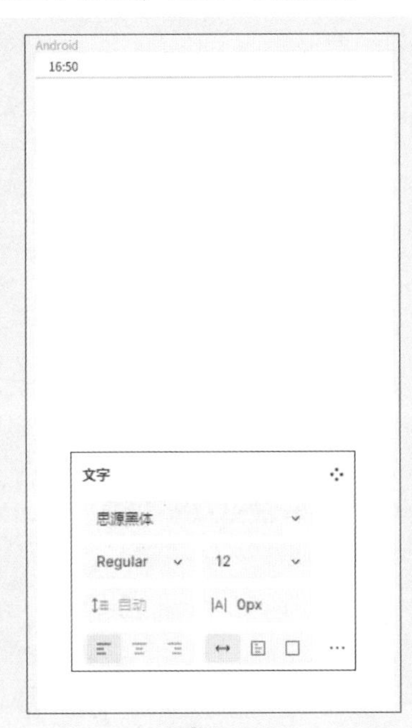

图 6-50

步骤03 在画布左侧分别在“组件-图标/图标库”和“资源库-图标”选项中选择合适的图标，在右侧设置参数（大小为16，颜色为#3D3D3D），应用效果如图6-51所示。

步骤04 选择“图片工具”置入“插画”，并使其左右居中对齐，如图6-52所示。

图 6-51

图 6-52

步骤05 选择“矩形工具”绘制矩形，在右侧设置圆角半径为20，渐变颜色为图标颜色，效果如图6-53所示。

步骤06 选择“文本工具”输入文字，在右侧设置文字参数（字号为16、颜色为白色），应用效果如图6-54所示。

图 6-53

图 6-54

步骤07 选择“矩形工具”绘制矩形（10×10），在右侧设置颜色为辅助色，如图6-55所示。

步骤08 选择“文本工具”输入文字，在右侧设置文字参数（字号为10、颜色分别为辅助色和主要色），应用效果如图6-56所示。

步骤09 选择“文本工具”继续输入文字，在右侧设置文字参数（字号为12、颜色为辅助色），应用效果如图6-57所示。

图 6-55

图 6-56

图 6-57

3）制作首页

步骤 01 全选注册登录页，按住Alt键移动复制，并删除状态栏以外的部分，创建参考线（水平间距为24、72、592，垂直间距为20），效果如图6-58所示。

步骤 02 选择“矩形工具”绘制矩形，选择“图片工具”置入素材，设置不透明度为20%，效果如图6-59所示。

图 6-58

图 6-59

步骤 03 使用“文字工具”输入两组文字，设置字体大小和颜色，在“组件-图标/图标库”选项中选择合适的图标，应用效果如图6-60所示。

步骤 04 使用“矩形工具”绘制矩形，设置圆角半径为20，特效为“阴影/低阴影”，在“组件-图标/图标库”选项中选择合适的图标，使用“文字工具”输入文字（中文/正文/正文文本，颜色为辅助色），如图6-61所示。

图 6-60

图 6-61

步骤 05 选择“矩形工具”绘制矩形，设置圆角半径为10，选择“图片工具”置入素材，效果如图6-62所示。

步骤 06 选择“组件-组件/标签”选项中的图标，使用“文本工具”更改文字后，输入文字（中文/描述/描述文本，颜色为白色），选择“椭圆工具”分别绘制半径为2、3、5的圆，分别填充白色和辅助色，效果如图6-63所示。

图 6-62

图 6-63

步骤 07 在“资源库-图标”选项中选择合适的图标应用并更改颜色（# FF4B2B），使用“文本工具”输入文字（中文/描述/描述文本），如图6-64所示。

步骤 08 继续输入文字（中文/正文/正文文本，颜色为#3D3D3D），使用资源库图标（大小为16，颜色为辅助色），如图6-65所示。

图 6-64

图 6-65

步骤 09 选择“矩形工具”绘制矩形，设置圆角半径为10，选择“图片工具”置入素材，效果如图6-66所示。

步骤 10 选择“组件-组件/标签”选项中的图标，设置大小为8×11，颜色为白色，特效为“阴影/弥散圆”，效果如图6-67所示。

图 6-66

图 6-67

步骤 11 使用“矩形工具”绘制矩形，选择“组件-头像”选项中的图标（20），使用“文字工具”输入文字（中文/标签/标签文本，颜色为黑色），以及使用资源库中的图标（16、颜色为# 1A1A1A），效果如图6-68所示。

步骤 12 在“资源库-图标”选项中选择合适的图标应用并更改颜色，使用“文本工具”输入文字（中文/标签/标签文本，颜色为# 767676），效果如图6-69所示。

图 6-68

图 6-69

课后练习 制作App首页界面

下面将综合使用Photoshop中的工具制作App界面，效果如图6-70～图6-72所示。

图 6-70

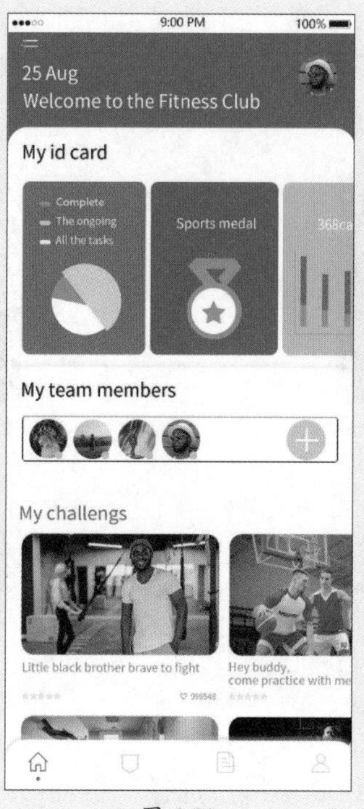

图 6-71

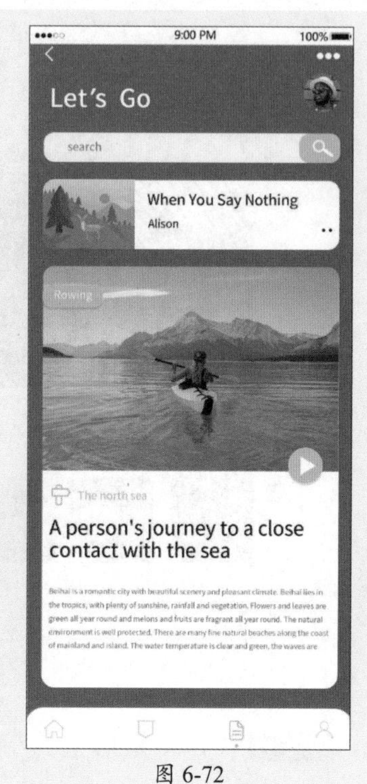

图 6-72

1. 技术要点

①参考线版面的设置。

②使用“矩形工具”绘制矩形，使用“文字工具”输入文字。

③置入素材并添加图层样式。

2. 分步演示

本实例的分步演示效果如图6-73所示。

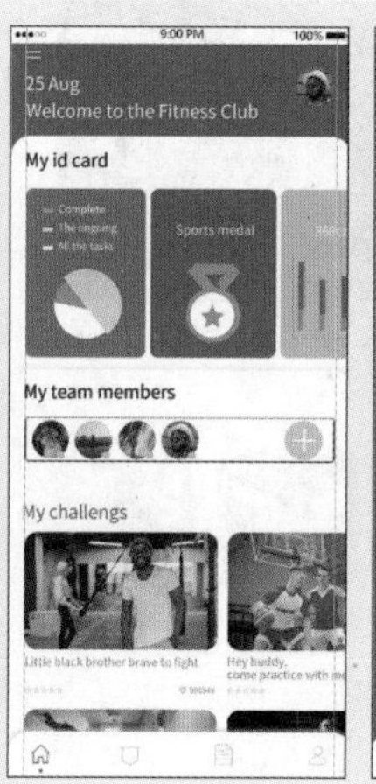

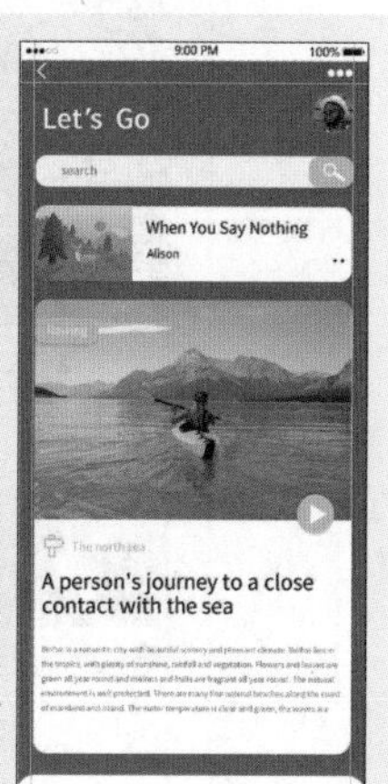

图 6-73

拓展赏析

中国传统玩具

提到玩具，人们首先想到的便是芭比娃娃、变形金刚、赛车……这些都是由外国传入中国的，那么你知道中国传统的玩具有哪些吗?

1. 泥叫叫

泥叫叫又名娃娃哨，作为可以吹的哨子，它五颜六色，外表涂上油后，又黑又亮又好看，适宜儿童玩耍。泥叫叫有很多种，如鸟哨、鱼哨、猪哨等，如图6-74所示。

2. 布老虎

布老虎是一种古代就已在中国民间广为流传的传统工艺品，它又是很好的儿童玩具、室内摆设、馈赠礼品及个人收藏品。布老虎品种繁多，流传广泛，极具乡土气息，如图6-75所示。

3. 拨浪鼓

拨浪鼓的主体是一面小鼓，两侧缀有两枚弹丸，鼓下有柄，转动鼓柄弹丸击鼓发出声音。鼓身可以是木的也可以是竹的，还有泥的、硬纸的；鼓面用羊皮、牛皮、蛇皮或纸制成，其中以木身羊皮面的拨浪鼓最为典型，如图6-76所示。早期的拨浪鼓是乐器而非玩具。

图 6-74

图 6-75

图 6-76

4. 九连环

九连环是中国传统民间智力玩具，以金属丝制成9个圆环，将圆环套装在横板或各式框架上，并贯以环柄，如图6-77所示。

5. 陀螺

陀螺是中国民间最早的娱乐工具之一。其形状上半部分为圆形，下方尖锐，玩耍时可用绳子缠绕，用力抽绳，使其直立旋转，或利用发条的弹力旋转，如图6-78所示。

6. 竹蜻蜓

竹蜻蜓外形呈T字形，横的一片像螺旋桨，当中有一个小孔，其中插一根笔直的竹棍子，用两手搓转这根竹棍子，竹蜻蜓便会旋转飞上天，当升力减弱时才落到地面，如图6-79所示。

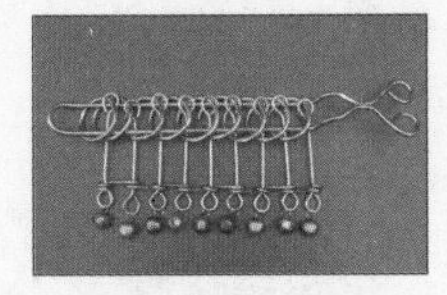

图 6-77

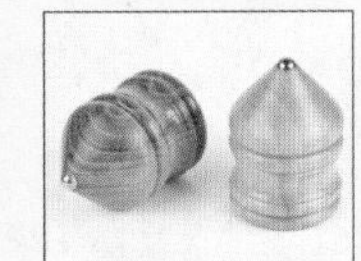

图 6-78

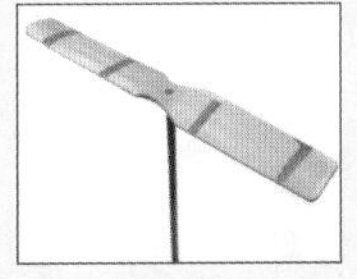

图 6-79

除了以上的玩具，还有风筝、毽子、七巧板、鲁班锁、面人等。

第7章

网页界面设计

内容导读

网页界面设计（web design，又称web UI design，WUI），是根据企业希望向浏览者传递的信息进行网站功能策划，然后进行的页面设计美化工作。本章将对网页常用界面类型、网页设计原则、网页的界面布局、网页界面设计规范等内容进行讲解。

思维导图

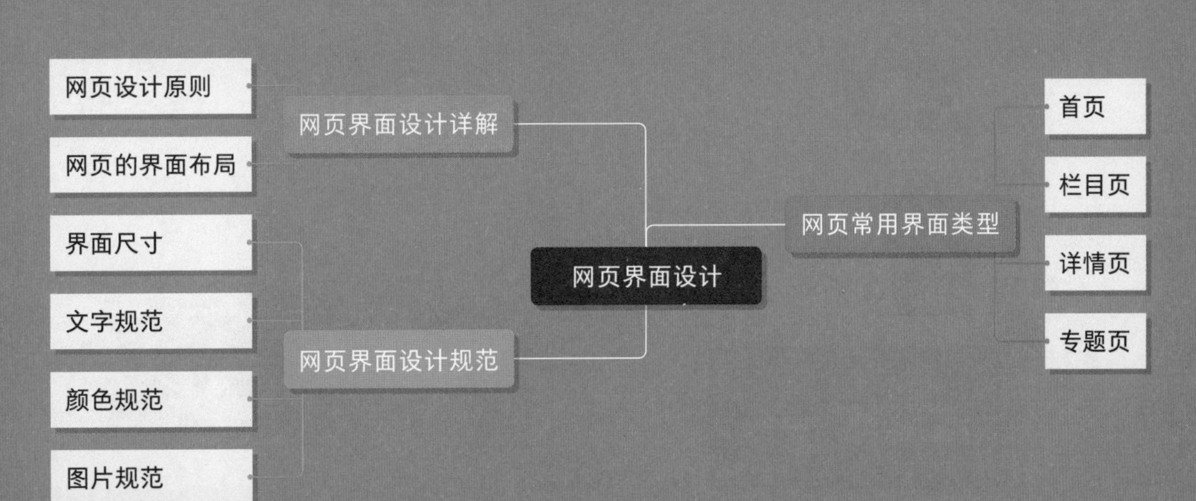

7.1 网页常用界面类型

一个网站是由若干个网页构成的，根据网站的内容来划分，可将网页页面划分为首页、栏目页、详情页以及专题页。

7.1.1 首页

首页是进入网站的第一页，承载了一个网站中最重要的内容展示功能。首页作为网站的门面，是给予用户第一印象的核心页面，也是品牌形象呈现的窗口。首页应该直观地展示企业的产品和服务，在设计时需要贴近企业文化，有鲜明的自身特色。首页包括但不限于Logo品牌标识、导航菜单、主打内容、热门内容、公司信息、联系和客服信息、宣传语、品牌口号等。图7-1、图7-2所示分别为不同类型网站的首页。

图 7-1

图 7-2

7.1.2 栏目页

栏目页是一个网站的首页与详情页之间的过渡页面，是根据网站的整体结构及发布信息的类别做出的具体分类而设立，如图7-3、图7-4所示。栏目页的形式主要有三种：文字列表、图文结合以及栏目封面。

- **文字列表：**文字性的列表链接，一般新闻中心等资讯类型的栏目会采取这种列表形式。
- **图文结合：**一般的产品列表页面会采用这种形式。
- **栏目封面：**类似于首页，经过特殊设计的一种栏目形式（大家如果看到网站的一个页面跟首页非常相似，但又不是首页，那这个页面一般是栏目封面）。

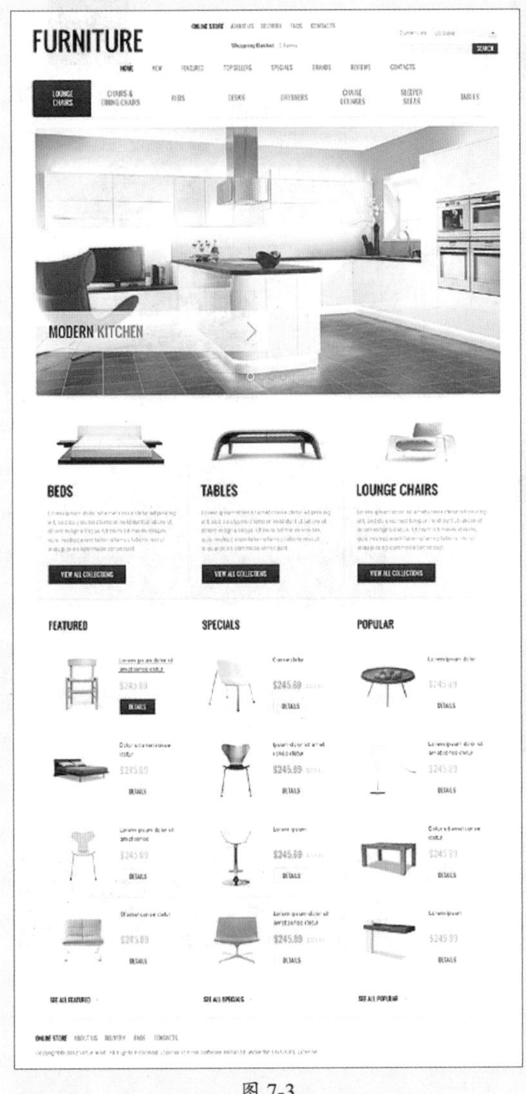

图 7-3

图 7-4

7.1.3 详情页

详情页可以是具体的一篇文章，也可以是具体的一个产品页面，如图7-5、图7-6所示。作为子级页面，详情页要与首页的色彩风格一致，页面中的装饰元素也要与其他页面保持一致，以使整个网站具有整体性。

图 7-5　　　　图 7-6

7.1.4 专题页

专题页是一个内容聚合页，围绕一个主题，多维度满足用户需求，有共同性的文章、图片、视频、站内锚文本、外链资源等。专题页页面一般信息量大、令人印象深刻，读者在浏览这一信息时会得到全方位的认知，如图7-7、图7-8所示。

图 7-7

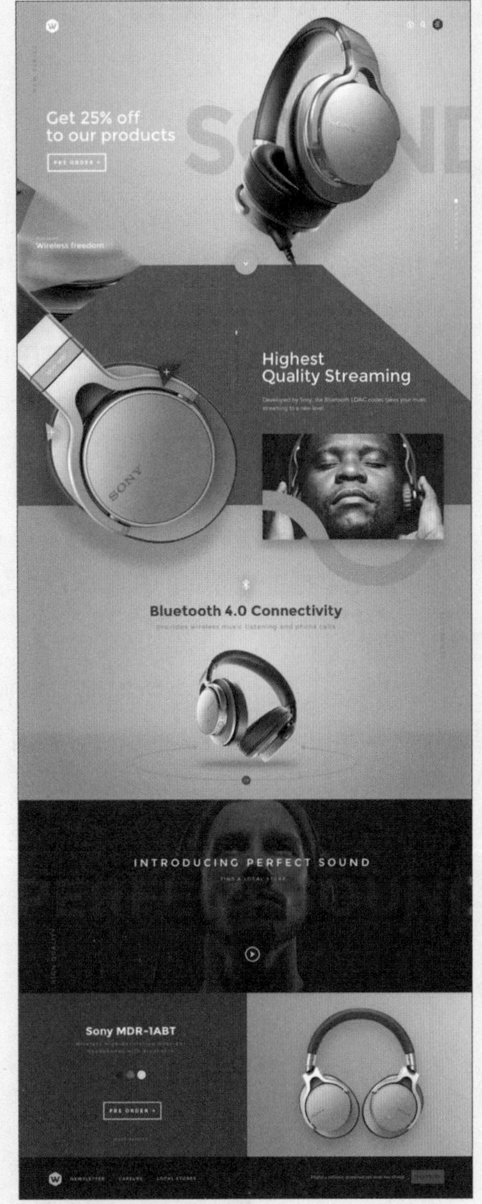

图 7-8

除此之外，还有控制台页和表单页。

- **控制台页：**集合了数字、图形及文案等大量多样化的信息，需一目了然地将关键信息展示给用户，该页面精简、清晰，可视性高。
- **表单页：**此页常用于登录、注册、下单、评论等，可引导用户高效完成表单的工作流程。

7.2 网页界面设计详解

网页界面设计是根据企业希望向浏览者传递的信息进行网站功能策划，通过合理的颜色、字体、图片、样式进行页面美化工作。精美的网页设计，对于提升企业的互联网品牌形象至关重要。

7.2.1 网页设计原则

网页界面设计是展现企业形象、介绍产品和服务的重要方式。制作网页UI界面设计要从消费者的需求、市场状况，以及自身情况出发，然后再进行页面美化的工作。

1. 以用户为中心

UI设计是作用于用户本身的，一个好的网页UI界面设计可以让用户好感倍增。

- **用户优先观念：** 网页界面UI设计主要是吸引用户从而增加浏览量，所以无论如何，设计都要以用户为中心，了解用户的需求。在设计制作网页UI时，不能一味地追求艺术感，要简洁、易操作，便于用户理解。
- **简化操作流程：** 在网页设计过程中，要明确、清晰地传递所操作的信息，便捷易懂的操作流程永远是用户的第一选择。操作若过于烦琐，会导致用户失去耐心，容易流失客户。
- **情绪感受：** 在进行网页设计时，要从用户的视角出发，吸引他们的注意力，保证用户可以掌握整个界面的操作，产生信任感和安全感。

2. 视觉美观

网页UI界面设计越来越重视视觉美观，重视界面内容与表现形式的多样化，以及版式的新颖独特化。相比传统的设计，具有视觉冲击力、感染力、表现力的作品更能吸引用户，例如融合交互设计、动画以及三维效果等多媒体形式的UI设计。除了这些还有平面类基础知识：点、线、面元素的运用，通过互相衬托、互相穿插构成完美的页面效果，充分体现完美的设计意境，如图7-9所示。

图 7-9

3. 主题明确

网页UI界面设计一定要有意图有要求，每一个屏幕都应该有一个主题，如图7-10所示。这样在操作的过程中便于上手，也便于后期的修改，避免产生不必要的歧义。

图 7-10

4. 有机的整体

整体性的网页UI设计可以让用户对网页有深刻的记忆，让用户迅速而有效地进行操作。若不遵循这一项原则，会让整个网页看起来杂乱无章。这并不是说一个网页UI设计是一成不变的，随着社会的进步、用户需求的变化，设计者也在不断地学习，为网页呈现不同的风格，与时俱进，给用户带来新鲜的感觉，如图7-11、图7-12所示。

图 7-11

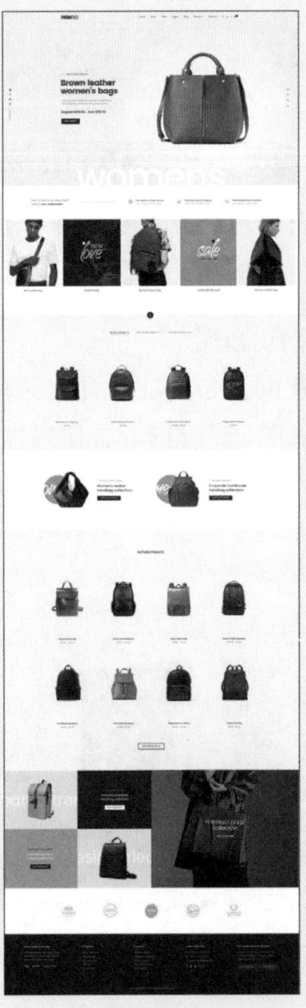

图 7-12

5. 内容与形式统一

网页中内容与形式的统一，是该设计整体性的表现。在网页UI设计中有Logo、文字、图片和动画等元素，这些元素通过某种排版方式组成一个网页的界面。这里就要遵循网页UI设计原则中的整体性，其整体性是指整体的内容、颜色、功能等风格的高度统一。统一的界面表现形式，可以增强用户的信任，如图7-13所示。

图 7-13

7.2.2 网页的界面布局

网页布局在很大程度上决定了网站的访问者将如何与网页内容进行交互。不同的网页布局带来的交互体验是不同的。下面将列举几种常见的网页布局方式。

1. 卡片式网页布局

卡片式网页布局在设计时灵活度更高，以文字标题、小标题、图形或图片组成模块化，以块状形式整合内容，让内容更规整化，视觉上更个性化，如图7-14所示。

图 7-14

网格布局是卡片设计的绝佳组合，具有很强的灵动性，可以无限滚动设计。

2. 分屏式网页布局

当两个元素在页面上具有相等的权重时，分屏布局是一种流行的设计选择，并且通常用于文本和图像都需要突出显示的设计中。这种布局方式适合电子商务网站的产品界面，如图7-15所示。

图 7-15

3. 全屏图像布局

全屏图像布局通过将超大的视觉效果放在屏幕前面和中间，可以引人注目且让访客产生身临其境的感觉。大型的媒体功能如视频可以在很短的时间内传达很多信息。该类型的图片常以轮播图的形式展现，轮播内容包含图像和文本，用来突出显示内容，如图7-16所示。

图 7-16

4. Z型/F型布局

Z型和F型布局是指用户的视线如何在页面上移动，即用户如何扫描内容。

Z型布局将用户的视线吸引到顶部（Logo通常放置在左上角），接着沿对角线方向向下延伸到底部，然后再次延伸，如图7-17所示。F型布局有非常明确的视觉层次结构，需确保在页面的顶部折叠处放置重要元素，访问者可能会在此处逗留更长时间，通常包括标题、副标题和特色图片。

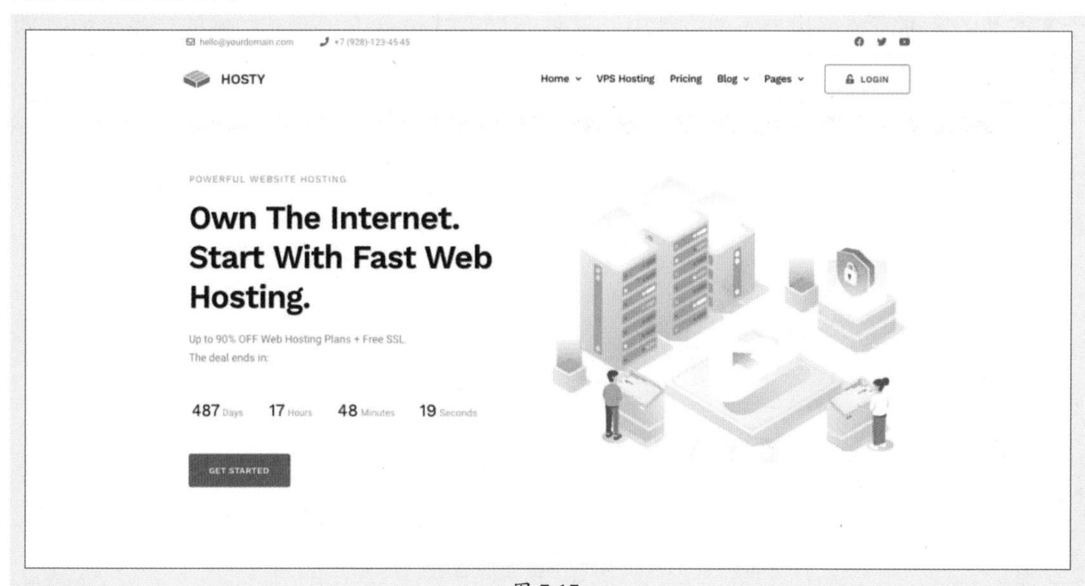

图 7-17

5. 杂志式布局

杂志和期刊的布局方式影响了网络杂志的版面设计。这些网页布局很适合有大量内容的网站，尤其是每天都需要更新内容的网站，如图7-18所示。

图 7-18

6. 单栏网站布局

单栏网站布局是最常使用的布局方式，用户只需要向下滚动并无缝访问信息，品牌就可以轻松导航客户并显示不同部分的重要内容，如图7-19所示。

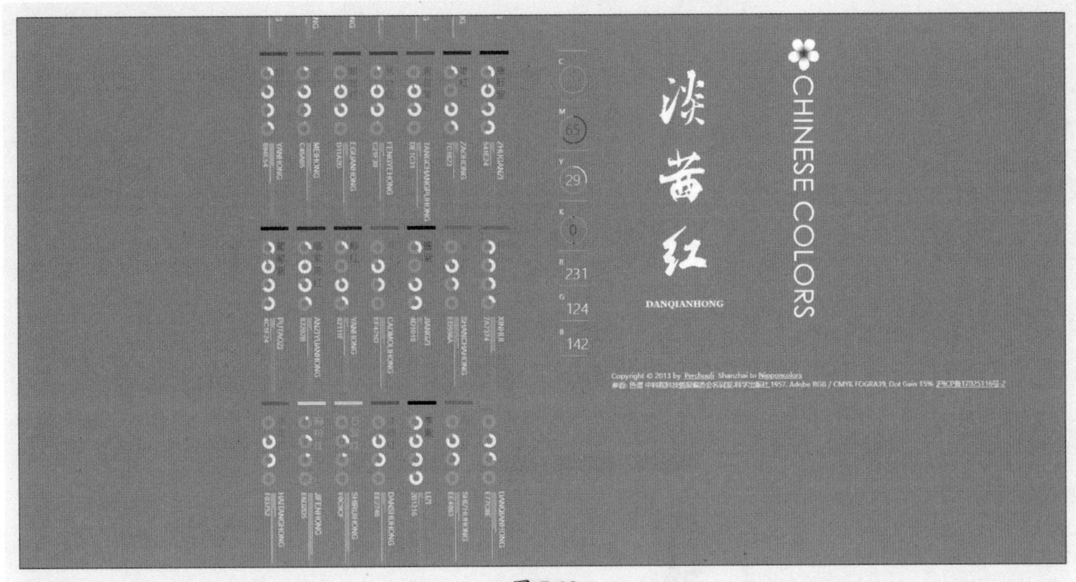

图 7-19

7. 不对称布局

这种布局方式适合简约网站布局中的登录页面，同时可以使用色彩对比度高的元素来为设计的特定部分增加视觉效果，如图7-20所示。

图 7-20

7.3 网页界面设计规范

网页界面主要分为页头区、内容区和页脚区，如图7-21所示。

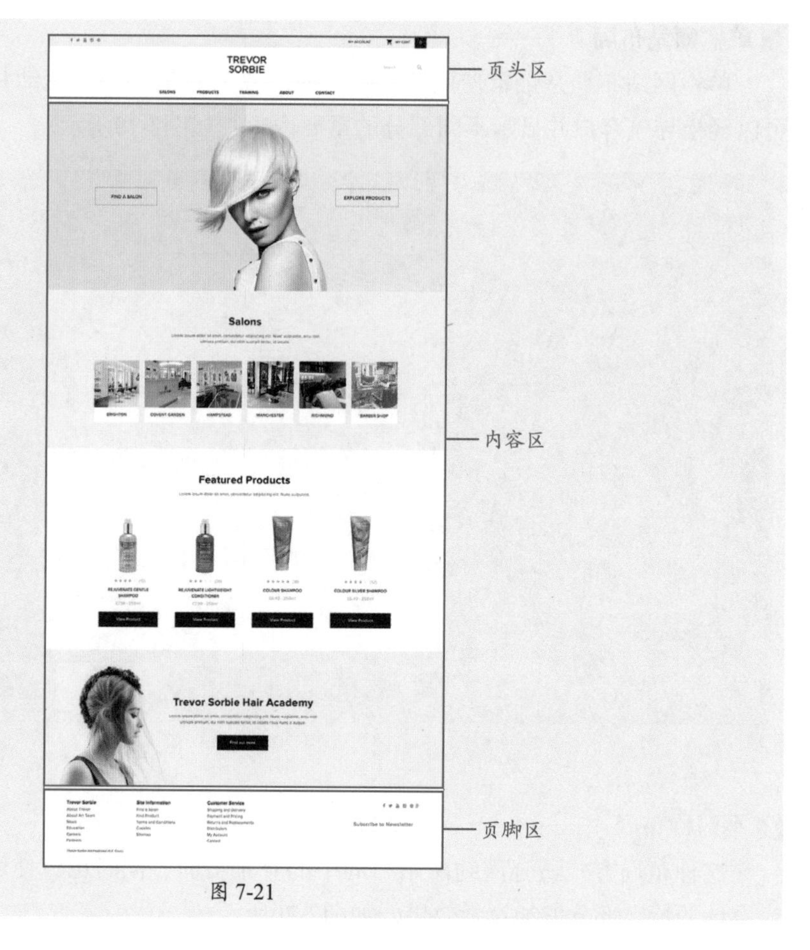

图 7-21

- **页头区**：位于网页的顶部，包括网站的Logo、网站名称、链接图标和导航栏等内容，可以让用户更容易识别网站，并访问其他页面，提高网站的可用性。
- **内容区**：包括横幅（Banner）和内容相关信息。
- **页脚区**：位于网页的底部，包括版权信息、法律声明、网站备案信息、联系方式等内容。

7.3.1 界面尺寸

网页界面的尺寸主要取决于用户屏幕尺寸，常见的网页尺寸有以下几种。

- **常见尺寸**：1366 px × 768 px。
- **网页-大尺寸**：1920 px × 1080 px。
- **网页-中尺寸**：1440 px × 900 px。
- **网页-最小尺寸**：1024 px × 768 px。
- **网页-小尺寸**：1280 px × 800 px。
- **MacBook Pro 13**：2560 px × 1600 px。
- **MacBook Pro 15**：2880 px × 1800 px。
- **iMac27**：2560 px × 1440 px。
- **台式机高清设计**：1440 px × 900 px。

网页的尺寸宽度为1920 px，高度不限，安全宽度为1200 px，安全宽度即安全区域，确保在不同计算机的分辨率下都能正常显示；首屏高度为打开网页第一眼看到的页面区域，去掉任务栏、浏览器菜单栏及状态栏后，网页首屏高度建议为710 px，安全高度为580 px，导航栏的高度在60～100 px之间，如图7-22所示。

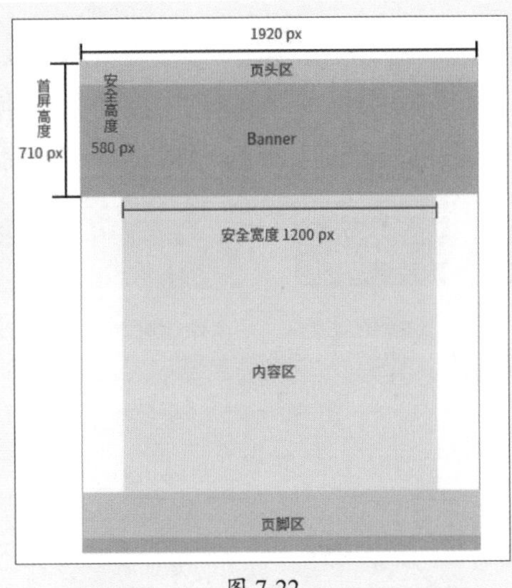

图 7-22

7.3.2 字体规范

网页中的文字需使用易识别、可读性高的文字。中文常用字体为宋体、微软雅黑或苹果系统的黑体，英文常用字体为Arial无衬线字体、Times New Roman、Sans。

在网页中中文最小字号为12 px，适用于非突出性的日期、版权等注释性内容；14 px适用于非突出性的普通正文内容；16 px、18 px、20 px、26 px或者30 px适用于突出性的导航、标题内容。段落文字的格式为两端对齐、末行左对齐，首行缩进两个字符。字间距除特殊情况外，都使用默认间距。行间距以字体大小的1.5～2倍为佳；段间距则为字体大小的2～2.5倍。避头尾法则设置为JIS严格。图7-23所示为网站正文详情页。

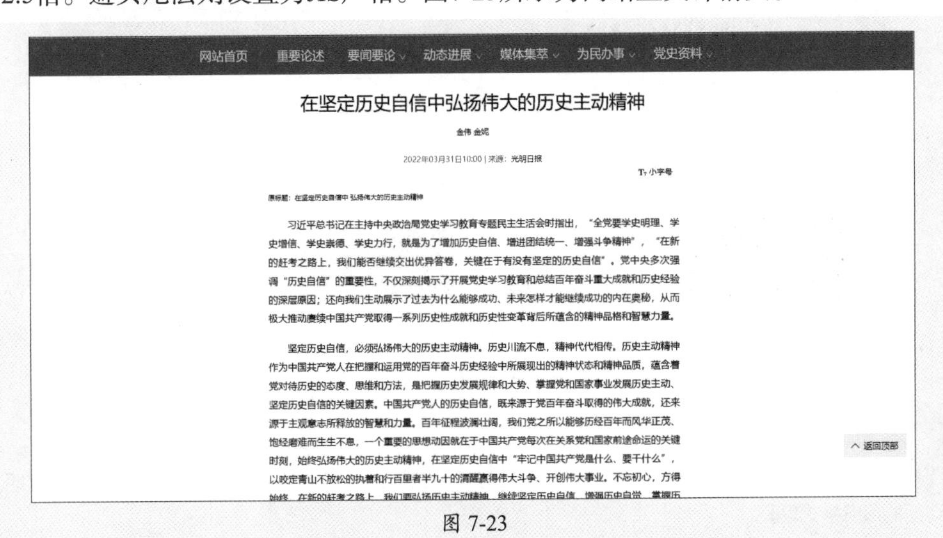

网站首页　重要论述　要闻要论　动态进展　媒体集萃　为民办事　党史资料

在坚定历史自信中弘扬伟大的历史主动精神

金伟 金妮

2022年03月31日10:00 | 来源：光明日报

Tт 小字号

原标题：在坚定历史自信中 弘扬伟大的历史主动精神

习近平总书记在主持中央政治局党史学习教育专题民主生活会时指出，“全党要学史明理、学史增信、学史崇德、学史力行，就是为了增加历史自信、增进团结统一、增强斗争精神”，“在新的赶考之路上，我们能否继续交出优异答卷，关键在于有没有坚定的历史自信”。党中央多次强调“历史自信”的重要性，不仅深刻揭示了开展党史学习教育和总结百年奋斗重大成就和历史经验的深层原因；还向我们生动展示了过去为什么能够成功、未来怎样才能继续成功的内在奥秘，从而极大推动赓续中国共产党取得一系列历史性成就和历史性变革背后所蕴含的精神品格和智慧力量。

坚定历史自信，必须弘扬伟大的历史主动精神。历史川流不息，精神代代相传。历史主动精神作为中国共产党人在把握和运用党的百年奋斗历史经验中所展现出的精神状态和精神品质，蕴含着党对待历史的态度、思维和方法，是把握历史发展规律和大势、掌握党和国家事业发展历史主动、坚定历史自信的关键因素。中国共产党人的历史自信，既来源于党百年奋斗取得的伟大成就，还来源于主观意志所释放的智慧和力量。百年征程波澜壮阔，我们党之所以能够历经百年而风华正茂、饱经磨难而生生不息，一个重要的思想动因就在于中国共产党每次在关系党和国家前途命运的关键时刻，始终弘扬伟大的历史主动精神，在坚定历史自信中“牢记中国共产党是什么、要干什么”，以咬定青山不放松的执着和行百里者半九十的清醒赢得伟大斗争、开创伟大事业。不忘初心，方得始终。在新的赶考之路上，我们要弘扬历史主动精神，继续坚定历史自信，增强历史自觉，掌握历

^ 返回顶部

图 7-23

操作提示

网页中的字体大小没有硬性要求，一般使用偶数字号，字体规格三种最佳。

7.3.3 颜色规范

在网页设计中，除黑、白、灰之外，一般颜色需控制在三种颜色之内。主色调占比最大，其次是黑、白、灰，少量颜色为辅助点缀色。图7-24所示为不同文字的颜色。

图 7-24

操作提示

在设计时需使用Web256安全色，活动专题页可以不按此规范执行。主色调可以在Logo颜色、环境颜色或者产品颜色中提取，占比约为70%。

7.3.4 图片规范

图片也是网页设计中重要的组成部分，常用图片比例为4：3、16：9、1：1等。考虑到屏幕的适配问题，没有固定的要求，以整数和偶数为佳。作为内容出现的图片，一定要加以文字进行说明，如图7-25所示。

图 7-25

操作提示

图片的格式一般使用以下三种：多级透明PNG格式、图片文件很小的JPG格式、支持透明/不透明并且支持动画的GIF格式等。

课堂实战 音乐网站设计

学习了关于网页界面的知识，下面将其应用到实际中，本章课堂实战练习制作音乐网页界面。

1. 案例解析

黑猫手机将推出一款针对年轻群体的音乐软件——悦享音乐，现需要设计网页界面，请根据以下要求设计软件的界面。

- **尺寸要求：** 宽度为1920 px，高度不限。
- **设计要求：** 色调以图标颜色为主。
- **内容说明：** 界面设计简洁、易懂不烦琐。

2. 设计理念

针对客户提出的要求进行分析，网页界面中主要按钮部分使用图标色。

- **页头区：** 由品牌Logo+栏目+搜索栏组成，选中的部分为主题色+白色文字。
- **内容区：** Banner+歌单推荐+精彩推荐+MV+新歌首发五大栏目。
- **页脚区：** 放置版权信息、法律声明、网站备案信息、联系方式等内容。

3. 操作步骤

本案例用到的软件主要是Photoshop。在整个设计中用到的知识点有新建参考线版面、横排文字工具、矩形工具、直线工具、渐变工具、置入图像、蒙版、图层样式以及混合模式等。最终效果如图7-26所示。

图 7-26

1）制作页头区域

步骤 01 启动Photoshop，单击“新建”按钮，在弹出的“新建文档”对话框中设置参数，如图7-27所示。单击“创建”按钮即可。

步骤 02 执行“视图”|“新建参考线版面”命令，在弹出的“新建参考线版面”对话框中设置参数，如图7-28所示。

图 7-27

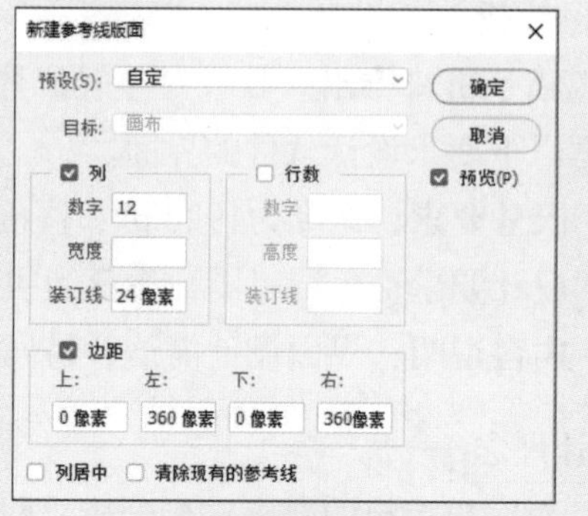

图 7-28

步骤 03 执行“视图”|“新建参考线”命令，在弹出的“新建参考线”对话框中设置“位置”为100像素，如图7-29所示。

步骤 04 分别置入图标和文字，调整至合适大小，放置在左上角，如图7-30所示。

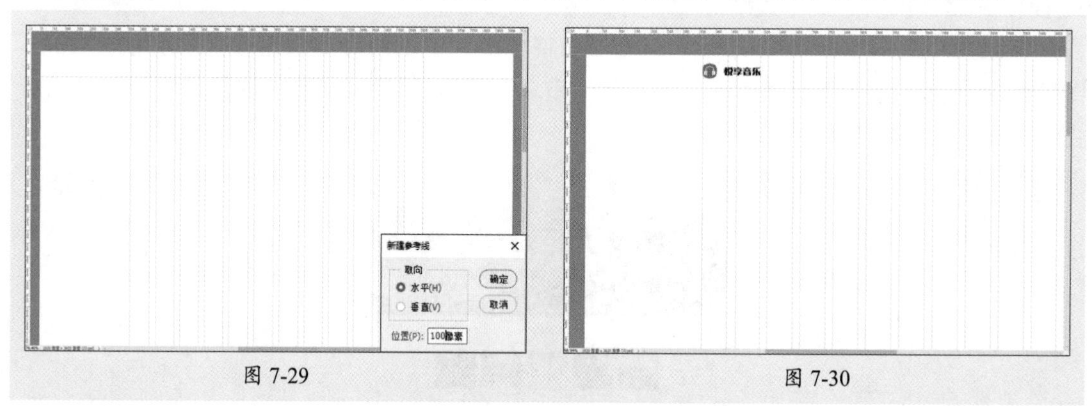

图 7-29

图 7-30

步骤 05 选择“矩形工具”绘制矩形，在“属性”面板中设置圆角参数，如图7-31所示。

步骤 06 使用“横排文字工具”输入文字，在“属性”面板中设置参数，效果如图7-32所示。

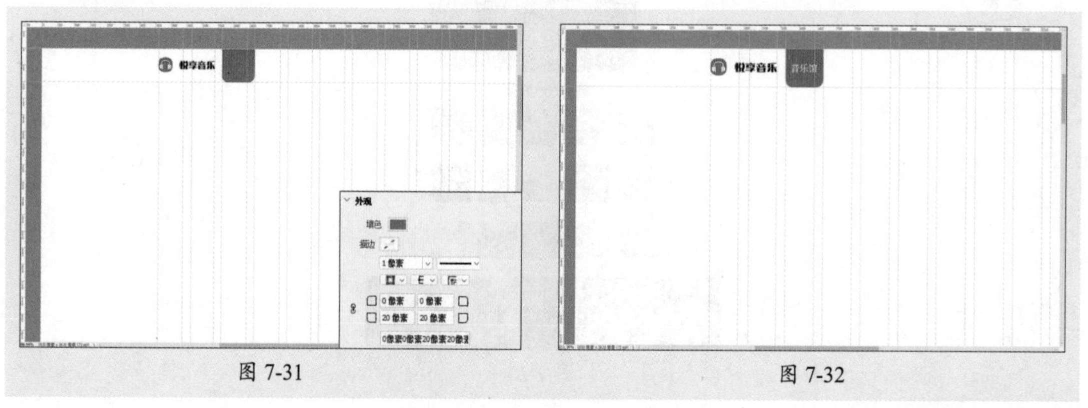

图 7-31

图 7-32

步骤07 将字号设置为18点，将颜色设置为#666666，输入四组文字。选择四组文字后，在选项栏中单击“水平分布”按钮，效果如图7-33所示。

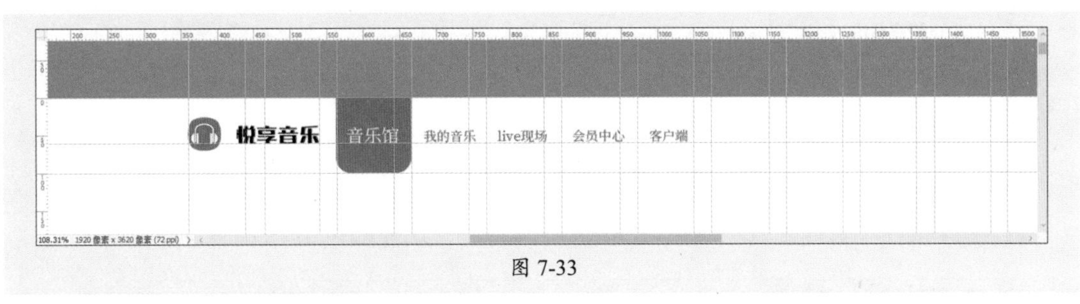

图 7-33

步骤08 选择“矩形工具”绘制矩形，在“属性”面板中设置描边颜色为#999999，粗细为2，填充为无，圆角为10像素，如图7-34所示。

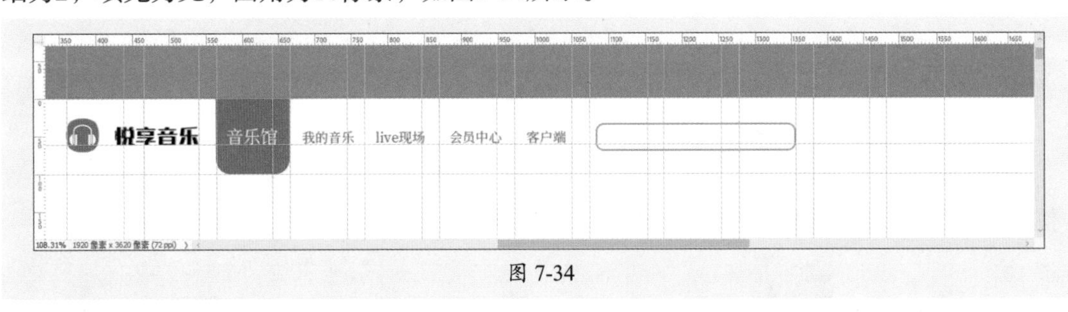

图 7-34

步骤09 选择“自定形状工具”，在选项栏中选择形状为“Web-搜索”，调整至合适大小，设置描边颜色为#999999。选择“横排文字工具”输入文字，设置字号为16点，如图7-35所示。

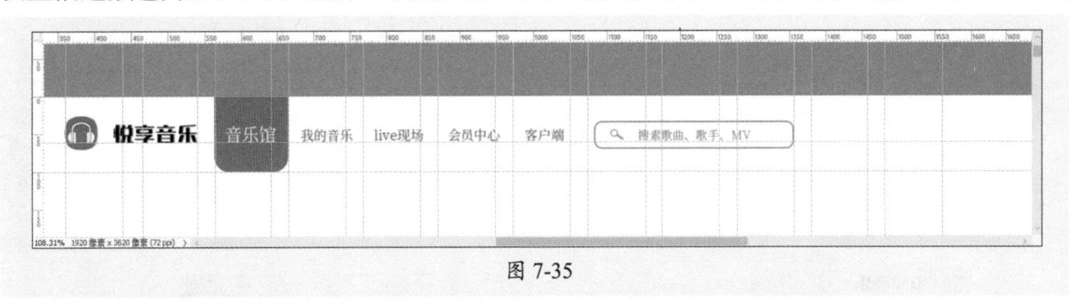

图 7-35

步骤10 按住Alt键移动复制“客户端”，更改内容为“登录”，如图7-36所示。

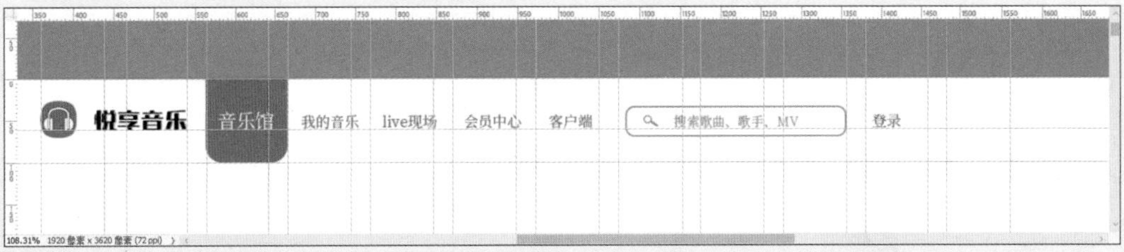

图 7-36

步骤11 选择“矩形工具”绘制矩形，按住Alt键移动复制“搜索歌曲、歌手、MV”，更改内容为“充值中心”，颜色为白色。使用“三角形工具”绘制三角形，填充白色，如图7-37所示。

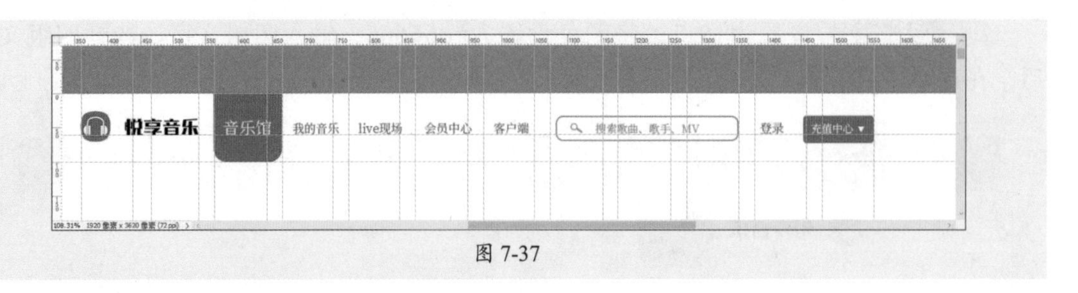

图 7-37

步骤 12 选择“直线工具”，按住Shift键绘制直线，填充颜色为#eeeeee，如图7-38所示。

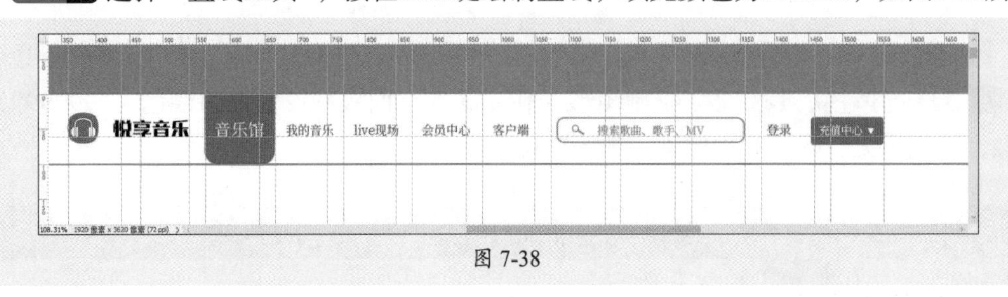

图 7-38

步骤 13 执行“视图”|“新建参考线”命令，在弹出的“新建参考线”对话框中设置“位置”为140像素，如图7-39所示。

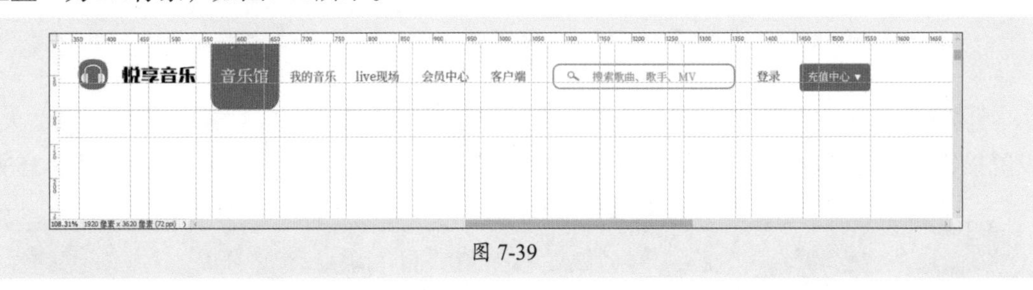

图 7-39

步骤 14 按住Alt键移动复制“我的音乐”，更改文字内容后继续复制6次，分别更改文字内容，如图7-40所示。

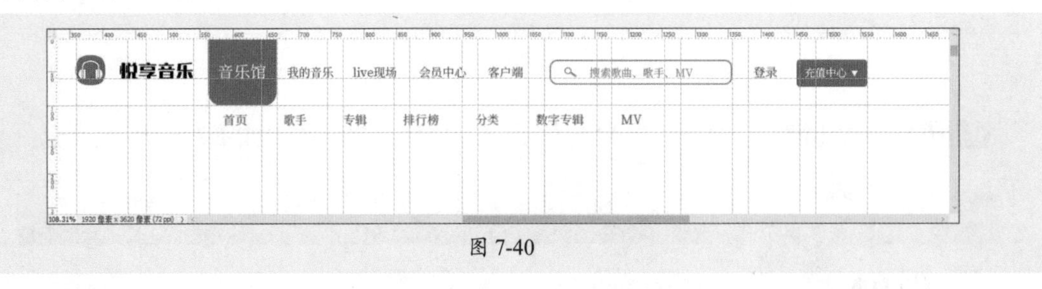

图 7-40

步骤 15 更改“首页”的颜色，如图7-41所示。

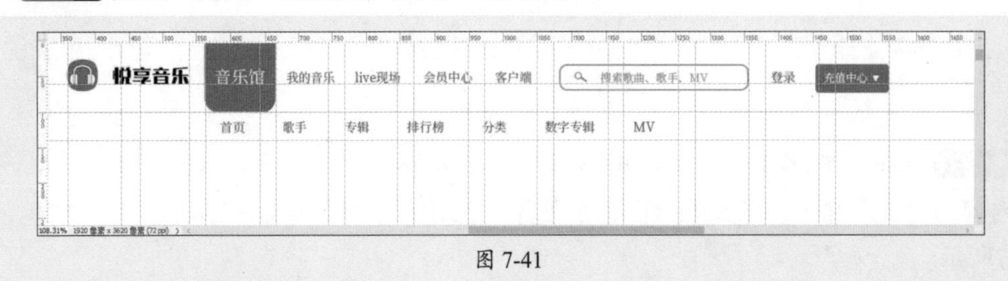

图 7-41

2）制作内容区域

步骤 01 执行“视图”|“新建参考线”命令，在弹出的“新建参考线”对话框中设置“位置”为710像素，如图7-42所示。

步骤 02 选择“矩形工具”绘制矩形，如图7-43所示。

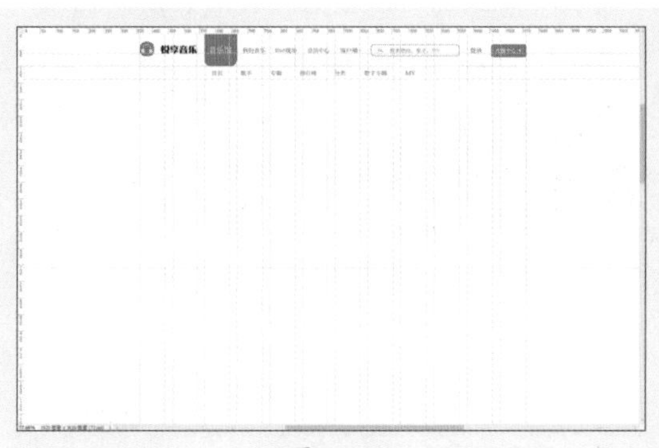

图 7-42

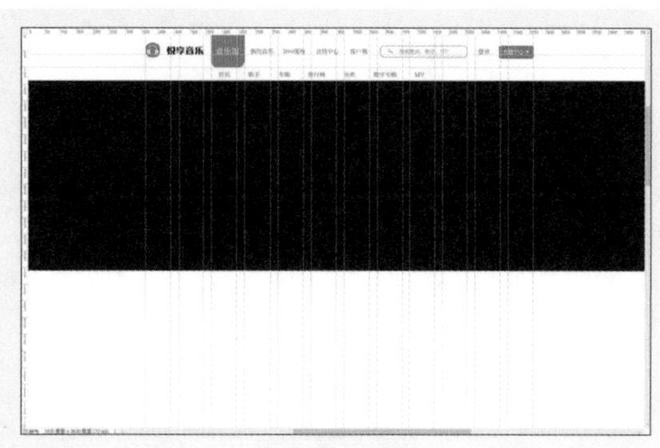

图 7-43

步骤 03 置入素材，按Ctrl+Alt+G组合键创建剪切蒙版，如图7-44所示。

步骤 04 选择“矩形工具”绘制矩形，调整不透明度为80%，如图7-45所示。

图 7-44

图 7-45

步骤 05 单击“添加图层蒙版”按钮后，选择“渐变工具”调整显示效果，如图7-46所示。

步骤 06 选择“横排文字工具”输入文字，在“属性”面板中设置参数，如图7-47所示。

图 7-46

图 7-47

步骤 07 选择“椭圆工具”绘制白色正圆，按住Alt键移动复制，更改其中一个正圆的颜色，如图7-48所示。

步骤 08 选择“横排文字工具”输入文字，在“属性”面板中设置参数（颜色为#333333），如图7-49所示。

图 7-48

图 7-49

步骤 09 输入五组文字，设置字号为20点，除“猜你喜欢”颜色为#333333，其他均为#666666，如图7-50所示。

步骤 10 选择“矩形工具”绘制矩形，设置圆角为10像素，如图7-51所示。

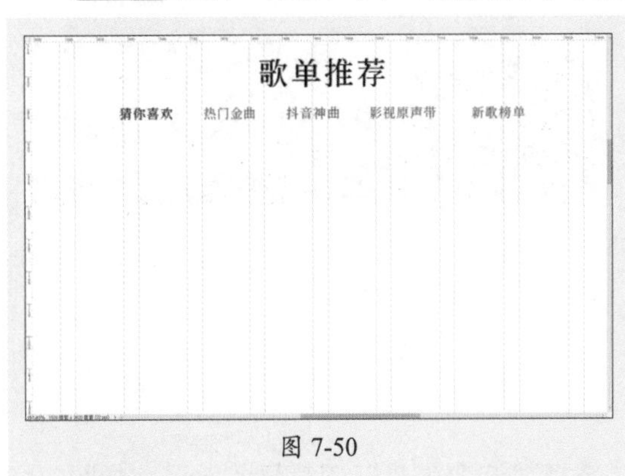

图 7-50

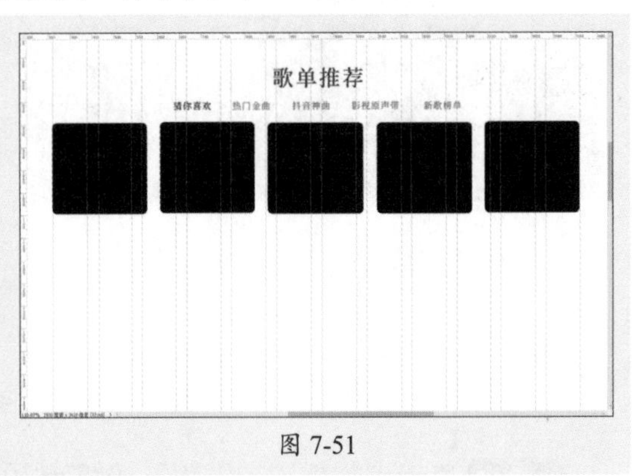

图 7-51

步骤 11 分别置入素材图像，创建剪切蒙版后调整显示，如图7-52所示。

步骤 12 选择“矩形工具”绘制矩形，设置圆角为10像素，混合模式为“正片叠底”。使用“横排文字工具”输入文字，按住Alt键移动复制并更改参数，效果如图7-53所示。

图 7-52

图 7-53

步骤 13 选择“横排文字工具”输入文字，设置字号为14点，如图7-54所示。

步骤 14 按住Alt键移动复制“歌单推荐”并更改文字，选择“矩形工具”绘制矩形，设置圆角为10像素，如图7-55所示。

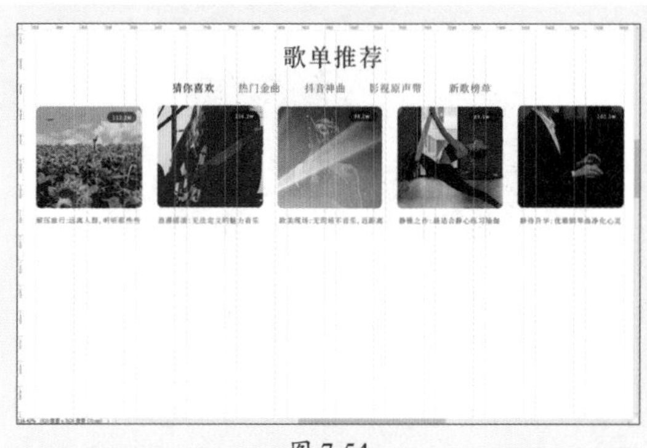

图 7-54

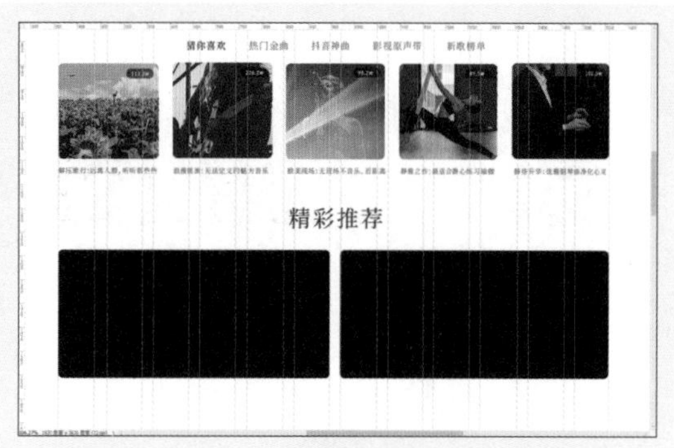

图 7-55

步骤 15 分别置入素材图像，创建剪切蒙版后调整显示，如图7-56所示。

步骤 16 选择“矩形工具”绘制矩形，设置左侧上下圆角为15像素。使用“横排文字工具”输入文字，设置字号为24点，如图7-57所示。

图 7-56

图 7-57

步骤 17 选择“矩形工具”和“横排文字工具”制作创意标题文字，效果如图7-58所示。

步骤 18 选择“矩形工具”绘制矩形，填充颜色为#f6f6f6，置于底层，如图7-59所示。

图 7-58

图 7-59

步骤 19 按住Alt键移动复制Banner区域的圆形，更改部分颜色，如图7-60所示。

步骤 20 按住Alt键移动复制“精彩推荐”，更改为“MV”。使用“矩形工具”绘制矩形，置入素材并创建剪切蒙版，使用“横排文字工具”输入文字，如图7-61所示。

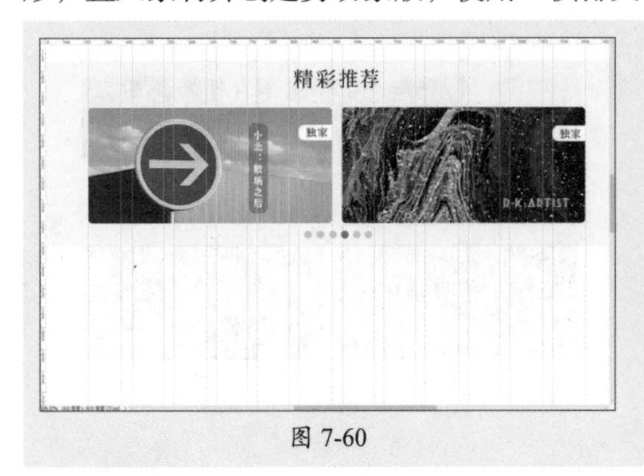

图 7-60

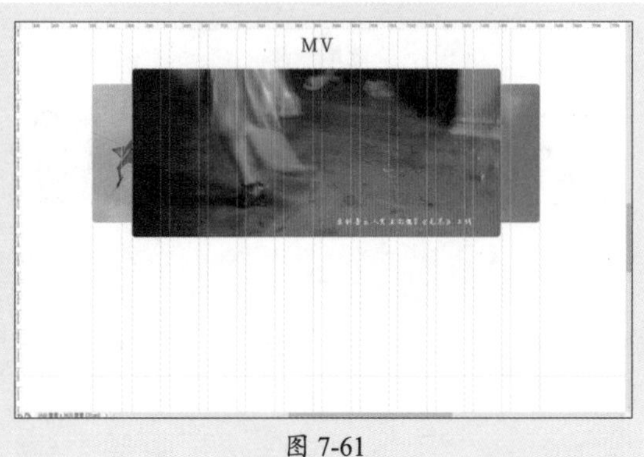

图 7-61

步骤 21 选择绘制的矩形，双击图层，在弹出的“图层样式”对话框中设置参数，如图7-62所示。

步骤 22 复制该图层样式，选择下方的矩形图层，粘贴图层样式，效果如图7-63所示。

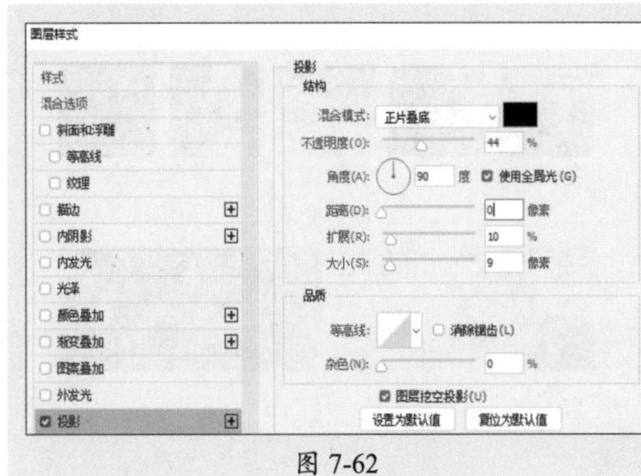

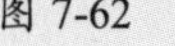

图 7-62

图 7-63

步骤 23 按住Alt键移动复制“精彩推荐”区域下方的背景，按住Alt键移动复制“歌单推荐”区域，更改文字和图片，将原先右上角的图标移动到右下方，更改为日期，效果如图7-64所示。

步骤 24 按住Alt键移动复制两组，如图7-65所示。

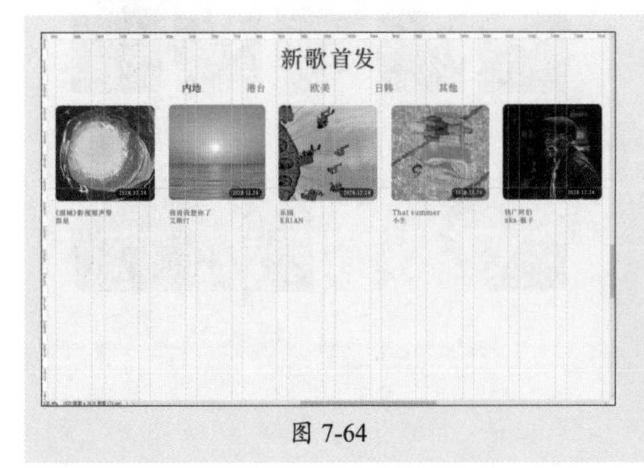

图 7-64

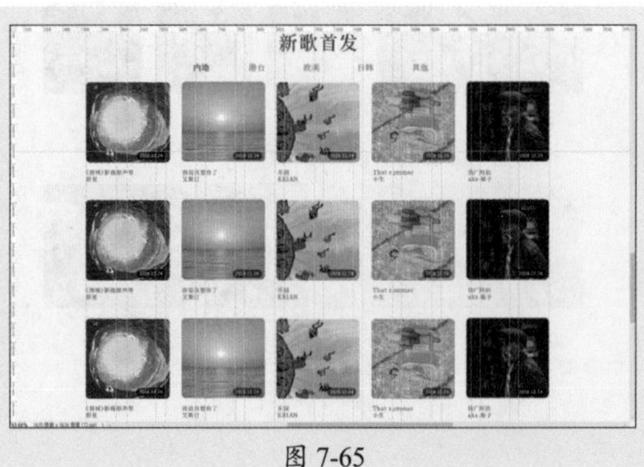

图 7-65

步骤 25 分别更改图片和文字，效果如图7-66所示。

步骤 26 按住Alt键移动复制“其他”，更改为“更多”，选择“钢笔工具”绘制路径，填充描边路径（黑色、1像素、硬边缘），如图7-67所示。

图 7-66

图 7-67

3）制作页脚区域

步骤 01 选择“矩形工具”绘制矩形并填充颜色（#666666），如图7-68所示。

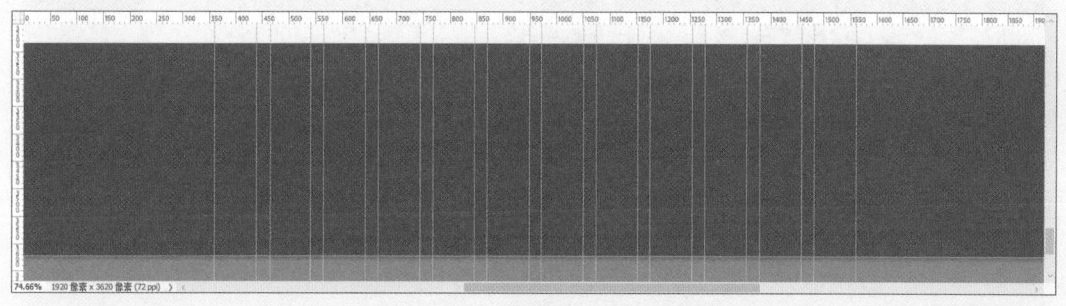

图 7-68

步骤 02 选择“横排文字工具”输入文字（24点、18点），如图7-69所示。

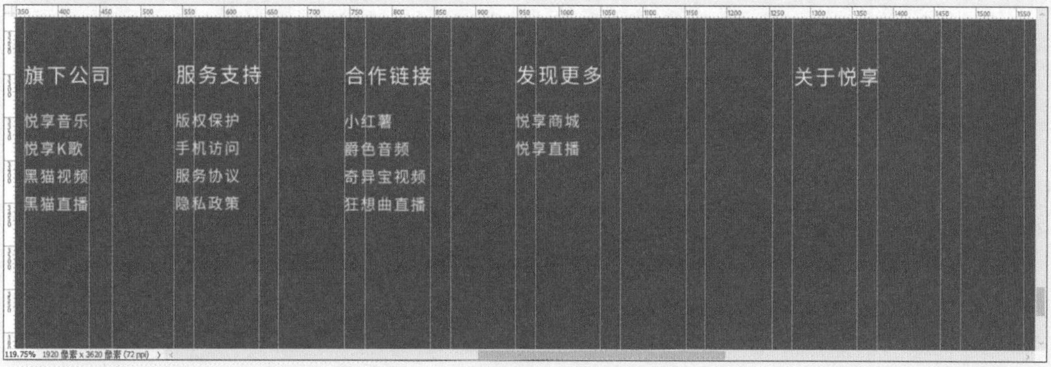

旗下公司 服务支持 合作链接 发现更多 关于悦享
悦享音乐 版权保护 小红薯 悦享商城
悦享K歌 手机访问 爵色音频 悦享直播
黑猫视频 服务协议 奇异宝视频
黑猫直播 隐私政策 狂想曲直播

图 7-69

步骤 03 置入素材，如图7-70所示。

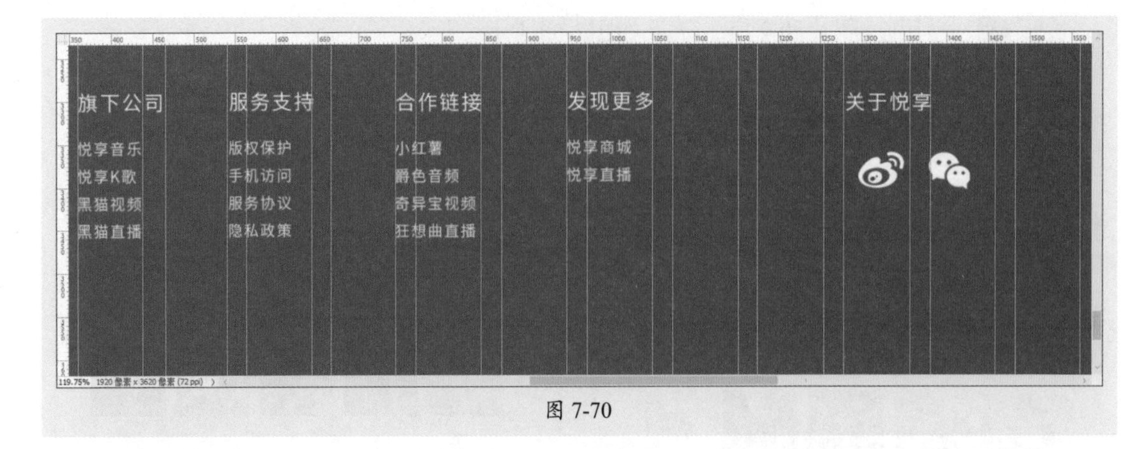

图 7-70

步骤 04 选择“直线工具”，按住Shift键绘制直线，填充颜色为#eeeeee，如图7-71所示。

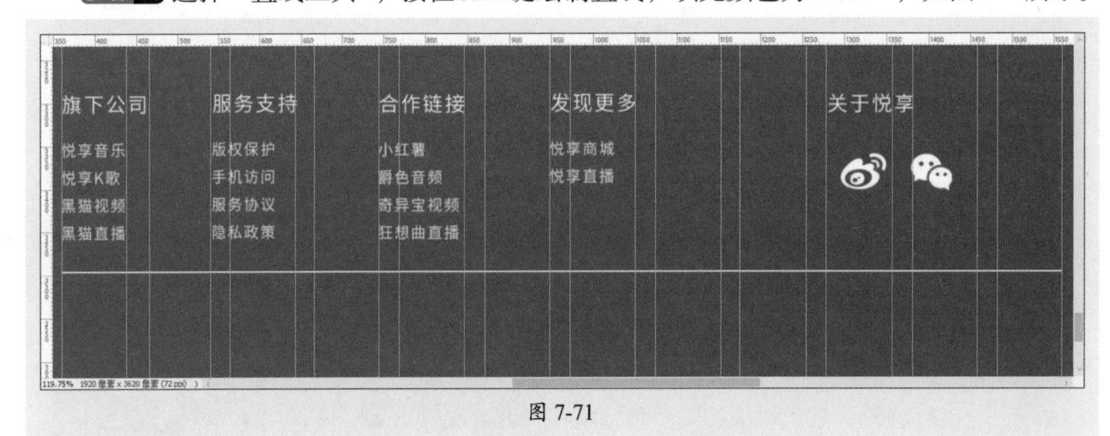

图 7-71

步骤 05 选择“横排文字工具”输入文字（14点），如图7-72所示。

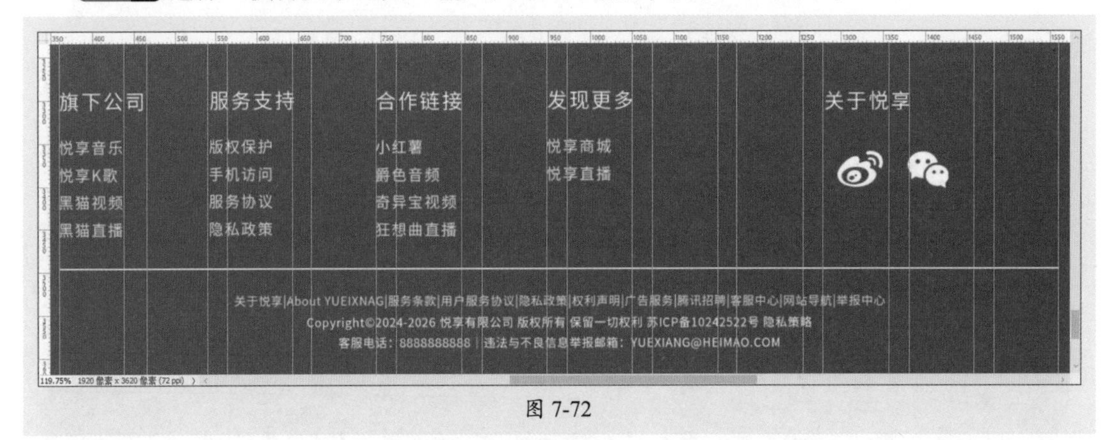

图 7-72

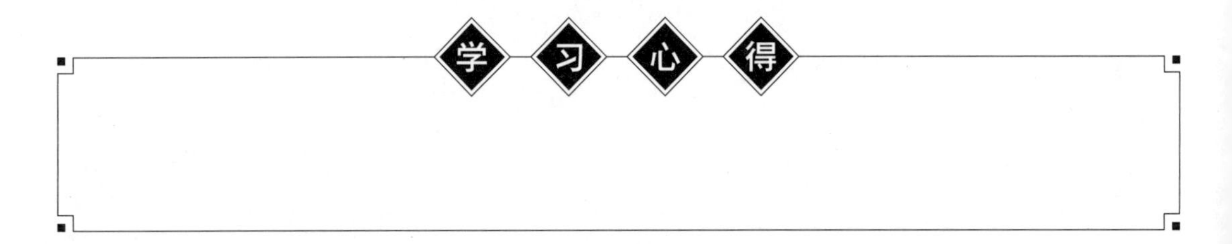

课后练习 制作家居网站界面

下面将综合使用Photoshop、Illustrator制作家居网站界面，效果如图7-73所示。

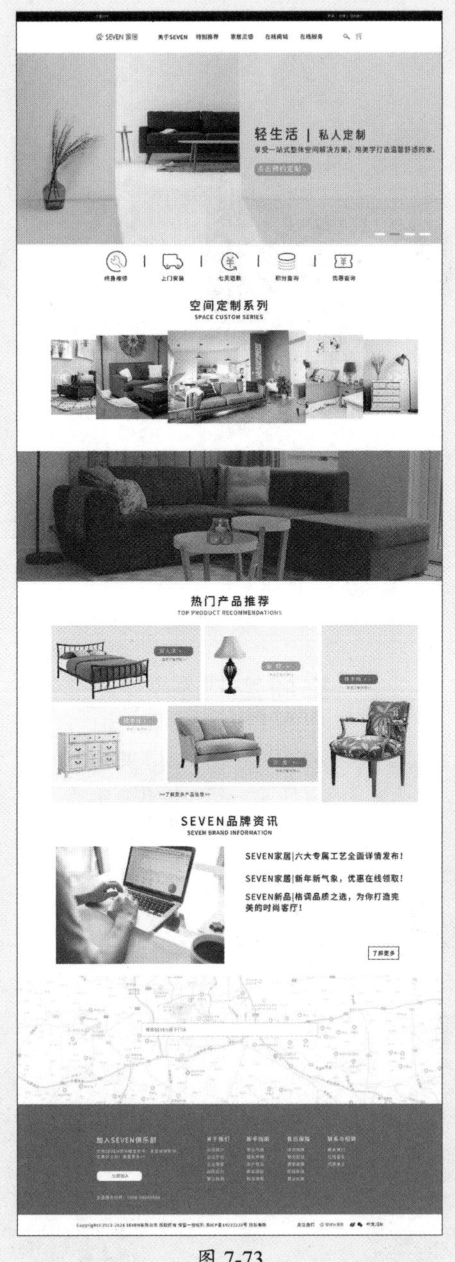

图 7-73

1. 技术要点

①通过创建参考线建立网页板块，主要包括注册栏及导航栏、Banner、内容区域以及页脚区域。

②使用Photoshop的“自定形状工具”以及Illustrator绘制图标。

③置入图像、添加文本信息使网页更加完整。

2. 分步演示

本实例的分步演示效果如图7-74所示。

图 7-74

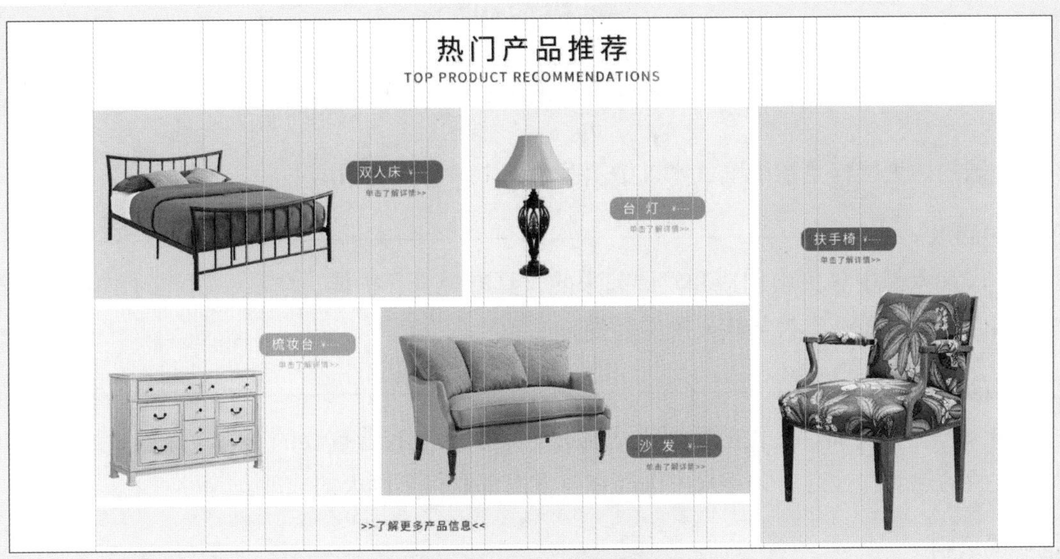
热门产品推荐
TOP PRODUCT RECOMMENDATIONS
双人床
台灯
扶手椅
梳妆台
沙发
>>了解更多产品信息<<

SEVEN品牌资讯
SEVEN BRAND INFORMATION
SEVEN家居|六大专属工艺全面详情发布！
SEVEN家居|新年新气象，优惠在线领取！
SEVEN新品|格调品质之选，为你打造完美的时尚客厅！
了解更多
搜索SEVEN线下门店
加入SEVEN俱乐部
关于我们
新手指南
售后保障
联系与招聘
立即加入
Copyright©2022-2024 SEVEN有限公司 版权所有 保留一切权利 苏ICP备10222222号 隐私策略
关注我们
中文/EN

图 7-74（续）

拓展赏析

中国四大国粹

中国的四大国粹是指中国武术、中国医学、中国京剧和中国书法。

1. 中国武术

中国武术是中华民族创造和发展起来的，具有健身、护体、防敌、制胜的作用，被称为中国四大国粹之一，为各族人民所喜爱。

2. 中国医学

中医药是我国灿烂文化的重要组成部分，在国际上有着重要的影响，深受中国人民和世界人民的热爱和欢迎。50年来中医药在各方面都取得了巨大的成就。

3. 中国京剧

京剧又称平剧、京戏等，中国国粹之一，是中国影响最大的戏曲剧种，分布地以北京为中心，遍及全国各地。京剧在文学、表演、音乐、舞台美术等各个方面都有一套规范化的艺术表现形式。

4. 中国书法

中国书法是一门古老的汉字书写艺术，从甲骨文、石鼓文、金文（钟鼎文）演变为大篆、小篆、隶书，直至定型于东汉、魏、晋的草书、楷书、行书等，书法一直散发着艺术的魅力。汉字书法为汉族独创的表现艺术，被誉为无言的诗，无行的舞，无图的画，无声的乐，如图7-75所示。

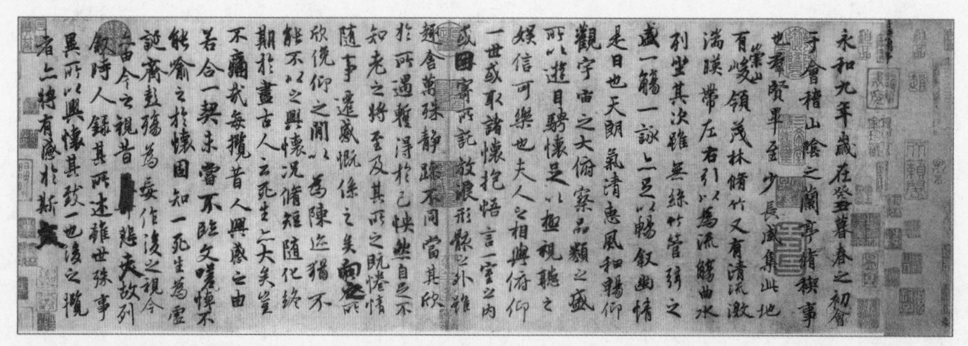

图 7-75

另一种说法则是孙中山先生总结的中国最具代表性的四大国粹：中国京剧、中国国画、中国医学、中国烹饪。

- **中国国画**：在世界美术领域中自成体系。国画大致可分为人物、山水、界画、花卉、瓜果、翎毛、走兽、虫鱼等画科；有工笔、写意、勾勒、设色、水墨等技法形式，设色又可分为金碧、大小青绿、没骨、泼彩、淡彩、浅绛等几种。
- **中国烹饪**：又称中华美食文化，世界三大菜系（中国菜、法国菜、土耳其菜）之一，深远地影响了东亚地区。由于地理、气候、物产、文化、信仰等的差异，菜肴风味差别很大，形成众多流派，有四大菜系、八大菜系之说。

第8章

软件界面设计

内容导读

不同于移动端应用的设计，PC端应用界面空间大，能支持键盘鼠标精准操作，能承载多种内容的展示和逻辑复杂的功能。本章针对PC客户端软件界面的常用类型、界面设计原则、界面框架类型、界面设计规范等内容进行讲解。

思维导图

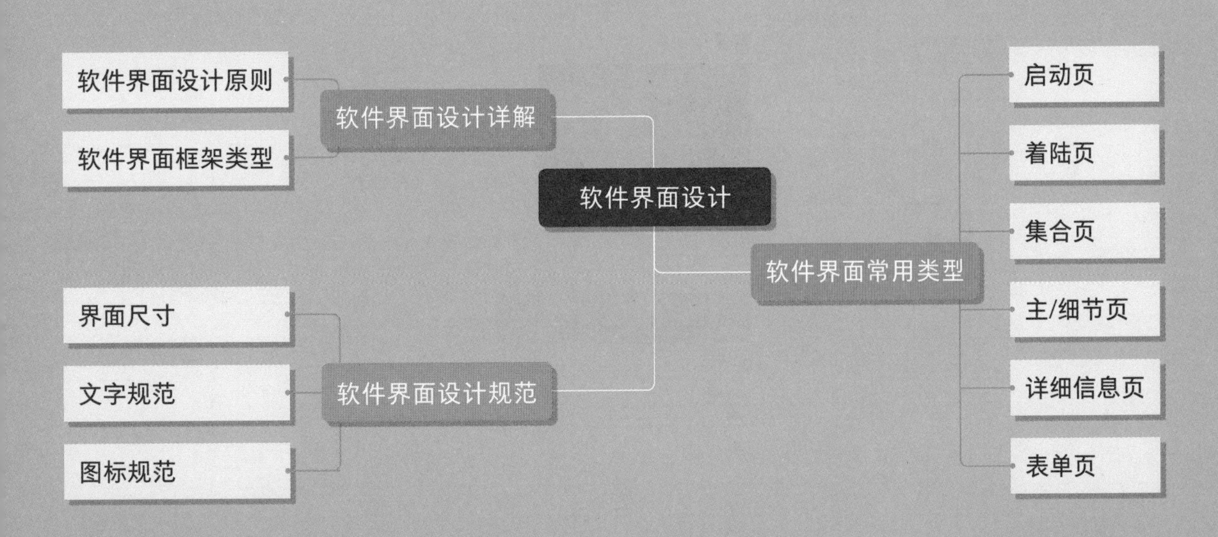

8.1 软件界面常用类型

软件界面设计是影响整个软件用户体验的关键所在。在软件界面中，常用界面类型为启动页、着陆页、集合页、主/细节页、详细信息页及表单页。

8.1.1 启动页

启动页通常是用户等待程序启动时的界面。优秀的启动页可以令用户在等待启动时眼前一亮，对产品产生好的印象，如图8-1所示。

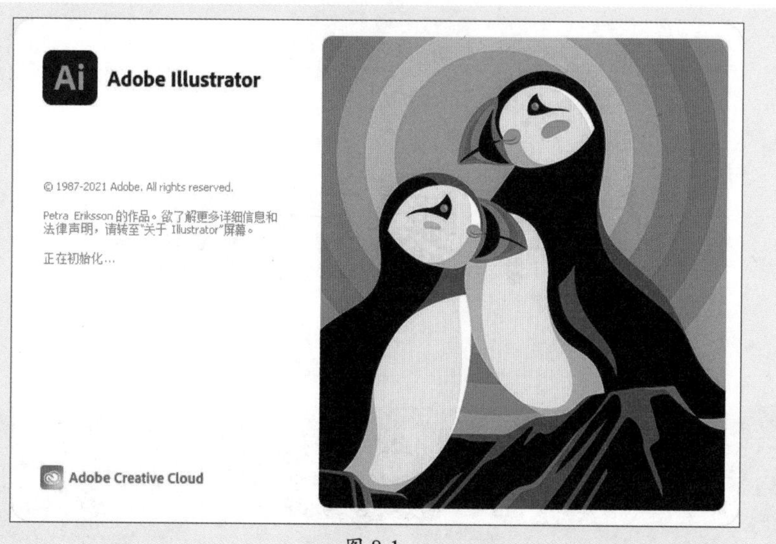

图 8-1

8.1.2 着陆页

着陆页又称为“陆地页”，通常为用户使用软件时最先出现的页面。在软件应用中，大面积的设计区域用来突出显示用户可能想要浏览和使用的内容，如图8-2所示。

图 8-2

8.1.3 集合页

集合页方便用户浏览内容组或数据组。其中，网络视图适用于照片或以媒体为中心的内容，列表视图则适用于文本或数据密集型的内容，如图8-3所示。

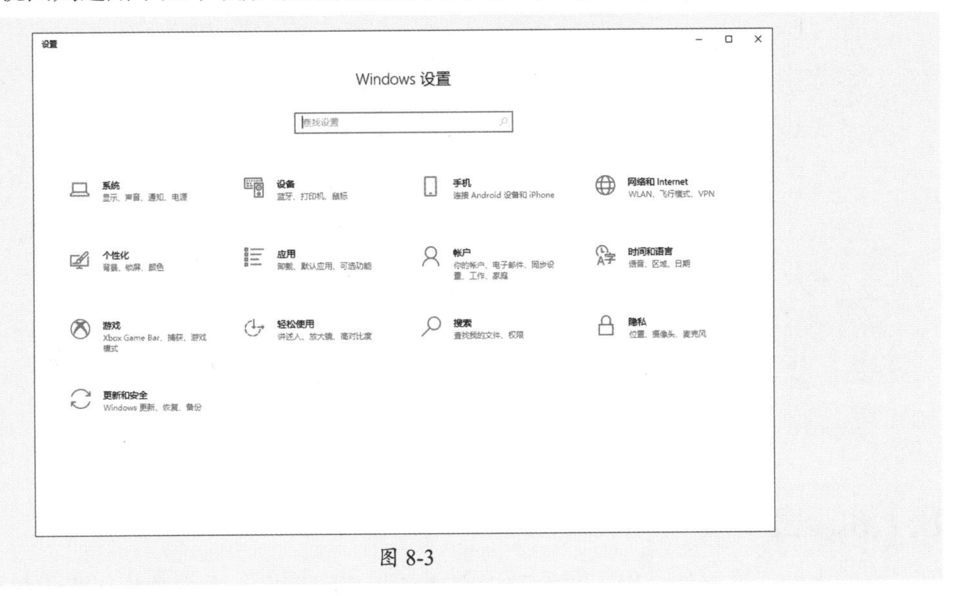

图 8-3

8.1.4 主/细节页

主/细节页由列表视图（主）和内容视图（细节）共同组成，两个视图都是固定的且可以垂直滚动。当选择列表视图中的项目时，内容视图也会相应更新，如图8-4所示。

图 8-4

8.1.5 详细信息页

当用户想要查看详细内容时，在主/细节页的基础上可以创建内容的查看页面，以方便用户能够不受干扰地查看页面，如图8-5所示。

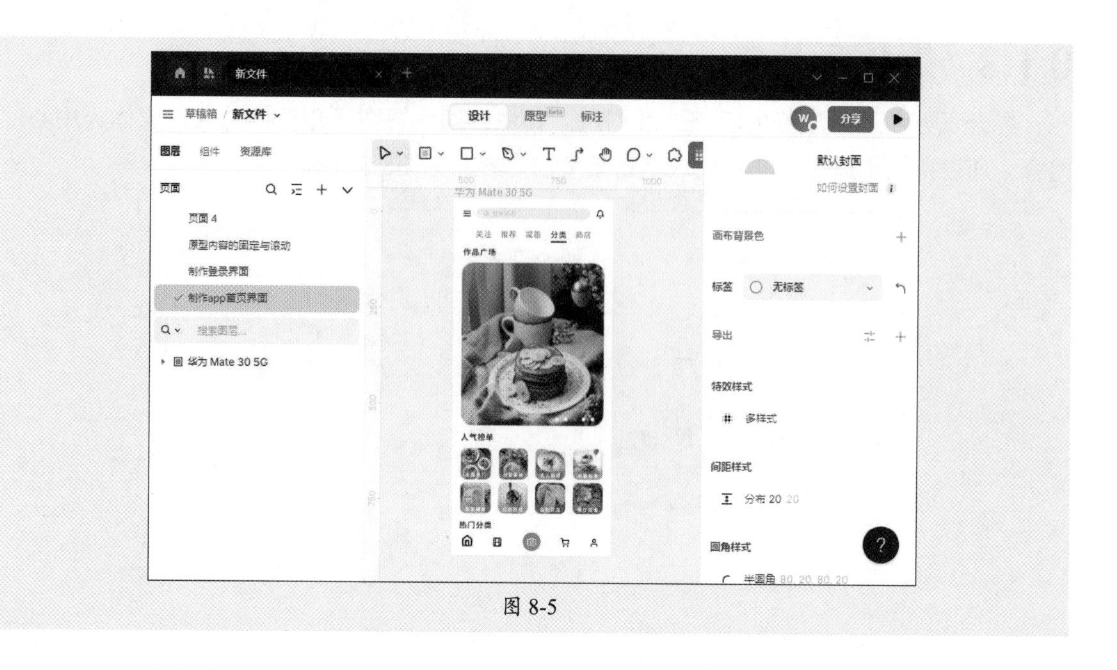

图 8-5

8.1.6 表单页

表单页是一组控件，用于收集和提交来自用户的数据。大多数应用将表单用于页面设置、账户创建、反馈中心等，如图8-6所示。

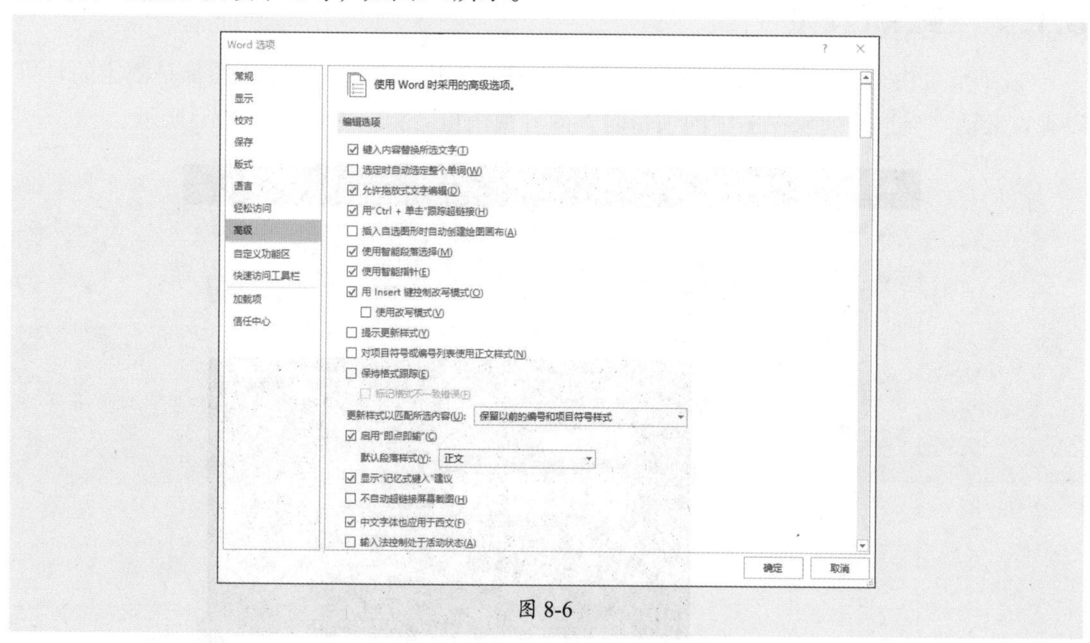

图 8-6

8.2 软件界面设计详解

软件界面设计是界面设计的一个分支，主要针对软件的使用界面进行交互操作逻辑、用户情感化体验、界面元素美观的整体设计，具体包括软件启动界面设计、界面按钮的设计、菜单设计、标签设计、图标设计、滚动条和状态栏设计等，如图8-7所示。

图 8-7

8.2.1 软件界面设计原则

软件界面设计的目的是为用户的工作提供便利，而不是让用户感到烦琐、累赘。界面设计中最重要的就是人机交互，该界面设计应是透明的、高效的、令人心情愉悦的。基于微软软件设计规范Fluent Design的简要概述，总结了三大原则，分别是自适应、引人共鸣、美观。

1. 自适应

通过对不同尺寸断点的设计来减少适配不同尺寸设备的难度，然后通过动态变化的布局去自动适应屏幕尺寸，使软件界面在每台设备上都显得自然，如图8-8所示。

图 8-8

2. 引人共鸣

使用人们熟悉的交互元素以及根据使用场景做正确的设计。了解和预测用户需求，并根据用户的行为和意图进行调整，当某个体验的行为方式符合用户的期望时，该界面就显得很直观，如图8-9所示。

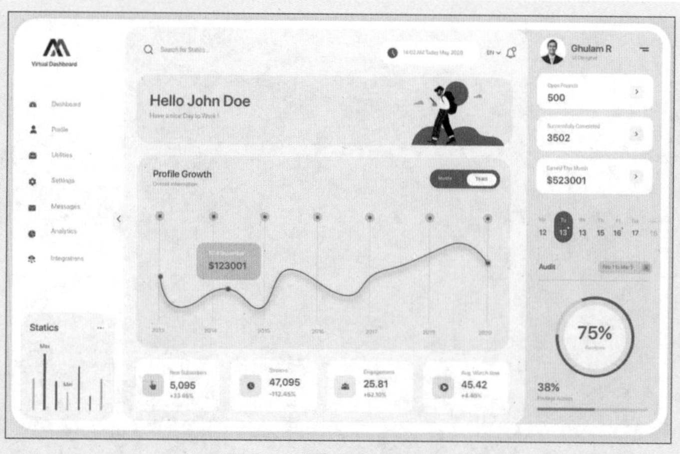

图 8-9

3. 美观

Fluent Design主张运用光线、阴影、动作、深度和纹理这五个主要的元素来构建用户界面，体现真实物理世界的规律和准则，以符合用户已经形成的审美和期望，创造更加自然的用户体验，如图8-10所示。

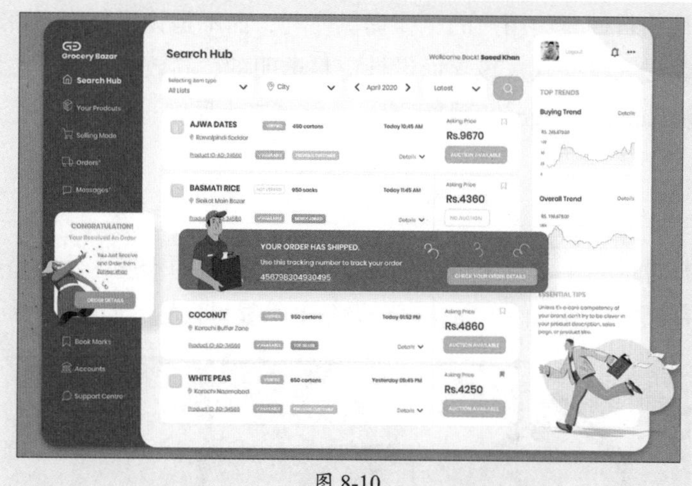

图 8-10

操作提示

Fluent Design System是用于创建自适应、引人共鸣且美观的用户界面的编译系统。有了Fluent系统的助力，能够大大减少UWP应用的开发周期，并且让开发者能够处理在同一系统不同设备之间的差异情况。

8.2.2 软件界面框架类型

软件界面的主流界面框架大概可以分为以下三种类型。

- 顶部为工具栏，左侧为导航栏，单击相关按钮后出现对应的内容，如图8-11所示。
- 顶部无工具栏，界面依次是左侧一级和二级导航/操作，右侧是内容交互区域，如图8-12所示。

图 8-11

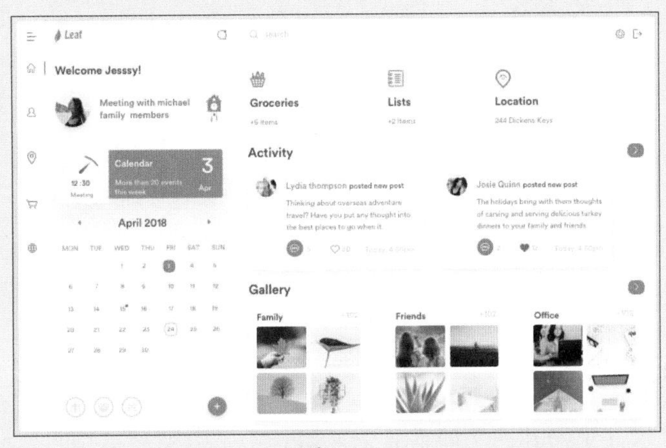

图 8-12

● 顶部为工具栏和导航，下面是内容交互区域，如图8-13所示。

图 8-13

操作提示

如果选择的是有左侧导航栏的框架，左侧导航栏的宽度一定是固定的，不会跟随整体界面的大小而改变。

8.3 软件界面设计规范

网页界面主要分为导航栏、内容区和工具栏，如图8-14所示。

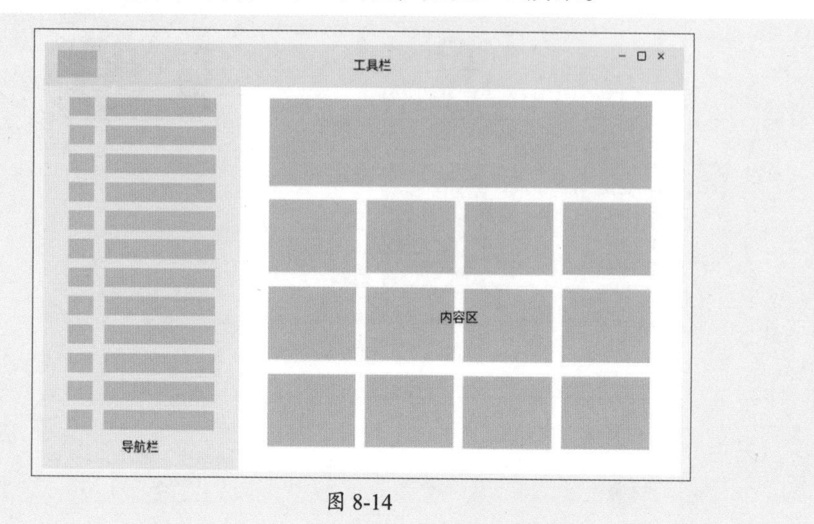

图 8-14

- **导航栏：** 放置软件图标+导航栏目。
- **工具栏：** 提供对应用程序级或页面级命令的访问方式。
- **内容区：** 单击导航栏、工具栏中的相关按钮会出现对应的交互内容。

8.3.1 界面尺寸

软件界面设计尺寸主要和两个因素有关，第一个是电脑显示器的分辨率，第二个是软件产品的分辨率。比如一款设备的分辨率是1920 px × 1080 px，则设备显示屏上水平方向会有1920个像素，垂直方向会有1080个像素。

在针对特定断点进行设计时，应针对应用的屏幕可用空间大小进行设计，而不是空间大小。当应用最大化运行时，应用窗口的大小与屏幕的大小相同；还原时，窗口的大小则小于屏幕大小，如图8-15所示。

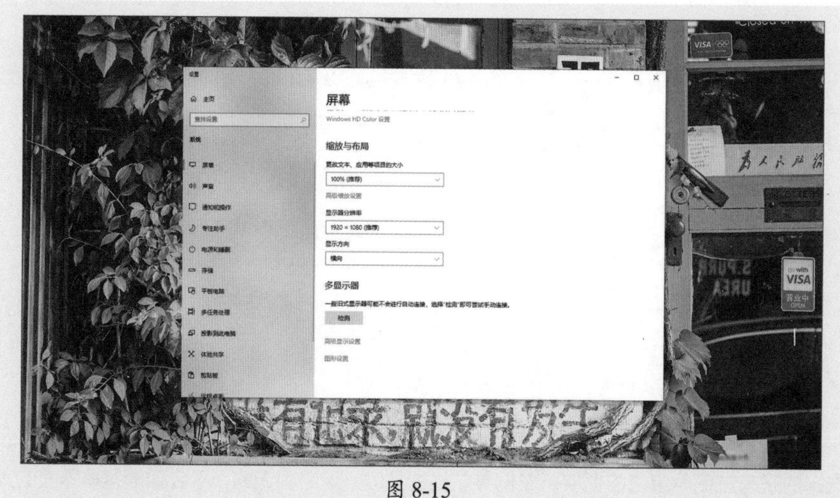

图 8-15

同级别的设备窗口大小如表8-1所示。

表 8-1

大小级别	断点	典型屏幕大小（对角线）	设备	窗口大小
小	≤640 px	4″-6″；20″-65″	手机、电视	320 px × 569 px 360 px × 640 px 480 px × 854 px
中	641～1007 px	7″-12″	平板电脑	960 px × 854 px
大	≥1008 px	≥13″ 以及更大	电脑、笔记本 Surface Hub	1024 px × 640 px 1366 px × 768 px 1920 px × 1080 px

8.3.2 字体规范

本节主要针对Windows平台应用介绍文字的使用。

1. 系统字体

通过Windows平台应用汇总，英文使用默认字体Segoe UI，如图8-16所示。

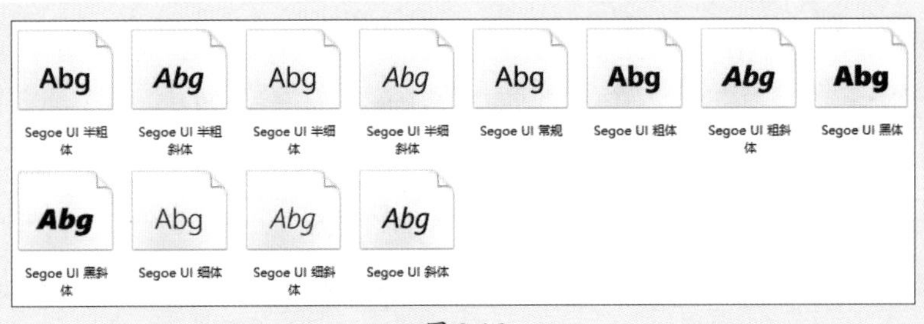

图 8-16

操作提示

Windows字体默认安装在C盘/Windows/Fonts文件夹中，可将文件拖动至该文件夹中，也可以右击直接安装。

当应用显示非英语语言时可选择另一种字体，中文的默认字体为微软雅黑，其他字体详情如表8-2所示。

表 8-2

字体系列	样式	适用范围
Ebrima	常规、粗体	非洲语言脚本的用户界面字体
Gadugi	常规、粗体	北美语言脚本的用户界面字体
Leelawadee UI	常规、粗体、半细	东南亚语言脚本的用户界面字体
Malgun Gothic	常规	朝鲜语的用户界面字体
Microsoft JhengHei UI	常规、粗体、细体	繁体中文的用户界面字体

续表

字体系列	样式	适用范围
Microsoft YaHei UI	常规、粗体、细体	简体中文的用户界面字体
Myanmar Text	常规	缅甸文脚本的后备字体
SimSun	常规	传统的中文用户界面字体
Yu Gothic Ul	常规、粗体、半粗、细体、半细	日语的用户界面字体
Nirmala UI	常规、粗体	南亚语言脚本的用户界面字体

在进行UI设计时，San-serif字体是适合用于标题和UI元素的，详情如表8-3所示。

表 8-3

字体系列	样式	适用范围
Arial	常规、粗体、斜体、粗斜体、黑体	支持欧洲和中东语言脚本，黑粗体 仅支持欧洲语言脚本
Calibri	常规、粗体、斜体、粗斜体、细体、 细斜体	支持欧洲和中东语言脚本 阿拉伯语仅竖体中可用
Consolas	常规、粗体、斜体、粗斜体	支持欧洲语言脚本的固定宽度字体
Segoe Ul	常规、粗体、斜体、粗斜体、黑斜体、 细斜体、细体、半细、半粗、黑体	支持欧洲和中东语言脚本
Selawik	常规、半细、细体、粗体、半粗	计量方面与Segoe UI兼容的开源字体

Serif字体适合用于显示大量正文，详情如表8-4所示。

表 8-4

字体系列	样式	适用范围
Cambria	常规	支持欧洲和中东语言脚本，黑粗体 仅支持欧洲语言脚本
Courier New	常规、粗体、斜体、粗斜体	支持欧洲和中东语言脚本的 Serif固定宽度字体
Georgia	常规、斜体、粗体、粗斜体	支持欧洲语言脚本
Times New Roman	常规、粗体、斜体、粗斜体	支持欧洲语言脚本的传统字体

操作提示

在选择文字时，要注意版权问题。

2. 字体大小

Windows平台上的字体通过字号及字重的变化，在页面上建立了信息的层次关系，帮助用户轻松阅读内容。

以中文默认字体为例。标题一般为16～32 px，字号不做绝对限制，边导航加栏目标题为18 px，字重为常规。正文为14 px，提示性文字为12 px，需醒目时加粗。中文最小字号为12 px，英文最小字号为10 px。字号多采用偶数（奇数无法对齐像素）。图8-17所示为中文字体设置界面。

图 8-17

8.3.3 图标规范

软件中的图标根据不同的场景，其大小也会产生变化，常见的尺寸有16 px、24 px、32 px、48 px、64 px、128 px、256 px。图8-18～图8-21所示为不同场景的图标示意图。

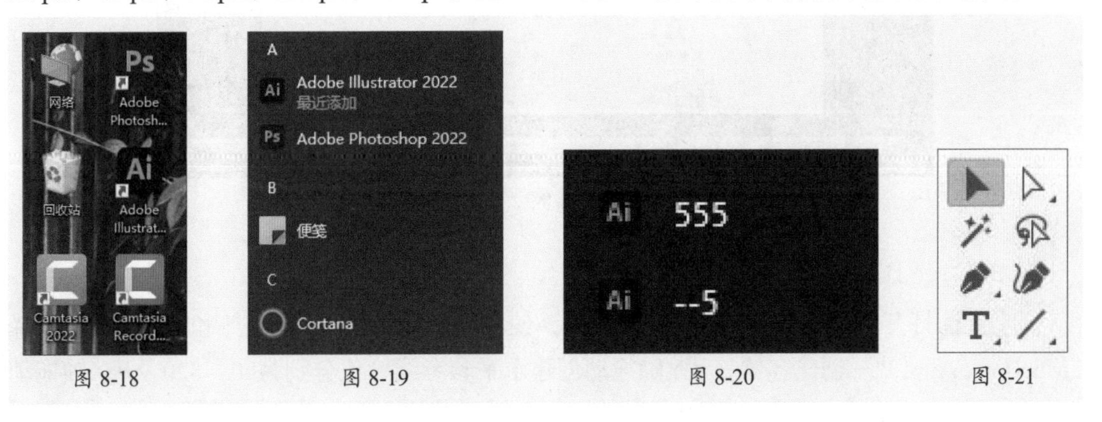

图 8-18　　图 8-19　　图 8-20　　图 8-21

课堂实战　音乐软件界面设计

学习了关于软件界面的知识，下面将其应用到实际中，本章课堂实战练习制作音乐软件界面。

1. 案例解析

黑猫手机将推出一款针对年轻群体的音乐软件——悦享音乐，现需要设计网页界面，请根据以下要求设计软件的界面。

- **尺寸要求：** MacBook Air 13"。
- **设计要求：** 色调以图标颜色为主。
- **内容说明：** 设置个人主页，界面设计简洁、易懂，不烦琐。

2. 设计理念

针对客户提出的要求进行分析，软件界面中主要按钮部分使用图标色。

- **工具栏：** 品牌Logo +搜索栏+皮肤+设置+缩放、关闭等图标。
- **导航栏：** 包含在线音乐和我的音乐两部分，图标+文字。
- **内容区：** 包含个人头像、信息编辑、收藏歌曲信息、播放音乐等内容。

3. 操作步骤

本案例用到的软件主要是MasterGo。在整个设计中用到的知识点包括图片工具、文本工具、矩形工具、圆工具、组件、资源库以及颜色参数。最终效果如图8-22所示。

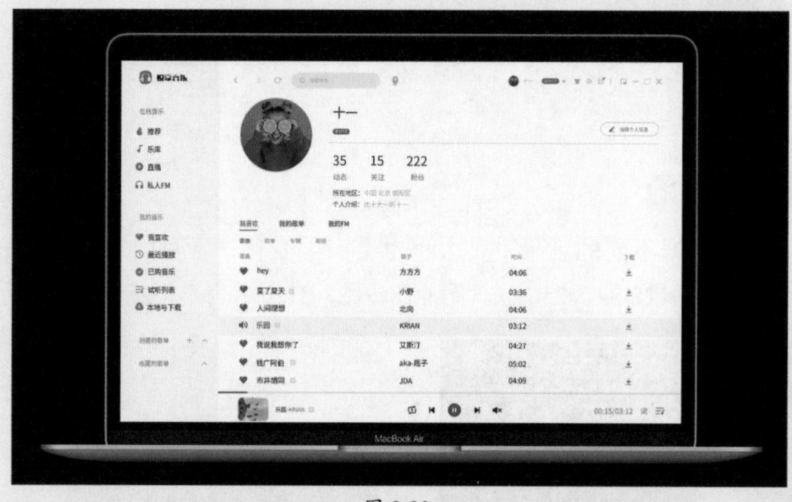

图 8-22

1）制作工具栏

步骤 01 打开MasterGo官网，新建文件，使用“容器工具”，在右侧的属性栏中选择“MacBook Air 13"”创建容器，从Y轴拖动创建水平参考线，值分别为80、820，从X轴拖动创建垂直参考线，值为260，如图8-23所示。

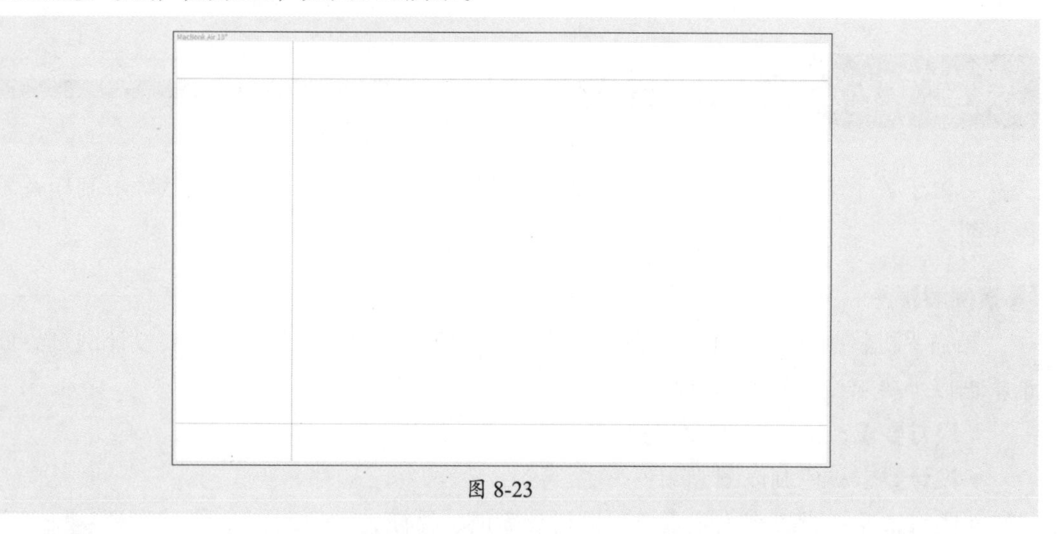

图 8-23

步骤 02 选择“矩形工具”绘制矩形，设置颜色为#F0F0F0，如图8-24所示。

图 8-24

步骤 03 选择“图片工具”置入素材，如图8-25所示。

图 8-25

步骤 04 在“组件-图标/图标库”选项中选择素材，将其旋转−90°，如图8-26所示。

图 8-26

步骤 05 按住Alt键移动复制图标，水平翻转后调整颜色为描边色/描边辅助色，如图8-27所示。

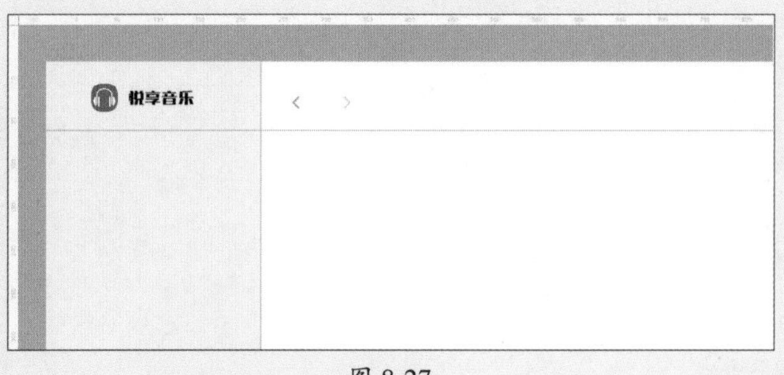

图 8-27

步骤 06 在“组件-图标/图标库”选项中选择素材，调整大小和颜色，如图8-28所示。

图 8-28

步骤 07 选择“矩形工具”绘制矩形，设置圆角为20像素，颜色为#E3E3E3，如图8-29所示。

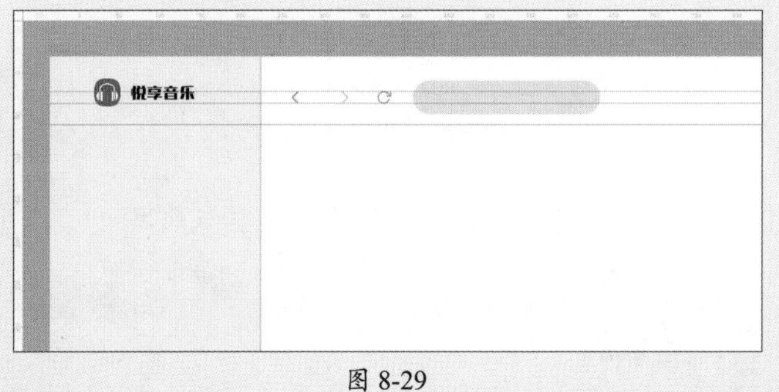

图 8-29

步骤 08 在“组件-图标/图标库”选项中选择素材，调整大小和颜色。选择“文本工具”输入文字，设置颜色为描边色/描边辅助色，如图8-30所示。

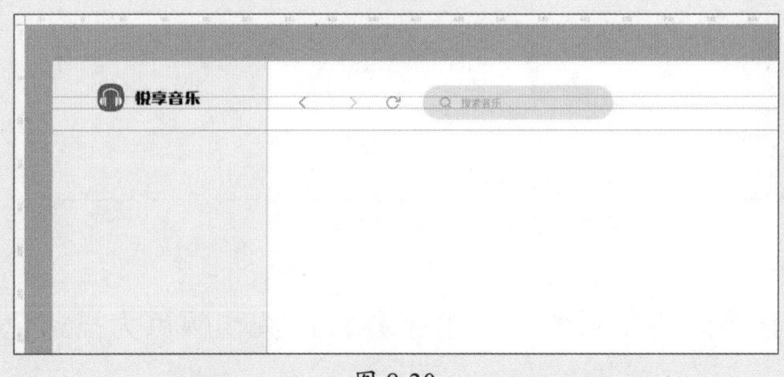

图 8-30

步骤 09 在“组件-图标/图标库”选项中选择素材，调整颜色为描边色/描边辅助色，如图8-31所示。

图 8-31

步骤 10 在“组件-组件/头像”选项中选择头像，调整大小为28×28。选择“文本工具”输入文字，设置颜色为描边色/描边辅助色，如图8-32所示。

图 8-32

步骤 11 选择“矩形工具”绘制矩形，设置圆角为20像素，颜色为#FF4742。选择“文本工具”输入文字，设置颜色为#B5201C，复制文本，更改颜色为#FFD012，如图8-33所示。

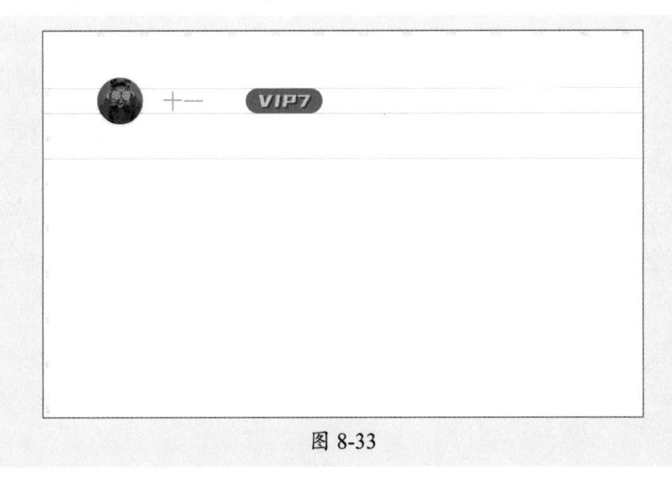

图 8-33

步骤 12 在“组件-图标/图标库、资源库-图标”选项中选择多个素材，调整大小并设置颜色为描边色/描边辅助色，如图8-34所示。

图 8-34

步骤 13 选择“圆工具”，按住Shift键绘制正圆，设置颜色为#FF0700，如图8-35所示。

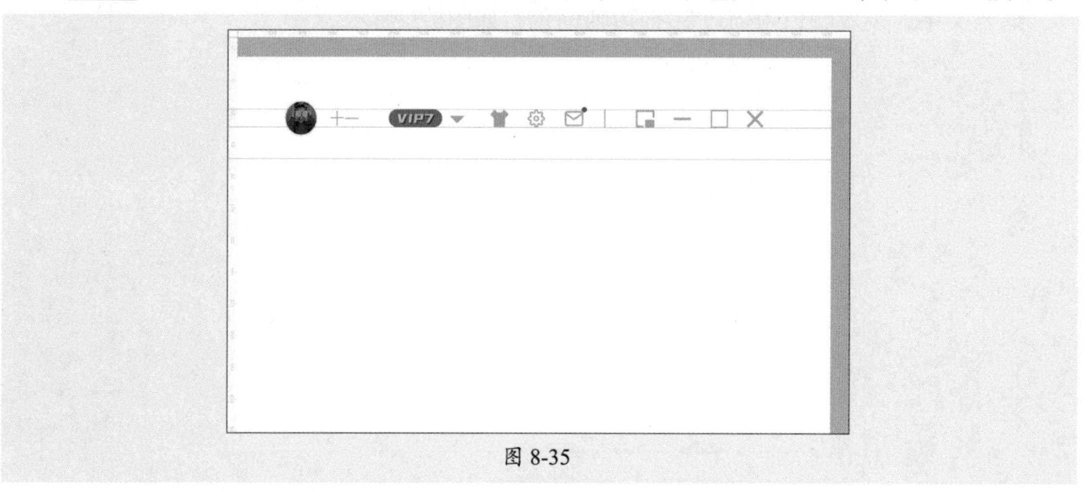

图 8-35

步骤 14 选择“矩形工具”绘制矩形，填充颜色为#F6F6F6，右击鼠标，在弹出的快捷菜单中选择“移动底层”命令，在图层栏中锁定图层，如图8-36所示。

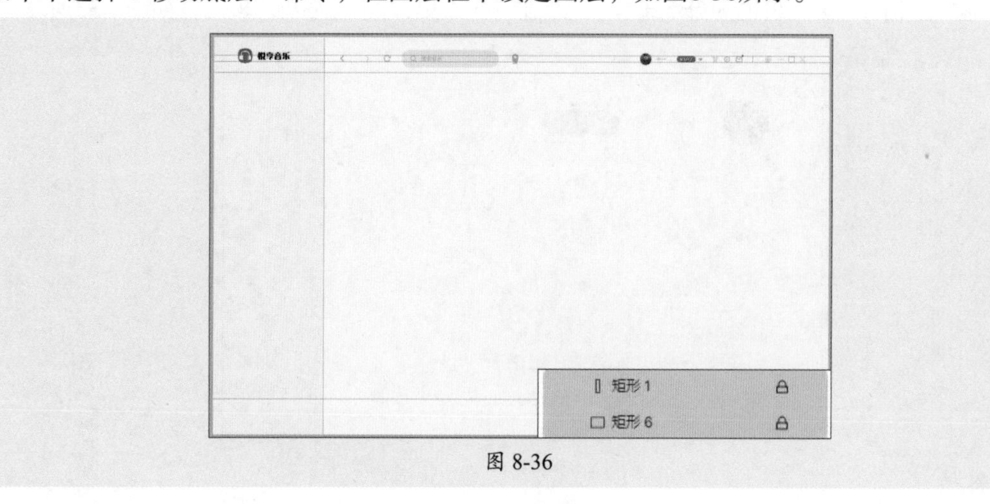

图 8-36

2）制作导航栏

步骤 01 选择“文本工具”输入文字，设置字号为16点，颜色为正文色/正文辅助色，如图8-37所示。

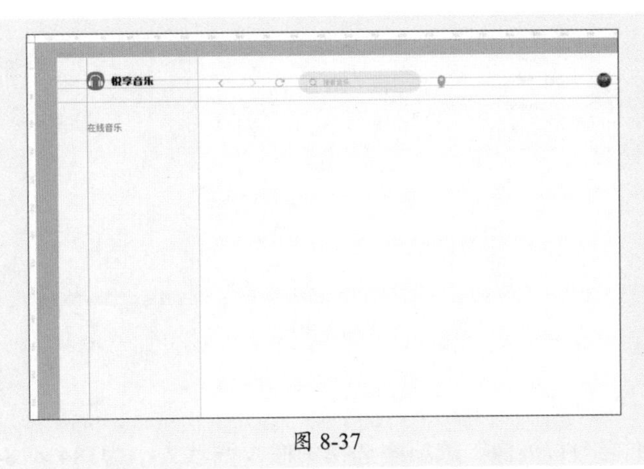

图 8-37

步骤 02 在“资源库-图标”选项中选择多个素材，设置颜色为描边色/描边辅助色。选择“文本工具”输入文字，设置字号为18点，颜色为正文色，如图8-38所示。

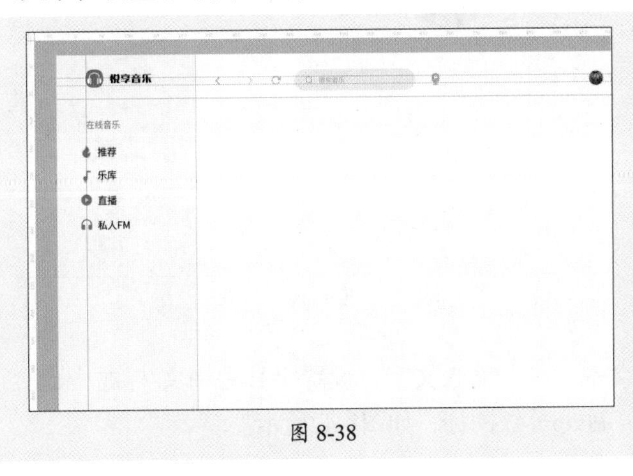

图 8-38

步骤 03 选中“在线音乐”中的文字与图标，按住Alt键移动复制，更改文字与图标，如图8-39所示。

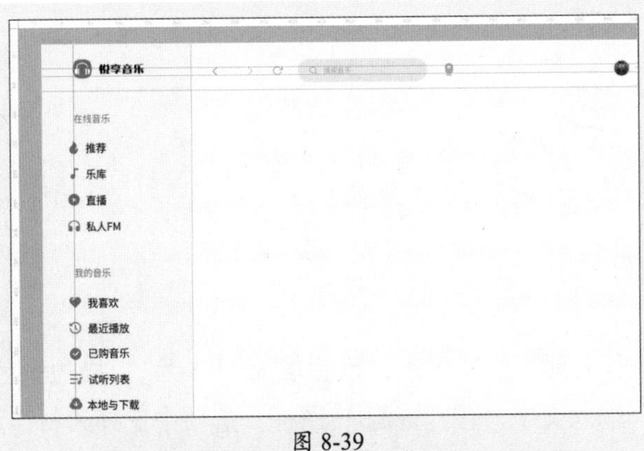

图 8-39

步骤 04 按住Alt键移动复制“我的音乐”，更改文字，在“组件-图标/图标库”选项中选择多个素材，设置颜色为描边色/描边辅助色，如图8-40所示。

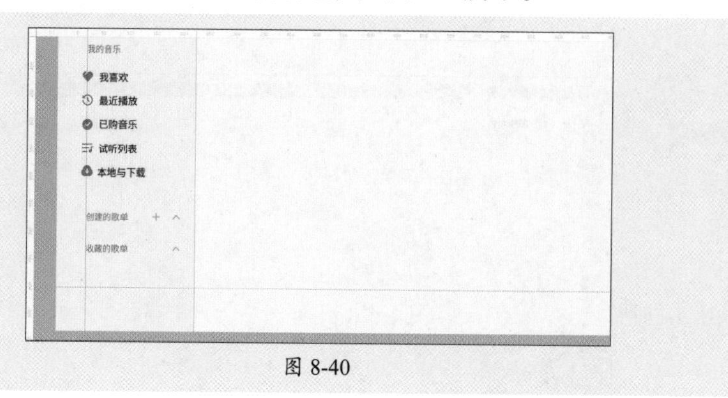

图 8-40

3）制作内容区

步骤 01 在“组件-组件/头像”选项中选择头像，调整大小为184×184，如图8-41所示。

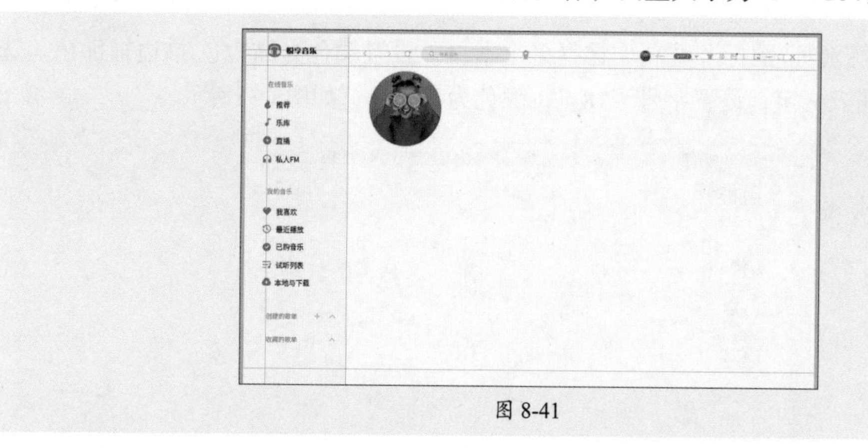

图 8-41

步骤 02 选择“文本工具”输入文字，设置字号为中文/标题/标题二，字体颜色为正文色，按住Alt键移动复制vip等级图标，如图8-42所示。

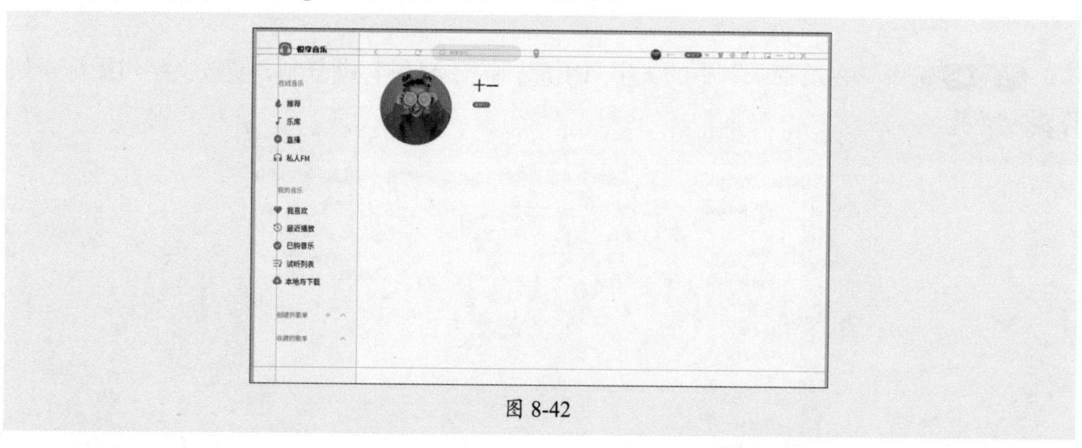

图 8-42

步骤 03 选择“矩形工具”绘制矩形，设置填充为“无”，描边颜色为描边色/描边辅助色。选择“文本工具”输入文字，在“资源库-图标”选项中选择素材，调整大小为18×18，如图8-43所示。

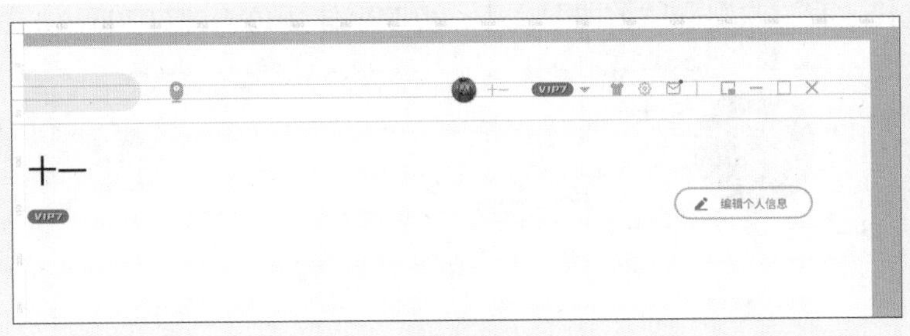

图 8-43

步骤 04 在“组件-组件/分割线”选项中选择分割线，设置粗细为“适中”，如图8-44所示。

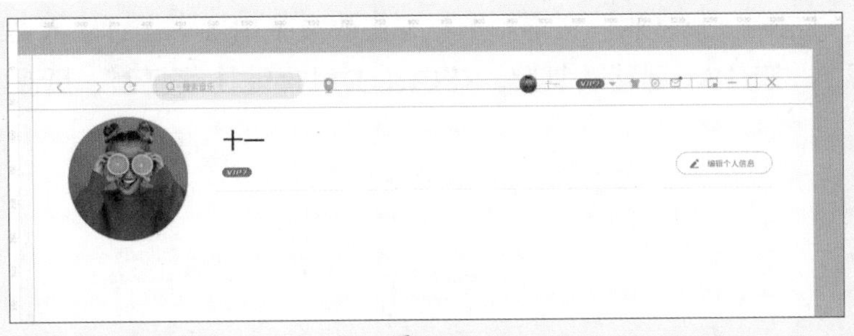

图 8-44

步骤 05 选择“文本工具”输入文字，字号大小分别是32点、18点、16点，字体颜色分别是正文色、正文辅助色以及描边辅助色，如图8-45所示。

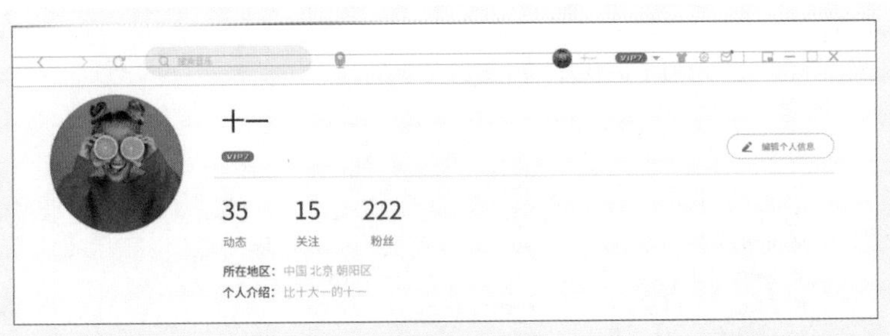

图 8-45

步骤 06 选择“文本工具”输入文字，字号大小分别是16点、14点，字体颜色分别为正文色、正文辅助色，如图8-46所示。

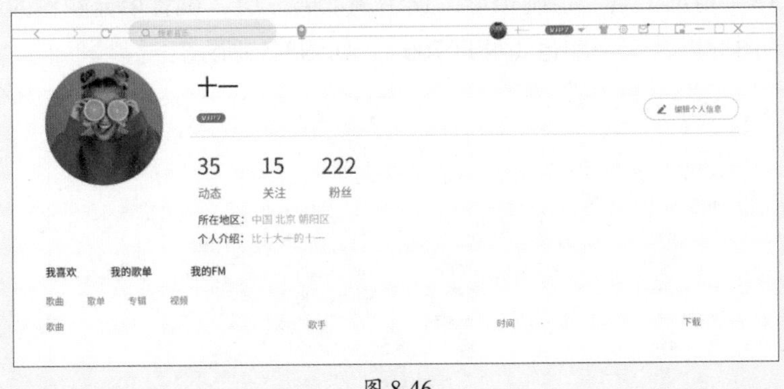

图 8-46

步骤 07 选择“我喜欢”和“歌曲”文本，更改字体颜色为#FF0700，如图8-47所示。

十一
35 15 222
动态 关注 粉丝
所在地区：
个人介绍：
我喜欢 我的歌单 我的FM
歌曲 歌单 专辑 视频
歌曲 歌手 时间 下载

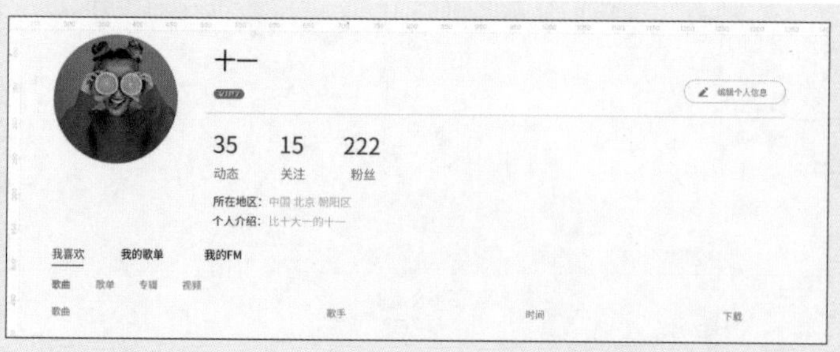

图 8-47

步骤 08 复制左侧“我喜欢”文本和图标，更改文字内容，继续输入两组文字和图标（资源库-图标）。按住Alt键移动复制，按Ctrl+D组合键连续复制，更改文字内容，如图8-48所示。

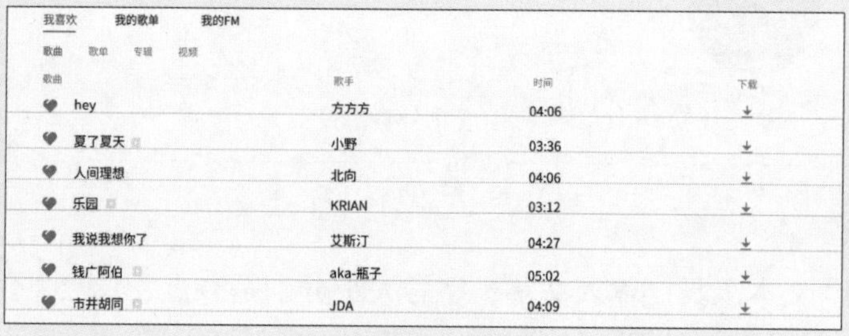

我喜欢 我的歌单 我的FM
歌曲 歌单 专辑 视频
歌曲 歌手 时间 下载
hey 方方方 04:06
夏了夏天 小野 03:36
人间理想 北向 04:06
乐园 KRIAN 03:12
我说我想你了 艾斯汀 04:27
钱广阿伯 aka-瓶子 05:02
市井胡同 JDA 04:09

图 8-48

步骤 09 更改图标颜色为#FF0700，如图8-49所示。

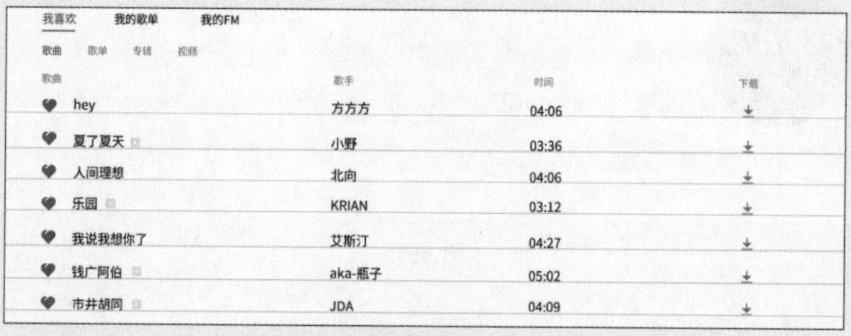

我喜欢 我的歌单 我的FM
歌曲 歌单 专辑 视频
歌曲 歌手 时间 下载
hey 方方方 04:06
夏了夏天 小野 03:36
人间理想 北向 04:06
乐园 KRIAN 03:12
我说我想你了 艾斯汀 04:27
钱广阿伯 aka-瓶子 05:02
市井胡同 JDA 04:09

图 8-49

步骤 10 选择“矩形工具”绘制矩形，置于倒数第二层，设置填充颜色为#EFEFEF。更换“乐园”前的图标以及文字颜色（#FF0700），如图8-50所示。

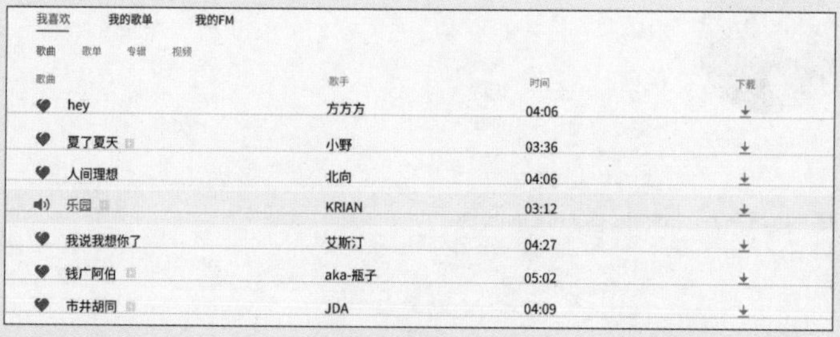

我喜欢 我的歌单 我的FM
歌曲 歌单 专辑 视频
歌曲 歌手 时间 下载
hey 方方方 04:06
夏了夏天 小野 03:36
人间理想 北向 04:06
乐园 KRIAN 03:12
我说我想你了 艾斯汀 04:27
钱广阿伯 aka-瓶子 05:02
市井胡同 JDA 04:09

图 8-50

步骤 11 按住Alt键移动复制分割线，调整长度，如图8-51所示。

我喜欢　我的歌单　我的FM

歌曲　歌单　专辑　视频

歌曲	歌手	时间	下载
hey	方方方	04:06	
夏了夏天	小野	03:36	
人间理想	北向	04:06	
乐园	KRIAN	03:12	
我说我想你了	艾斯汀	04:27	
钱广阿伯	aka-瓶子	05:02	
市井胡同	JDA	04:09	

图 8-51

步骤 12 选择“矩形工具”绘制矩形，设置圆角为10像素，选择“图片工具”置入素材，调整大小后创建蒙版。选择“文本工具”输入文字，调整颜色为正文色和正文辅助色，按住Alt键移动复制图标，如图8-52所示。

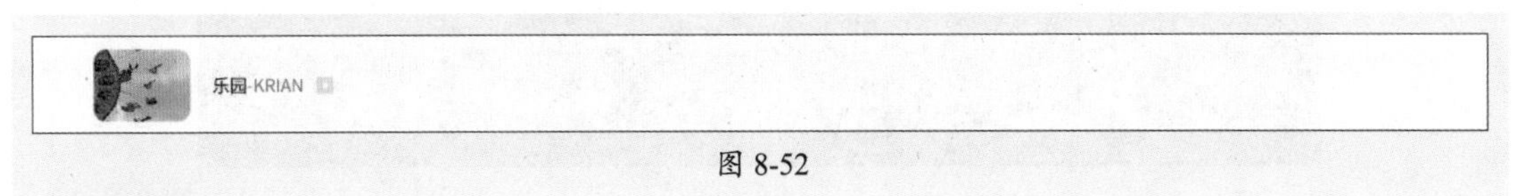

图 8-52

步骤 13 在“资源库-图标”选项中选择多个素材，设置颜色为正文色，播放按钮的颜色为#FF0700，如图8-53所示。

图 8-53

步骤 14 选择“文本工具”输入文字，设置字号为18点，在“资源库-图标”选项中选择素材，设置颜色为正文辅助色，如图8-54所示。

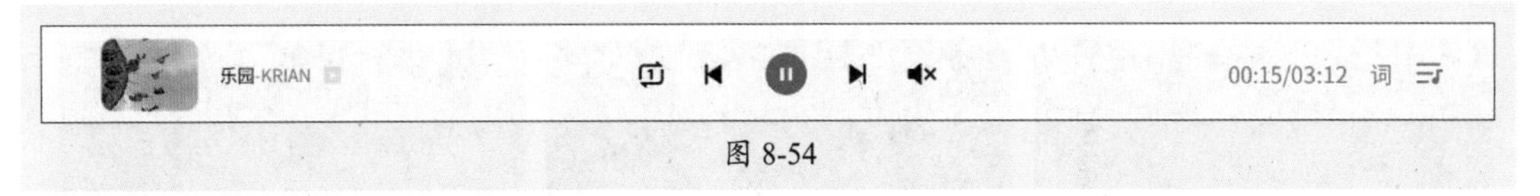

图 8-54

步骤 15 选择“矩形工具”绘制矩形，设置圆角为10像素，颜色为#FF0700，如图8-55所示。

图 8-55

课后练习 制作视觉设计平台软件界面

下面将综合使用Photoshop制作视觉设计平台软件界面，效果如图8-56所示。

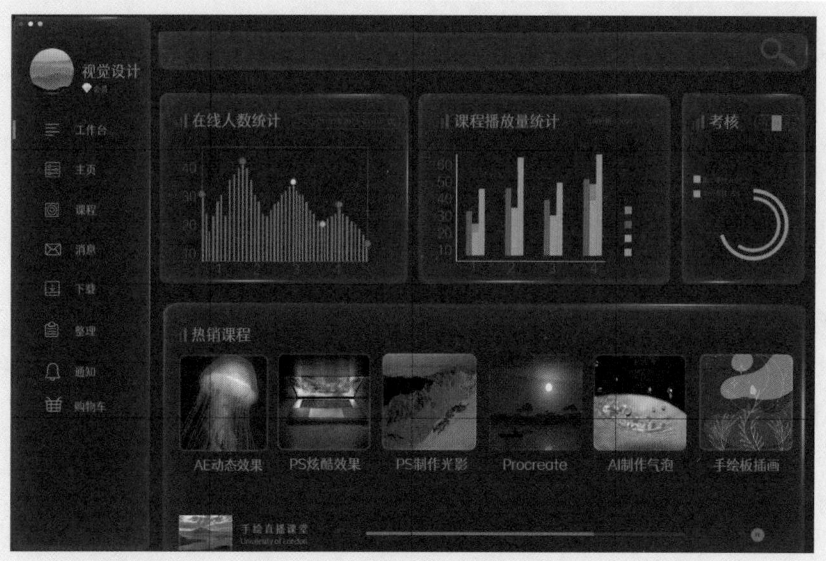

图 8-56

1. 技术要点

①使用“文字工具”和“创建剪切蒙版”命令制作视觉设计平台软件的工作台。

②使用“柔边缘画笔工具”绘制形状。

③创建图层样式，为形状制作效果，丰富画面。

④使用“画笔工具”“矩形工具”“圆角矩形工具”“直线工具”绘制基本形状。

2. 分步演示

本实例的分步演示效果如图8-57所示。

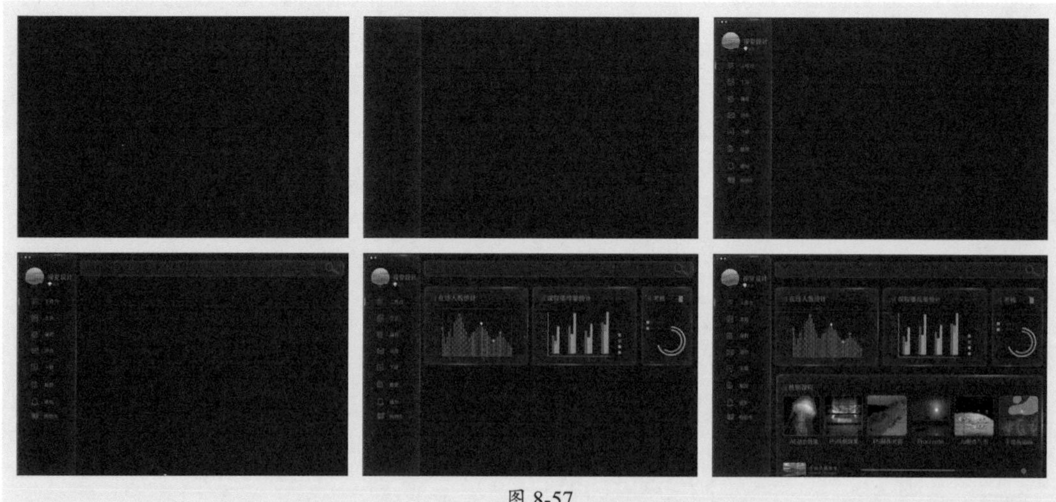

图 8-57

拓展赏析

中国名山

中国名山首推五岳。五岳是远古山神崇拜、五行观念和帝王封禅相结合的产物，它们以象征中华民族的高大形象而闻名天下。五岳以中原为中心，按东、西、南、北、中的方位命名。五岳称华夏名山之首，有景观和文化双重意义。

- **东岳泰山：**东岳泰山巍峨陡峻，气势磅礴，被尊为五岳之首，号称“天下第一山”，被视为崇高、神圣的象征，故有“五岳独尊”之说，如图8-58所示。“天高不可及，于泰山上立封禅而祭之，冀近神灵也。”孔子的名句“登泰山而小天下”千古流传。
- **西岳华山：**西岳华山以其峻峭吸引了无数游览者。五帝时称“太华”，夏商时称“西岳”，雅称“华岳”。据清代著名学者章太炎先生考证，“华夏”“中华”皆藉华山而得名。“自古华山一条道”，险居五岳之首，如图8-59所示。

图 8-58

图 8-59

- **南岳衡山：**五岳之中，唯独衡山雄踞南方。由于气候条件比其他四岳较好，衡山处处是茂林修竹，终年翠绿；奇花异草，四时飘香，自然景色十分秀丽，因而有“南岳独秀”的美称。
- **北岳恒山：**北岳恒山则山势陡峭，沟谷深邃。深山藏宝，如著名的悬空寺便隐匿其中。相传4000年前舜帝巡狩至此，因见其山势雄伟，遂封为北岳。恒山被称为“人天北柱”“绝塞名山”“天下第二山”。
- **中岳嵩山：**中岳嵩山是中国最有名气、最古老的山。早在36亿年前，地球其他地方还在海底沉睡时，它就横空出世，傲然成陆。而且，我国最早的诗歌总集《诗经》中有“嵩高惟岳，峻极于天”的名句。

参考文献

[1] 姜侠，张楠楠．Photoshop CC图形图像处理标准教程[M]．北京：人民邮电出版社，2016.

[2] 周建国．Photoshop CC图形图像处理标准教程[M]．北京：人民邮电出版社，2016.

[3] 孔翠，杨东宇，朱兆曦．平面设计制作标准教程Photoshop CC+Illustrator CC[M]．北京：人民邮电出版社，2016.

[4] 沿铭洋，聂清彬．Illustrator CC平面设计标准教程[M]．北京：人民邮电出版社，2016.

[5] 3ds Max 2013+VRay效果图制作自学视频教程[M]．北京：人民邮电出版社，2015.